PLC 原理及工程应用设计

刘爱帮　编著

北京航空航天大学出版社

内 容 简 介

本书基于国产海为 PLC 及西门子 S7-200 SMART 系列 PLC,详细介绍了 PLC 的原理结构、接线原理编程的界面操作技术、基本指令、特殊指令以及 PLC 组网控制的注意事项、PLC 控制系统在工程设计中应遵循的规则与规范,使读者能够很快设计出一个规范的控制系统。

本书可作为普通高校电气工程及自动化、机电一体化等专业高年级本科生或研究生的参考教材,也可作为有一定电气专业基础的工程设计人员的参考教材。

图书在版编目(CIP)数据

PLC 原理及工程应用设计 / 刘爱帮编著. -- 北京 :
北京航空航天大学出版社,2019.1
ISBN 978-7-5124-2925-3

Ⅰ. ①P… Ⅱ.① 刘… Ⅲ. ①PLC 技术－高等学校－教
材 Ⅳ. ①TM571.61

中国版本图书馆 CIP 数据核字(2019)第 016834 号

PLC 原理及工程应用设计

刘爱帮　编著

责任编辑　董立娟

＊

北京航空航天大学出版社出版发行

北京市海淀区学院路 37 号(邮编 100191)　http://www.buaapress.com.cn
发行部电话:(010)82317024　传真:(010)82328026
读者信箱: emsbook@buaacm.com.cn　邮购电话:(010)82316936
涿州市新华印刷有限公司印装　各地书店经销

＊

开本:710×1 000　1/16　印张:20.25　字数:432 千字
2019 年 1 月第 1 版　2019 年 1 月第 1 次印刷　印数:3 000 册
ISBN 978-7-5124-2925-3　定价:64.00 元

前　言

随着电子技术的进步,PLC 已经广泛应用于各行各业的自动控制领域,无论是十几个点的小控制系统还是数以千计点的大型控制系统,都有 PLC 控制系统的应用。特别是近年来国产 PLC 制造技术的进步,其可靠性大为提高,其大幅度地推广应用使 PLC 控制系统的设计、制造成本大大降低。PLC 更是复杂控制系统不可缺少的基本装备,相应的 PLC 编程技术、组网控制技术已经成为自动控制领域的基本技术,是广大自动化人员和控制工程技术人员必须掌握的基本技能。

虽然现在讲 PLC 的视频、教材很多,但专门讲解国产 PLC 结构原理以及应用的却很少,绝大部分的 PLC 教材都是以国外产品为蓝本进行讲解。由于国外的 PLC 产品开发较早,编程语言结构复杂,不利于编程应用和使用,特别是部分国外 PLC 编程工具软件没有仿真运行功能,无法模拟验证程序执行的正确性,不方便初学人员学习。另外,编程讲得多却没有讲编程过程中操作技法,这使很多学习了 PLC 教材的自动化人员仅仅会编程,却设计不出一个符合工程标准的 PLC 控制系统图,制造不出一个合格的控制柜。于是本书应运而生。

全书共 5 章。第 1 章讲解了 PLC 的工作原理。第 2 章以国产典型 PLC 为例,讲解了 PLC 的硬件结构、接线原理、编程、调试以及加点、复制、修改指令、强制、加密等界面操作技术和基本编程指令的原理、编程应用。第 3 章以西门子 S7 - 200 SMART 为例,讲解了编程界面操作技术,使读者不仅能够编程,而且还能够掌握参数的在线监视、强制操作技法等具体操作技术。第 4 章重点讲解了 PLC 控制系统应该有哪些设计图,如何选择电缆、开关,如何设计 PLC 控制柜的一、二次控制系统,怎样进行工程图的绘制、标号、标注以及软件系统设计应遵守的基本原则,从而使 PLC 软件编程人员不仅能够进行软件编程,还能设计出符合工程制造、安装、维护要求的标准、规范的设计图纸以及维护使用说明书。第 5 章讲解上位机组态软件的安装、编程组态以及应用操作方法和步骤。

本书在编写过程中得到了三峡大学堵瑞先教授、厦门海为科技有限公司的许工、陈工的大力帮助,在此一并表示感谢。

由于电子技术发展很快,现代控制系统软、硬件变化大,本教材中部分软件的兼容性受限,作者水平也有限,书中错误和不妥之处在所难免,敬请读者批评与纠正。

有兴趣的读者可以发送电子邮件到:13875683426@139.com,与本书作者沟通;也可以发送电子邮件到:xdhydcd5@sina.com,与本书策划编辑联系。

编　者

2018 年 12 月

目　　录

第 1 章
PLC 的工作原理

1.1 概 述

传统的继电器逻辑控制系统存在体积大、能耗高、速度慢、线路复杂、可靠性低、适应性差等问题,其系统一旦设计制造完成,想增加或改变其功能就非常困难,不适应现代大规模工业生产要求。这种情况下,美国通用汽车公司于 1968 年提出了要研制一种可取代传统的以中间继电器、时间继电器为主的电气控制系统的计算机控制系统,其基本要求是:

➢ 编程简单,可现场修改程序。
➢ 硬件易维护,最好是模块插件式结构。
➢ 可靠性高于继电器控制装置。
➢ 体积小。
➢ 可直接与管理计算机连接并传送数据。
➢ 成本可与继电器控制系统竞争。
➢ 操作电源输入是继电器控制系统所用的直流或交流系统 115 V(美国标准)。
➢ 输出也与继电器系统一致,为直流或交流 115 V、2 A 以上,能够直接驱动机床控制电磁阀。
➢ 可扩展,扩展时其原有系统仅需要进行很小改动。
➢ 程序存储器容量至少可扩展至 4 KB。

1969 年,美国的数字设备公司研制出世界上第一台可编程逻辑控制器(Programmable Logic Controller,简称 PLC)。早期的 PLC 仅能进行开关量逻辑控制,随着计算机控制技术的进步,现代的可编程控制器功能大大增强了,不仅能进行开关量逻辑运算与控制,还能进行数学运算功能和模拟量连续控制。因此,今天这种装置应该称作可编程控制器(PC)。为了避免与个人计算机(Personal Computer)的简称

PC 混淆,可编程控制器仍旧被称为 PLC。

PLC 与工业控制计算机相比具有以下优点:

➤ 低端应用时 PLC 具备性价比优势;

➤ PLC 系统可靠性高,故障低;

➤ PLC 编程语言简单易学,初学者容易接受;

➤ 系统调试方便,开发周期短;

➤ 使用环境适应性较工控机高,可适用于恶劣工作环境。

可编程控制器可应用于以下 5 个方面:

① 顺序逻辑控制。这是 PLC 最初也是最基本的应用,用它可代替复杂的继电器控制,如电梯控制、传送带控制、生产线控制等自动控制。

② 运动控制。这是在复杂条件下,将预订的控制目标转换为期望的机械运动,其中包括位置的精确控制、速度的精确控制、加速度控制、力矩控制等。这类控制主要是 PLC 将控制目标的数据传送给伺服电机或步进电机驱动的伺服模块,从而达到速度、位置等精确控制,其典型的应用就是数控机床控制和机器人控制。

③ 过程控制。过程控制是指模拟量闭环控制,PLC 可以控制大量的过程参数,如温度、压力、流量、液位等。PID 指令以及 PID 模块都是实现这一功能的主要器件,通过正确的编程就可以把过程变量控制在要求的范围内。典型的应用如锅炉燃料控制、温度控制、供水站控制等。

④ 数据采集与处理。PLC 通过编程可以很方便地利用其输入端口采集来自现场或控制对象的各种技术参数,并对这些参数进行转换、排序、位处理、查询等处理。典型的应用如大型电机温度测量、流体流量等参数的采集与报警。

⑤ 通信功能。PLC 的通信包括 PLC 与 PLC 之间的通信、PLC 与远程其他智能设备间的通信、PLC 与远程 I/O 站的通信以及 PLC 与中央工控机(也称上位机)之间的通信,组成"集中管理,分散控制"的分布式控制系统,也称集散控制系统。

1.2　PLC 的硬件组成

不同厂家的 PLC 结构多种多样,但其一般结构基本相同,都是以微处理器为核心,连接各种外围扩展电路,从而实现各种控制功能。PLC 主要由电源、CPU 模块、输入/输出模块、通信模块、扩展接口、编程器等几大部分组成,如图 1-1 所示。

1. 中央处理单元 CPU

中央处理单元作为 PLC 的核心部件,其一般使用的也是计算机通用 CPU 芯片,部分厂家的 CPU 使用的是自己设计的 PLC 专用芯片。CPU 主要由运算器、寄存器、接口电路等组成。CPU 通过地址总线、数据总线、控制总线与存储单元、输入、输出接口电路连接。CPU 通过固化在 PLC 系统存储器中的专用操作系统来完成对 PLC 内部端口、器件的协调与控制,并按照用户编写的程序完成逻辑运算、数学运

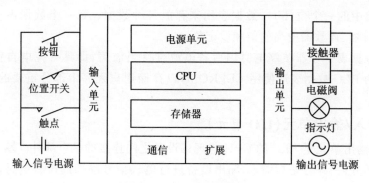

图 1-1　PLC 结构原理图

算、定时器控制、时序配合、通信等工作。

CPU 的主要任务有以下几个：

➢ 控制、接收、存储用户的程序和数据。

➢ 用扫描方式通过对 I/O 接收现场信号的状态和数据刷新并存入相应的数据映像寄存器或数据存储器。

➢ 诊断 PLC 内部电路的工作故障和编程中的语法错误。

➢ PLC 进入运行状态（这是相对于是否执行用户的程序而言的）后从用户程序存储器中逐条读取用户指令，经过指令解释后按指令规定的任务进行数据传送、数据变换、逻辑运算、数学运算等。

➢ 根据运算结果，更新有关标志位的状态和输出映像寄存器的内容，经输出部件时序输出控制或数据通信等功能。

➢ 在双处理器系统中，CPU 还与数字处理器交换信息。

2. 存储单元

PLC 的存储器包括系统存储器和用户存储器。

（1）系统程序存储器

系统程序存储器存放 PLC 的操作系统，不能由用户更改。不同品牌、不同型号、不同系列 PLC 的操作系统程序各不相同，且用户不可读。

（2）用户程序存储器

用户程序存储器存放用户程序，以字为单位。小型机存储容量一般为几 K 到十几 K，大型机存储容量高达几百 K。另外，部分 PLC 还允许用户可根据需要进行扩展，外插内存卡。

下装到 PLC 内部的用户程序是否可读取决于 PLC 的型号以及编程人员的编程设置。

（3）数据表寄存器（Data Table Memory）

数据表寄存器分元件映像表和数据表两类，其中，元件映像表用来存储 PLC 的开关量、I/O 数据和定时器、计数器、辅助继电器等内部继电器的 ON/OFF 状态，占用存储单元中的一个位(bit);数据表用来存放各种数据。每一个数据占一个字(16 bit),如定时器、计数器的当前值和设定值。

部分数据表寄存器在停电时用后备电池维持当前值,即具有掉电自保持功能。部分厂家的 PLC 数据表还使用 EEPROM,以存储用户程序中部分重要的中间结果或参数。

3. 输入/输出单元(I/O单元)

输入/输出单元是 PLC 的 CPU 与现场设备之间连接的接口部件。输入/输出单元包括两部分;一部分是与输入、输出设备进行电气信号隔离的接口电路,另一部分是与 PLC 的 CPU 直接连接的输入/输出映像寄存器。

(1)输入接口电路

输入接口电路是将现场的输入信号经输入单元接口电路转换为 CPU 能够接收和识别的低压信号,供 CPU 进行运算处理。通常,PLC 的输入信号类型可以是直流或交流,输入信号的电源可由外部提供,也可以由 PLC 自带的用于供用户使用的直流电源提供。PLC 接收的输入信号大部分为直流 24 V 信号,如果用户的输入信号不是 24 V 的直流信号或干节点信号(如交流接近开关的输出),则必须在外围使用转换电路或设备(比如使用中间继电器)将其转换为 PLC 可以接收的干节点信号。直流输入信号接口电路如图 1-2 所示。注意,具体到实际 PLC 的输入端 X 或 I 是高电平有效还是低电平有效,还涉及输入的公共端 COM 是接+24 V 还是 0 V。

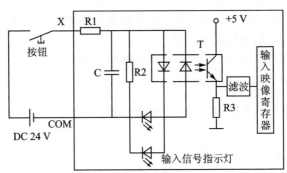

图 1-2　直流输入接口电路

(2)输出接口电路

输出单元是将 CPU 输出的低压信号变换为外部控制设备能够接收的电压、电流信号,以驱动外部设备动作。一般而言,PLC 的输出驱动能力与现场种类繁多的设备需要来比是比较弱的,它仅能够直接驱动普通继电器、信号灯、电磁线圈等 2 A 以下的负载(这是对继电器型输出而言的,对于晶体管输出型,则可直接输出的电流更低);如果用户驱动设备要求的驱动电流大于 PLC 可输出的电流值,则必须自己设计放大电路来放大信号功率。PLC 的输出电路通常有 3 种类型,分别是继电器输出R 型、晶体管输出 T 型和晶闸管输出 S 型。

图 1-3 为继电器输出型电路,其输出特点是:

➤ 负载电源适应性好,可根据需要选用直流或交流。

➤ 触点电气寿命一般为 10～30 万次(有触点输出),相比较而言,是使用寿命最低的。

➤ 负载能力强(2 A),无须转换即可直接驱动大部分的现场设备。

➤ 存在输出延迟(一般的继电器从输出指令发出到继电器节点闭合,响应时间至少 10 ms)。

由于其负载能力强(2 A)、负载电源适应性好,所以在对动作速度要求不高的控制系统中得到广泛的应用。

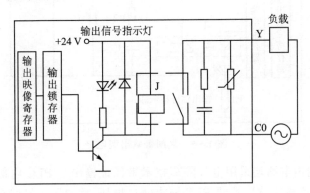

图 1-3　继电器输出型电路

图 1-4 为晶体管输出型电路,其输出特点是:

➤ 负载电源只能选用直流。

➤ 输出为无触点输出,理论使用寿命长。

➤ 负载能力弱(0.5 A),极易受外部短路故障而烧坏输出端口。

➤ 响应速度快(一般输出响应时间为<1 ms)。

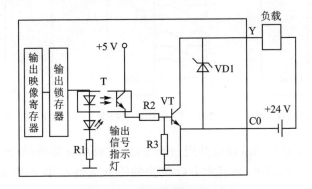

图 1-4　晶体管输出型电路

图 1-5 为晶闸管输出型电路,其输出特点是:

➤ 负载电源适应性一般,只能选用交流(部分 PLC 采用光控双向晶闸管,可以使用直流电源,具体参见厂家说明书,初学者推荐使用交流电源)。

➤ 输出为无触点输出,使用寿命长。

➤ 负载能力强(2 A),但低负载时可能出现可控硅不能可靠导通现象,需要在负载侧并联负载电阻。

➤ 响应速度比继电器型快得多,但比晶体管型稍慢(输出响应时间为<3 ms)。

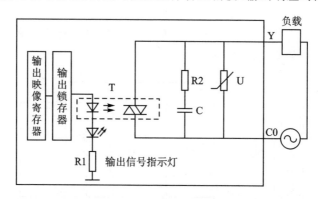

图 1-5 晶闸管输出型电路

虽然每种输出电路均采用电气隔离技术来保证输出与 PLC 内部电路的完全隔离,但为了防止负载短路导致的 PLC 输出端口损坏,用户还是最好在输出电路设计熔断器来保护 PLC 输出端口。

PLC 的 I/O 模块的外部接线因公共点的不同有 3 种形式,分别是汇点式、分组式、分隔式。其接线原理如图 1-6～图 1-8 所示。

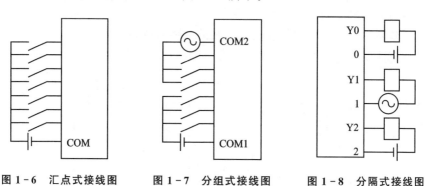

图 1-6 汇点式接线图   图 1-7 分组式接线图   图 1-8 分隔式接线图

汇点式的特点是输入或输出共用一个电源,接线比较简单,小型整体式 PLC 采用汇点式接线方式比较多;分组式 I/O 接线的特点是输入、输出均采用分组公用电源,每组共用一个电源,各组之间相互隔离,可以使用不同的电源,如不同的交流、直流电源,大部分的中型或模块式 PLC 均采用分组式 I/O 接线;分隔式的特点是每路 I/O 均隔离开来,可以单独使用不同的电源。

4. 电源单元

可编程控制器的电源包括系统电源、保护电路及备用电池(备用电池的无电源存储期长短参见厂家说明书,部分厂家的 PLC 无备用电池)。电源单元的作用是把外部电源转换为内部工作电源。PLC 的工作电源一般有 AC 220 V、AC 110 V,编程设计人员设计时应根据 PLC 用户所在地的低压电源标准选择 PLC 的交流电源,电压是 AC 220 V 或 AC 110 V。部分型号的 PLC 也使用 DC 24 V 的电源作为电源。PLC 内部开关电源为 PLC 的 CPU、存储器和其他电路提供 DC 5 V、DC ±12 V、DC 24 V 电源,使 PLC 各设备能够正常工作。一般使用交流电源的 PLC,还对外输出一路功率不大的 DC 24 V 的电源,方便用户接检测元件(如标准变送器、直流接近开关等设备)使用。PLC 内部电源一般采用"整流-滤波-高频逆变-整流-滤波"的方式进行电源的变换,这样做的好处是允许输入电压范围宽、体积小、质量轻、负载特性好、纹波电压小、抗干扰能力强。整体式 PLC 的电源一般封装在 PLC 内部,模块式 PLC (一般是中、大型 PLC)电源模块都独立于 PLC,其容量需要根据设计进行恰当选择。一般 PLC 电源模块容量推荐选择大于 PLC 设计最高负载 20% 以上。

5. 扩展接口单元

扩展接口用于将扩展模块与基本单元相连接,使 PLC 的配置满足不同控制系统的设计需求。各扩展模块与主模块(也称基本模块或 CPU 模块)的连接很方便,小型的使用扁平排线插头,直接插拔;大型 PLC 则使用专用扩展背板,各扩展模块直接插在扩展背板上。对于扩展模块与主模块间的插、拔是否可带电等,不同厂家的要求不同,为防止带电插或拔扩展模块可能造成的模块损坏,推荐插、拔扩展模块时在 PLC 停电状态。

6. 通信接口单元

为实现人-机、机-机之间的通信,PLC 一般都配有 2 种或更多方式的通信接口,以使 PLC 与智能设备、编程器、其他 PLC 以及上位计算机连接,组成更大的控制系统和网络。(当然,各厂家 PLC 通信协议的数据格式不尽相同,要想进行正常的通信,必须使用该厂家的通信协议并正确编程。)

7. 编程器

PLC 的编程器是用来生成 PLC 的用户程序,并对程序进行编辑、修改、调试的外部专用设备。通过编程器,编程人员可以把用户程序输入 PLC 的用户程序存储器中,并监视 PLC 的程序运行状态。由于个人计算机的普及,现在大部分的 PLC 都不再配置简易编程器,而是配置智能编程器,方便用户现场修改程序,这在特别像数字机床方面应用较多,但普通用户大都采用个人计算机来完成编程与调试。如果需要对 PLC 进行远控和监视其工作状态,则需要配置上位机,并用专门的组态软件监视和操作界面,通过通信的方式来实现对 PLC 的编程与控制。

1.3 PLC 的工作原理

1. 继电器、接触器控制装置与 PLC 控制装置的区别

图 1－9 是一个由继电器构成的电动机的
启、停控制的二次回路接线图，图 1－10 是用
PLC 编程控制的电机启、停二次控制回路图。

从这两张控制回路原理图可以看出：

① 继电器、接触器控制装置采用硬逻辑并
行运行的方式，即如果一个继电器线圈通电或
断电，该继电器的所有触点不论在继电器控制
线路的哪个位置上都会立即动作；但由于惯性

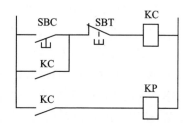

图 1－9　电动机启、停二次回路

作用，动作有延时(一般为 50 ms)。继电器控制回路的电流不受方向限制，继电器控
制方式的工作方式是并行方式。

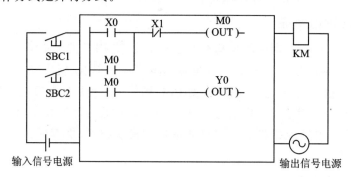

图 1－10　PLC 控制电动机启、停二次控制回路图

② PLC 的 CPU 采用顺序逐条地扫描用户程序的运行方式，即一个输出线圈或
逻辑线圈被接通或断开，则该线圈的所有触点不会立即动作，必须等到扫描到该触点
才会动作，但扫描时间一般小于 100 ms。PLC 的梯形图流过的能流不是物理的电
流，是虚拟的能流，且它只能从左到右、从上到下地流动，不能倒流。PLC 控制系统
的工作方式是串行方式。

③ PLC 内部继电器的作用相当于一个有无限多个常开、常闭节点的中间继电
器，但它不是物理继电器，是个软件继电器，也称为软继电器。

④ 梯形图中输出线圈的状态对应的是输出映像寄存器相应位的状态，不是物理
线圈，不能直接驱动外部设备。在输出映像寄存器与输出端口间还有锁存器和隔离
功放电路。

2. 可编程控制器的工作原理

可编程控制器是一种工业控制计算机，它的工作原理是建立在计算机工作原理

基础之上,通过执行反应控制要求的用户程序来实现对设备的控制。PLC 是按集中输入、集中输出、周期性循环扫描方式来工作的。PLC 的 CPU 从第一条指令执行开始,按顺序逐条执行用户程序直至结束,然后返回第一条指令开始新一轮的扫描和执行,这样 PLC 就周而复始地重复上述循环扫描。PLC 每一次扫描所用的时间称为扫描周期。PLC 的工作过程如图 1-11 所示。

可见,PLC 的软件主要过程分为三部分,分别是上电处理、自检、用户程序执行。

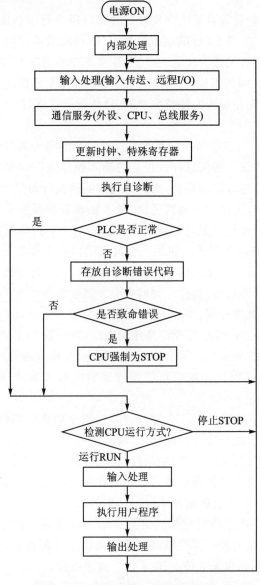

图 1-11　PLC 软件工作原理框图

① 上电处理系统进行一次初始化,这包括硬件初始化、I/O 模块配置检查、停电保持范围设置、复位 WDT(监控定时器)及其他参数初始化。

② 错误扫描也是 PLC 系统自检,用以确定 PLC 本身的状态是否正常,如 CPU、电池电压、程序存储器、RAM、I/O 以及通信检查等。如果检查发现错误或异常,则将错误代码存入特殊寄存器中供编程人员调取,同时用故障指示灯的形式显示出来。如果是致命错误,则 CPU 被置为强制停止 STOP 状态,停止对用户所有指令的扫描和执行。

③ PLC 上电初始化和自检工作完成后开始对用户程序扫描和执行。PLC 正常运行时扫描周期的长短与 CPU 的运算速度、I/O 点的采样时间、用户程序的执行长短以及编程的长短都有关系。注意,在用户程序不变的情况下,每次扫描所走的路径不同也会导致扫描时间的不同,也就是 PLC 的扫描周期不固定,这对于时间精度要求较高的输入、输出应在编程时注意采取软、硬件设计措施,防止输入、输出刷新不及时而影响控制效果。

PLC 对用户程序的扫描和执行是首先扫描所有的输入端口(以 8 位为一个基本单位进行扫描),并将读入的信息存入相应的输入映像寄存器中,也就是刷新输入映像寄存器。完成全部输入的刷新后,再进行程序解释执行和输出刷新,在解释和用户程序执行运算过程中,无论输入如何变化,输入映像寄存器都不会变化,这时输入信号与输入映像寄存器在软件上是隔离开的。直到下一个扫描周期开始,输入信号才会被重新写入输入映像寄存器。如果一个输入端口的信号变化周期小于 PLC 的一个扫描周期,则很容易丢失输入信号。在程序设计以及实际操作过程中,要求即使是慢速操作按钮类的脉冲信号,其操作时间和脉冲宽度也必须大于 PLC 的一个扫描周期,这样才能保证其被采样到。一般这个周期最好是 100~200 ms。对于高速输入的脉冲信号,我们应接在 PLC 的专用高速输入接口(一般 PLC 都有几个高速输入接口)或使用高速输入扩展模块并结合使用高速指令,这样才能保证高速输入信号的捕捉与记录。(快速响应模块和端口可以快速地响应输入脉冲,模块的输入、输出与 PLC 的扫描过程无关。)

PLC 对用户程序的解释执行也遵从计算机指令的执行原则:从左到右、从上到下,一行一行地执行。指令中涉及的输入、输出状态 PLC 就从对应的输入、输出映像寄存器读取,然后进行相关的运算,结果存入相关的输出映像寄存器。对于元件的输出映像寄存器来讲,输出映像寄存器的值会随程序的执行而发生变化,但这个变化在没有进行输出刷新时是不会影响原来输出结果的。

PLC 在所有用户程序执行完毕后开始将输出映像寄存器中的程序运算结果输出到输出锁存器中,输出锁存器经隔离电路后输出给外部设备,驱动外部设备运转。PLC 对外部输出的刷新也是 8 位一组、8 位一组地进行。

在用户程序执行阶段,PLC 对输入、输出遵循以下原则:

➤ 输入映像寄存器的内容由扫描开始采样阶段时采样本端口时的状态决定。

➢ 输出映像寄存器的状态由程序执行阶段时的指令运算执行结果决定。

➢ 输出锁存器的状态,也就是 PLC 的实际输出状态,由上一次输出刷新期间的输出映像寄存器的输出结果决定。

➢ 执行用户程序所需的 I/O 值由输入、输出映像寄存器的值决定。

响应时间是 PLC 的重要参数,编程人员应在设计时高度重视,否则有可能设计的程序达不到控制要求。PLC 的响应时间与下列因素有关:

➢ 输入电路的滤波时间常数,也就是 RC 滤波电路对输入信号产生延迟作用,其典型值为 10 ms。FXON 系列约为 10 ms,但 X0~X7 可通过数据专用寄存器 D8020 在 0~15 ms 可调。总体的输入延迟时间的长短与输入点数的多少也有关。

➢ 输出电路的滞后时间,即输出机械滞后时间(不是输出刷新时间)与输出电路类型有关。一般继电器输出电路的延迟时间有 10 ms;双向可控硅输出电路由 OFF 到 ON 延时大约是 1 ms,由 ON 到 OFF 是 3 ms;晶体管输出电路的输出延迟时间<1 ms。总体输出延迟时间还与输出点数量的多少有关,输出点数量越多,输出延迟时间越长。

➢ PLC 的固有循环扫描工作方式(也就是扫描周期)造成的延迟。

➢ 通信服务所需时间,这与连接的外设多少有关,需要通信的设备越多,通信时间越长。

➢ 编程人员的程序语句合理性的影响,程序越长,一般扫描时间也越长。

总体来看,PLC 的输入延迟、输出延迟是 PLC 固有的延迟时间,而程序执行的延迟时间则与我们所编的程序大小以及使用的指令的解释、运算时间有关,这是编程人员唯一可以调整、优化减少的。最短的响应时间等于输入延迟时间、扫描周期和输出延迟时间之和。如果一个输入信号恰好错过了对它进行的输入扫描,则这个输入在本次循环中不起作用,直到下一个扫描周期输入采样阶段才会被采样输入,从而使其输入时间最长。这时的响应时间等于输入扫描时间与 2 倍的扫描时间和输出时间的和。

部分厂家的部分型号 PLC 将 CPU 最大扫描周期、最小扫描周期、当前扫描周期的值分别存入专用数据寄存器,以供用户使用,编程人员应在设计程序时参考产品说明书进行精确编程。注意,程序设计人员须使警戒计时器(WDT)的设定值大于最大用户扫描周期的值,否则,CPU 会发出警戒计时器超时的故障报警。

有些 PLC 还提供一种以恒定的扫描周期扫描用户程序的运行方式,如 FXON 系列。当 M8039 被接通时,PLC 的 CPU 以恒定的扫描周期扫描用户程序,其扫描周期的长短等于 D8039 中存放的数据,计时单位为 1 ms。

3. 可编程控制器的内部元件

PLC 为方便用户编程使用,通过硬件、软件结合的形式固化了许多专用模块和器件,我们有时称之为软元件。这些软元件有固定的地址和不同的功能,各生产厂商对这些软元件所给的称呼也不尽相同。

外部开关量输入或输入继电器(用 X 或 I 等表示):这相当于继电器或按钮的节点,这些输入节点在编程时可以无限次使用(这指的是单个输入点,如 X5、I2.3 可以在程序中无限次使用),但因输入开关量节点与输入端口一一对应,实际 PLC 编程可使用的 X 或 I 点的数量是受限制的,具体情况应参考产品说明书。另外,部分 PLC 有高速脉冲输入端口或专用高速输入扩展模块,其输入频率最高可达 20~200 kHz,其输入电路是特殊设计,不受 PLC 扫描周期限制。

开关量输出或输出继电器(用 Y 或 Q 表示):在程序执行阶段,PLC 只把输出结果存入相应的输出映像寄存器中,只有在输出刷新阶段才开放输出通道,8 位一组地将输出映像寄存器中的结果输出给输出锁存器(部分 PLC 有高速脉冲输出端口或专用高速输出扩展模块,其输出频率最高可达 20~200 kHz,其输出不受 PLC 扫描周期限制)。输出映像寄存器中的内容在程序编程中可以无限次使用,由于受输出开关量端口的数量限制,可以实际输出的点的数量要参考 PLC 硬件部分及实际扩展部分的数量。不过,对于 PLC 内部输出端口数量大于实际应用端口数量部分的开关量输出端口,我们也可以将其作为内部继电器或称通用继电器编程使用。

内部继电器或称辅助继电器(用 M 表示)、局部继电器(用 LM 表示):其作用相当于继电器控制系统中的通用中间继电器,使用方法也类似。局部继电器不是全局有效,仅在局部有效。内部继电器与输出继电器唯一的不同就是它没有对应的物理输出端口,不能直接输出驱动外部设备和负载。

定时器(用 T 表示):其是个累计时间增量的内部元件,工作过程与继电器控制系统中的时间继电器相同,也必须提前输入定时时间,在条件满足后启动定时。PLC 内部定时器的计时基本单位有 1 ms、10 ms、100 ms(部分厂家的 PLC 还有 1 s 时基的定时器)3 种,编程人员根据程序要求分别选择;不过 1 ms 定时精度的定时器可用数量要看 PLC 的产品说明书,其数量一般比较少。

计数器(用 C 表示):用来累计输入脉冲个数,其输入一般由输入端口(X 或 I)输入,计数脉冲的边沿可以是上升沿或下降沿。计数器的累计方式有递加、递减和加、减计数器(加/减计数器的输入有 2 个输入信号端口,分别是加脉冲输入端口和减脉冲输入端口)。计数器使用前同样要提前输入累计目标值,当加或减计数达到目标值后计数器输出节点动作并保持;如果要进行下一轮的计数,则必须要对计数器进行复位操作。

顺序控制继电器或步进继电器(用 S 表示,部分厂家的 PLC 无此继电器):主要用于顺序控制或步进控制。

系统状态位或特殊标志位(用 SM 表示):主要用来存储与系统相关的状态信息,系统状态位全部可读,部分可写。

内部寄存器或称变量存储器(用 V 表示)、局部寄存器或局部变量存储器(用 L 或 LV 表示):用于保存程序执行过程的逻辑操作中间结果或通过模拟量输入通道采集的模拟量值以及数学计算的中间值。局部寄存器只寄存局部运算结果,不是全局有效。

高速计数器(用 HC 表示,部分 PLC 没有高速计数器):与普通计数器不同之处在于,其计数的最高脉冲频率可达到 20～200 kHz,且计数容量也大,是 32 位,一般计数器可以读、写,但高速计数器只能读,不可以写。

累加器(用 AC 表示、部分厂家的 PLC 没有累加器):西门子、施耐德的 PLC 中有累加器,其主要是将参数传递给子程序或任何带参数的程序块、指令块。PLC 在执行中断程序时累加器的内容会被压入堆栈,因此,中断程序执行完成后累加器的内容会被弹出,主程序仍然可以使用累加器。注意,累加器不能用于主程序与中断程序的参数传递中当作中介寄存器使用。

模拟量输入映像寄存器(用 AI 表示)、模拟量输出映像寄存器(用 AQ 表示):模拟量输入、输出电路可以实现 A/D、D/A 转换。模拟量输入、输出映像寄存器是 16 位的寄存器,但模拟量的输入精度有 12 位的、14 位的,输出一般是 12 位的。AI、AQ 的地址对不同厂家的 PLC 编址是不相同的,有些是连续编址,有些是只有双数编址,没有单数编址。例如,海为 PLC 的 AI 范围是 AI0～AI63,而西门子的则是 AI0、AI2、AI4 等。

计时器当前值寄存器 TCV、计数器当前值寄存器 CCV、模拟量及特殊模块参数寄存器 CR、系统寄存器 SV 等:这些都是各厂家不相同的,有的有,有的没有,具体应用时要看厂家的产品说明。

变址指针 P:是一种用于进行变址寻址的特殊寄存器。变址指针 P 的使用方法是:寄存器基地址＋P,如 V20P3。假如 P3 寄存器的值是 10,则 V20P3 实际就是访问 V20 向后 10 个寄存器,也就是 V30;仅在部分厂家的 PLC 中使用,有些厂家的产品中无此变量。

4. PLC 寄存器、存储器的寻址

PLC 中的数据类型与其他计算机高级语言中的数据类型相似,也有布尔数,用 b 表示,仅一位,主要用来记录开关的状态和开关量,一般存储在元件的映像寄存器中;整数,整数分字节:用 B 表示,8 位;字:用 W 表示,16 位;双字:用 DW 表示,32 位。整数一般存储在变量存储器 V 中,也有部分存储在特殊的映像寄存器中,如 AI、AQ、AC、HC、TCV、CCV 等;实数,用 R 表示,32 位,一般存储于变量存储器 V 中。

PLC 中的常数可以用十进制、十六进制(如 16♯7AC3 表示)、二进制(如 2♯11000011 表示)或 ASCII 字符(如"SIMATIC")。PLC 不支持数据类型检查,有些指令隐含的字符或数据输入格式必须正确,否则会出现运算错误。PLC 一般默认的常数类型是十进制数。

PLC 数据地址的一般格式是:变量名＋地址,如 X225、Y10、C28、AQ62、SV154 等(与西门子、施耐德等西方公司的 PLC 表达方式有区别,它们的表达方式是:变量名＋分区地址.区内地址。如 I10.1 表示第 10 组输入端口的第一个端口,V2009.0、Q1.3 等。其他公司的 PLC 还有别的定义方式,各厂家的定义不同)。

变量存储器 V 的寻址表达在各 PLC 厂家的产品中稍有些不同,有的厂家只有

一种表达方式,就是 V+十进制地址,如 V2041。有的厂家的 PLC 的变量存储器 V 还允许表达为:V+数据类型+十进制地址,如 VB100、VW100、VD100 等。虽然变量存储器名与十进制地址都相同,但使用的数据类型不同,所存取的数据占用内存量是不同的。

变量的寻址也与计算机高级语言中的寻址一样,有直接寻址、间接寻址。直接寻址如 X225(表示开关量输入端口的第 225 号端口)、V1001 等。间接寻址在日常编程中应用较少,具体表达、使用方法可参考本书中的相关指令应用。

数据存储器的寻址方式有直接寻址和间接寻址两种,直接寻址方式的格式一般是:变量名+直接地址。间接寻址是将直接地址改为变量存储器名(实际使用的是变量存储器内的变量值),如 IB0、IB3 等。

1.4 PLC 的编程语言与基本原则

1. PLC 的编程语言

PLC 一般有多种编程语言,由于涉及知识产权和专利技术问题,不同厂家的 PLC 编程语言有很大的区别,使用和学习很不方便。为方便用户编程使用,IEC(International Electrotechnical Commission,国际电工委员会)工作组在合理吸收、借鉴世界范围的各可编程序控制器厂家的技术、编程语言、编程方法等的基础上统一 PLC 的编程软件设计和编程标准,形成了一套新的国际 PLC 编程语言标准:IEC1131—3,它详细说明了 PLC 编程的语法、语义和 PLC 编程语言的表达式,图 1-12 就是其定义的几种标准的编程语言。

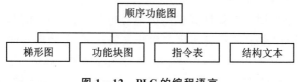

图 1-12 PLC 的编程语言

(1) 顺序功能图(Sequential function chart 简称 SFC)

它是一种位于其他编程语言之上的图形语言。在 SFC 中可以用别的语言嵌套编程,用来编制顺序程序非常方便。它有 3 种主要元件,分别是步、转换和动作,如图 1-13 所示。

对于目前大多数 PLC 来说,SFC 还仅仅作为组织编程的工具使用(与高级语言的流程框图相似),尚需用其他的编程语言将它转换成 PLC 可执行的程序。

(2) 梯形图(Ladder diagram 简称 LD)

梯形图是用得最广的图形编程语言,与继电器控制系统的电路图相似,直观易懂,图 1-18 中程序段注释的下面即为 PLC 的梯形图,可以下装到 PLC 中使用。

（3）功能块图（Function block diagram 简称 FBD）

FBD 类似于数字逻辑电路的逻辑功能图的编程语言，与梯形图有相同的特点：直观易懂，如图 1-14 所示，它实现了图 1-9 中的逻辑功能。

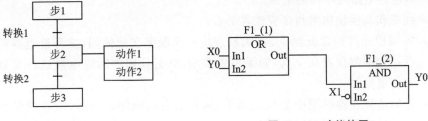

图 1-13　顺序功能图　　　　　　　　　图 1-14　功能块图

它不仅用作 PLC 的编程语言使用，甚至有部分上位机操作员站、工程师站的组态程序也使用功能块图，如四方公司的仿真编程组态软件、和利时公司的 DCS 组态软件以及三维力控公司的组态软件等都使用功能块图进行逻辑组态。

（4）指令表（Instruction list 简称 IL）

IL 与汇编语言相似，程序较难阅读。图 1-15 就是实现图 1-9 的逻辑功能的指令表程序。部分上位机的组态软件中也有指令语言，以实现更复杂的控制功能。

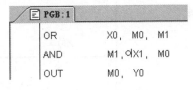

图 1-15　指令表编程图

（5）结构文本（ST）

ST 是为 IEC1131—3 标准创建的一种专用的高级编程语言。与 LD 相比，ST 有两大优点：① 能实现复杂的数学运算；② 非常简洁和紧凑。

虽然几乎所有的 PLC 厂家都表示，将来会完全支持 IEC1131—3 标准，但因为各公司技术的传承和产品软件的兼容问题，目前只停留在各公司内部的产品系列之间不同语言的相互转换上。PLC 的编程软件应用较广的还是梯形图 LD、功能块图 FBD 和指令表 IL，尤其是 LD 和 FBD 应用最为广泛。

2．PLC 的梯形图编程注意事项

① 在实际的继电器控制电路中，电路最左和最右必须有操作电源线来为继电器电路提供驱动电源和操作电源；无论这个电源是直流、还是交流，也无论是 AC 24 V 或 AC 380 V，这个电源是必不可少的。梯形图是 PLC 形象化的编程手段，梯形图两端是没有任何电源可接的，所以 PLC 编程的梯形图最左的电源线是个运算开始能量发出点，所有的 PLC 梯形图都有；但右侧能量返回线路有的厂家的 PLC 有，有的厂家的 PLC 没有画。具体 PLC 的编程要按实际产品的厂家要求操作。

② 梯形图中并没有真实的物理电流流动，而仅只是"概念电流"，是用户程序解算中满足输出执行条件的形象表示方式，只能从左至右流动。

③ 虽然梯形图是由实际的继电器控制电路图演化而来的,但基于 PLC 是计算机构成的基本特征,它的运算又要符合计算机程序执行的特点:程序从左到右、从上到下一条一条地执行,不像继电器电路一样是并行运行。所以,PLC 的梯形图还是与实际继电器电路有不同的限制:

➢ 线圈和其他输出类指令应放在最右边。

➢ 各编程元件的常开触点、常闭触点均可无限多次地使用(实际继电器的节点受结构限制仅有几个点,如果想要多用,就必须用中间继电器进行节点放大和扩展)。

➢ 逻辑解算在梯形图中是从上到下、从左至右的顺序进行的,解算的结果立即可以被后面的逻辑解算所利用。

➢ PLC 的梯形图对节点的连接有限制:不能在一个编程图中出现两个及以上方向的能流。

图 1-16 所示的继电器电路在设计和使用中是没有错误的,但如果演变成如图 1-17 所示的梯形图,则会出现语法错误而不能编译和运行。其主要的错误是

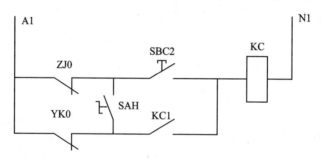

图 1-16 继电器控制电路

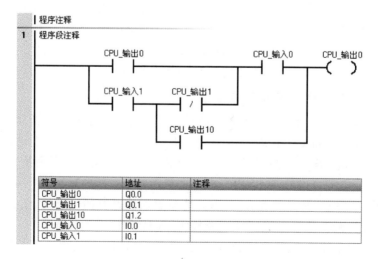

图 1-17 错误的梯形图

CPU_输入 1 有两个方向的能流流过,从而导致 PLC 的 CPU 无法正确解释和运算。如果将图 1-16 演变成如图 1-18 所示的梯形图,则没有了错误,PLC 是可以正常解释和执行。

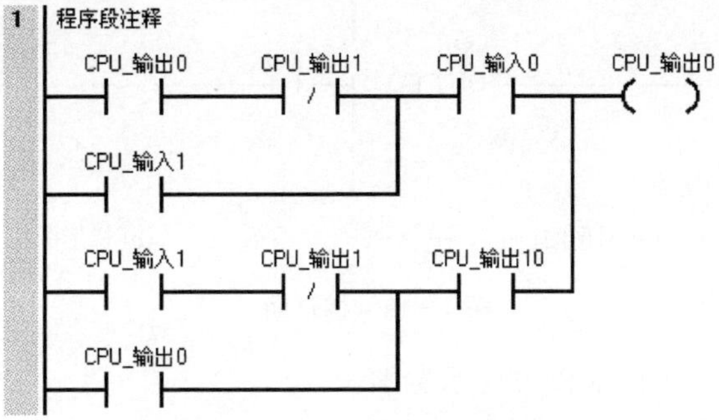

图 1-18　正确的梯形图

本章小结

　　本章着重介绍了可编程控制器的产生、定义、发展、应用特点、硬件结构特点和软件编程特点。PLC 是随现代工业自动化发展要求而产生、发展起来的一种以计算机芯片为核心、专为工业环境而设计制造的自动化设备。能够取代以中间继电器、时间继电器、计数器为主的继电器控制逻辑,梯形图编程方式继承了继电器控制逻辑,又有别于继电器控制逻辑。继电器控制系统使用并行运算,而 PLC 则采用串行运算、集中输入、集中运算、集中输出、循环扫描的方式工作。理解 PLC 软、硬件工作原理对于进行自动控制系统的设计具有指导意义。

思考题

　　1. 一个普通的设备启动操作按钮,如果启动时按下的时间超过 500 ms,比如按下接通了 1 s,则可能会对设备产生何种影响? 为什么?

　　2. 与普通继电器控制系统相比,PLC 控制系统有哪些优缺点?

　　3. 在下装到 PLC 的用户程序固定不变的情况下,PLC 对输入的响应时间是否也是每次相同的? 为什么?

　　4. PLC 具有强大的逻辑运算、数学运算功能,可否用 PLC 控制来替代电机的速断保护保护? 为什么?

　　5. 分析图 1-19(a)、(b)两种梯形图的系统响应时间(分别以最大、最小两种情况讨论)。

　　已知,X0 是输入继电器,用来接收外部输入信号;Y0 是输出继电器,用来将输出信号传送给外部负载;M0 是内部继电器或称为辅助继电器。

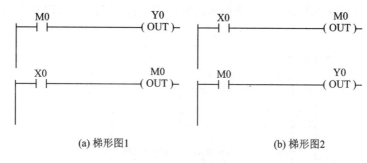

(a) 梯形图1   (b) 梯形图2

图 1 - 19 梯形图

6. 画出图 1 - 17 中的能流方向示意图。

7. 可编程控制器有哪些常用编程语言？

8. 造成 PLC 输入、输出滞后的原因是什么？用户编程人员可否采取措施来提高响应速度,降低滞后时间？

9. 解释梯形图中"能流"的概念。

10. PLC 的梯形图对节点的连接有什么限制？

11. 可编程控制器有哪些内部元件？

12. 可编程控制器的 DO 输出接口有哪几种形式？分别适应于什么场合使用？

第 2 章

国产 PLC 的结构及编程

2.1 国产 PLC 硬件概述

国产 PLC 的起步较晚,品牌也较多,如上海正航、深圳合信、厦门海为、和利时、无锡华光、江苏信捷等,大都参考了著名的 PLC 品牌设计思路,与著名的 PLC 产品有很多类似的地方。但由于后发优势,很多国产 PLC 在设计上完善和修改了原参考 PLC 设计的缺点,使国产 PLC 的编程更加符合中国人设计、编程习惯,方便编程人员学习和使用。本章以厦门海为科技有限公司的系列 PLC 为蓝本来介绍 PLC 硬件和软件。

2.1.1 国产 PLC 的特点

1. 性能简介

Haiwell(海为)PLC 是一款通用高性能可编程控制器,产品广泛应用于塑料、包装、纺织、食品、制药、环保、建材、电梯、中央空调、数控机床等领域的系统和控制设备。除自身带有各种外设接口(开关量输入、开关量输出、模拟量输入、模拟量输出、高速计数器、高速脉冲输出通道、电源、通信端口等)外,还可扩展各种类型的扩展模块,从而进行灵活配置。

HaiwellHappy 编程软件是一款符合 IEC 61131—3 规范的 PLC 编程软件,用于 PLC 的编程,支持 LD(梯形图)、FBD(功能块图)和 IL(指令表)3 种编程语言,可运行于 Win98、Win200X、WinXP 及以后版本的 Windows 操作系统。

2. PLC 的特点

① 固件升级功能:率先在小型可编程控制器中实现固件升级功能,无论是 CPU 或扩展模块,都可以通过固件升级功能对系统固件进行免费升级。

② 丰富的网络通信功能:CPU 主机内置 2 个通信口,可扩展至 5 个;每个通信口都可以进行编程和联网,都可作为主站或从站。支持 1:N、N:1、N:N 联网方式,支持各种人机界面和组态软件,可与任何带通信功能的第三方设备(如变频器、仪表、条码阅读器等)联网。

③ 支持多种通信协议:内置 Modbus RTU/ASCII 协议、自由通信协议以及海为公司的 Haiwellbus 高速通信协议。极为便利的通信指令系统:无论使用何种通信协议,都只需一条通信指令便可完成复杂的通信功能,无须再为通信端口冲突、发送接收控制、通信中断处理等问题烦恼,可以在程序中混合使用各种协议轻松完成各种数据交换。

④ 高速并行总线:Haiwell PLC 采用高速并行总线进行扩展,满足了对实时控制的严格要求,丰富的扩展模块类型充分满足各种应用需求。

⑤ 高速计数功能:支持 8 段比较设定值、7 种计数模式(脉冲/方向 1 倍频、脉冲/方向 2 倍频、正/反转脉冲 1 倍频、正/反转脉冲 2 倍频、A/B 相脉冲 1 倍频、A/B 相脉冲 2 倍频、A/B 相脉冲 4 倍频)、3 种比较方式(单段比较、绝对方式比较、相对方式比较),带自学习功能。

⑥ 高速脉冲输出功能:支持可调脉宽输出(PWM)、多段脉冲输出(PTO)和带加、减速的脉冲输出,5 种脉冲输出模式(单脉冲输出、脉冲/方向输出、正/反转脉冲输出、A/B 相脉冲输出、同步脉冲输出),独有的同步脉冲输出功能可以轻松实现精确的同步控制。

⑦ 运动控制功能:支持直线插补、圆弧插补、随动脉冲输出等,支持绝对地址、相对地址,支持反向间隙补偿,支持电气原点重新定义等。

⑧ 边沿捕捉及中断:CPU 主机支持 8 路的上下沿捕捉及中断功能,所有开关量输入支持信号滤波设定,所有开关量输出支持停电输出保持设定;提供 52 个实时中断。

⑨ 强大的模拟量处理功能:可用 AI 寄存器直接访问模拟量输入,模拟量输入支持工程量转换、采样次数设定及零点修正。可用 AQ 寄存器直接控制模拟量输出,模拟量输出支持工程量转换,并且可配置停电输出保持功能。

⑩ 强大的密码保护功能:三级密码保护功能(程序文件口令、各程序块口令、PLC 硬件口令)以及禁止程序上载等保护。

⑪ 自诊断功能、掉电保护功能、万年历(RTC)、浮点数运算等。

3. 编程软件特点

内置 PLC 仿真器:国内第一个带内置仿真器的 PLC 编程软件,全面实现了 PLC 程序的仿真运行。在编程过程中间或程序编写完成后,可用仿真器在完全脱离实际 PLC 的情况下仿真运行 PLC 程序,以检查程序执行是否正确,极大地减少现场调试时间、降低调试难度、提高调试效率。

创新的便利指令集:在分析吸收现有各种 PLC 指令的基础上,海为 PLC 推出许多功能强大的创新便利指令。例如,通信指令(COMM、MODR、MODW、HWRD、HWWR)、数据组合分散指令(BUNB、BUNW、WUNW、BDIB、WDIB、WDIW)、PID控制(PID)、阀门控制(VC)、上下限报警(HAL、LAL)、范围变送(SC)、温度曲线(TTC)等,只一条指令就能实现其他 PLC 需用多条指令才能实现的功能,这些指令十分易于理解和使用,极大地提高了编程效率和程序运行速度。

模块化程序项目结构:可建立共 31 个程序块(主程序)、子程序、中断程序,可任意选择编程语言,程序块的执行顺序可任意调整,每个块可单独导入/导出,并且具有与程序项目相同的口令保护,充分实现模块化编程和程序重用的思想。

指令使用表格:提供多种指令使用表格,使用这些表格可减少许多程序量,节约程序空间,如初始化数据等。每个表格可单独导入/导出,并且具有与程序项目相同的口令保护。

强大的在线联机功能:可搜索出与 PC 上位机连接的所有 PLC,显示出所有在线PLC 的运行状态、故障状态、RUN/STOP 开关位置、硬件配置信息、通信端口参数等详尽信息,可选择对任意一台 PLC 进行在线监控、程序上下载、硬件升级、控制 PLC运行停止、调整 PLC 实时时钟、设置修改保护口令、修改通信端口参数、修改看门狗时间和 PLC 站名称等。

在线监控调试功能:提供了 10 页的元件监控表,可选择以十进制、十六进制、二进制、浮点数、字符方式显示数据,支持位元件与寄存器元件混合监控并且同时显示元件注释。各种指令使用表格可导入到监控表中。

独有的实时曲线功能:可对任意寄存器元件进行实时曲线监控,方便过程控制调试。

人性化的输入方式:提供快捷键、拖放、点选等多种指令输入方式,对每个输入/输出端子都提示了有效的元件或数值范围,可直接输入;对一些组合数据(如通信协议等),还可通过双击该指令来配置方式输入数据。

便利的注释功能:提供了元件注释、网络注释、指令注释、程序块注释、表格注释和项目注释功能,元件注释可通过在元件后跟"//"直接输入(如:X0//电机启动);注释可选择下载到 PLC 中,方便日后上载程序的阅读或修改。

详尽的提示信息和在线帮助:HaiwellHappy 编程软件提供了 PLC 资源窗口、指令说明窗口等信息窗口。所有指令、硬件模块的详细说明均可在编程界面中通过按F1 键打开功能强大的在线帮助系统,快速找到答案和帮助信息,从而帮助编程人员轻松完成一个控制程序的编写工作。

方便的编辑功能:支持所有常规的编辑操作以及查找替换、指令上下移、网络上下移、程序项目之间的复制粘贴等。

硬件配置、子程序参数传递、局部元件、间接寻址、打印、预览、查错、CRC 计算、口令保护等。

2.1.2　PLC 的硬件配置

1. 海为 PLC 的基本单元

PLC 的主机也就是 CPU 模块,由 CPU、程序、数据存储器、电源以及 I/O 单元和通信单元组成,紧凑地安装在一个机箱内,可以独立组成控制系统。集成的 24 V 负荷电源可以供直接连接的传感器或扩展模块使用,由于 PLC 主机提供的 24 V 电源功率有限,如果控制系统设计人员在设计时所用的外部传感器、扩展模块的功率消耗接近或大于 PLC 主机提供的 24 V 电源功率,则应单独设计外部供电模块,向外部传感器、扩展模块提供电源。

海为的 PLC 有高性能型(H 系列)、标准性能型(T 系列)、经济型(C 系列)、运动控制型(N 系列)和混合型(S 系列);它们的性能有明显的差异,对外扩展能力也不同,设计人员可根据设计要求选择适当的型号进行软、硬件系统设计。

(1) PLC 型号说明

PLC 外形图及命名方式如图 2-1 所示。

图 2-1　PLC 外形图及命名方式

① 系列型号,C:经济型主机;T:标准型主机;H:高性能型主机;N:运动控制型主机;S:混合型主机。

② I/O 点数:海为的 PLC 的 I/O 点数有 10 点、16 点、20 点、24 点、32 点、40 点、48 点和 60 点可选。

③ 规格,S:开关量主机;M:开关量和模拟量集成主机。

④ 电源规格,2:220 V AC 供电;0:24 V DC 供电。

⑤ 输出类型,R:继电器输出;T:晶体管输出。

(2) PLC 外观介绍

图 2-2 是 HW - S20ZA024R 型 PLC 的外观,图 2-3 是该型 PLC 外观接口说明。

PLC 的运行控制开关:当开关拨向 RUN 位置时,PLC 面板上的运行 RUN 灯亮,开始运行用户程序。如果开关拨向 STOP 位置,则 PLC 停止运行用户程序,但仍

图 2 - 2　HW - S20ZA024R 型 PLC 的外观

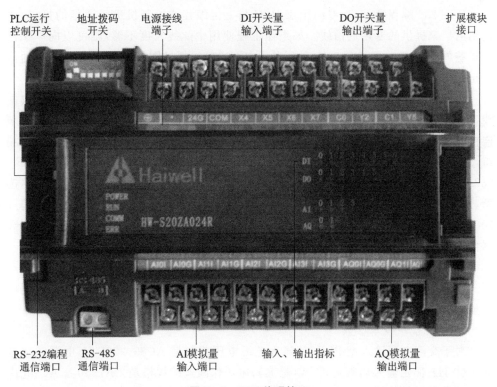

图 2 - 3　PLC 外观接口

进行 PLC 内部通信和自检,这时的 PLC 允许用户编程和下装程序。

地址或站号拨码开关:主要用于多台 PLC 组网运行时区分各不同 PLC,如果设计的控制系统只有一个 PLC,则此开关编址无要求。如果进行组网,则应按 0～255 的顺序编址。拨码开关使用的是二进制编码,开关拨上去为 1,在下为 0,编码权重顺序由最左侧向右逐次升高。

电源接线端子应根据 PLC 的型号接合适的电源,但交流电源的接线必须符合控制系统现场能提供的电源;如果用户所用的电源标准与 PLC 所允许的标准范围不一致,则要外设转换变压器。接地点⏚必须接在控制系统外的仪表保护接地网上,如果接到防雷系统的接地网上,则有可能造成 PLC 遭雷电反击,损坏 PLC;同时,接地点⏚的接线线径必须在 2.5 mm² 以上。

DI 开关量输入端子、DO 开关量输出端子、AI 模拟量输入端子、AQ 模拟量输出端子是 PLC 与外部设备进行联系的信号窗口,其工作状态由 PLC 面板上的输入、输出指示灯来显示。灯亮表示该端口有信号传输,灯熄灭表示该端口无传输。(对于 DI 点,灯亮表示该点开关接通;否则,开关未接通。对于 DO 点,灯亮表示本点输出为 1 或称开关接通状态;如果灯熄灭,则输出开关量为 0 或断开状态。)

扩展模块接口,用于插入扩展模块的数据通信线排插。

RS-232 编程通信口,专门用于 PLC 与上位编程或控制机进行通信的接口,要使用由厂家提供的专用通信线。如果在工程使用中此线长度不够,则可以向厂家订购长些的通信线,一般 RS-232 的线长不超过 20 m,超过则信号比较弱,会出现通信不正常现象。

RS-485 通信接口具备 RS-232 的全部功能,且不需要厂家专门的通信数据线,但要编程人员自己配置 RS-485 转 COM 口转换卡或 RS-485 转 USB 转换线来连接 PLC 与上位机;同时,RS-485 端口还可以同时并联多台 PLC 的 RS-485 端口,组成 PLC 控制网。虽然通过 RS-485 通信口进行的通信信号传输距离相对 RS-232 远,有 1 000 m 的传输距离,但考虑到 PLC 工程应用设计人员在通信电缆的选型、阻抗匹配、防雷和安装施工工艺等方面的不足,工程使用时,传输距离一般不超过 500 m;超过 500 m 时应该增加光电转换模块,进行光纤通信,否则容易出现通信数据传输不稳定,丢包率比较高。

(3) PLC 主机的主要技术参数

PLC 主机因系列不同,运算速度、内存容量、输出 24 V 电源功率、可外接的模块数量等性能参数有所差异。HW-S20ZA024R 型 PLC 的各种技术参数如下:

1) 电源模块技术参数

对于交流电源输入型 PLC,其输入电源电压范围是 AC85～265 V;电源频率是 50～60 Hz;额定输入功率是 35 W(最大);电源保险丝的规格是 2 A/250 V AC;允许瞬间断电时间是 20 ms 以内;PLC 内部输出、用于扩展模块的 5 V 电源容量是 5 V, ±2%,1.2 A(最大);PLC 内部输出用于扩展模块的 24 V 电源容量是 24 V,±15%,

500 mA(最大);PLC 对外输出、用于外设和测量元件的 24 V 电源容量是 24 V, ±15%,300 mA(最大);电源的隔离方式是变压器/光电隔离;对外绝缘的实验参数是 1 500 VAC/60 s;电源保护是 DC 24 V 输出过流保护。

对于直流电源输入型 PLC,其输入电源电压:DC 24 V,−15%~+20%;额定输入功率是 35 W(最大);电源保险丝的规格是 2 A/250 V AC;允许瞬间断电时间是 10 ms 以内;PLC 内部输出用于扩展模块的 5 V 电源容量是 5 V,±2%,1.2 A(最大);PLC 内部输出用于扩展模块的 24 V 电源容量是 24 V,±15%,500 mA(最大);直流电源型 PLC 没有对外输出用于外设和测量元件的 24 V 电源,外设直接外接电源模块;电源的隔离方式是无电气隔离;电源保护是直流输入电源极性接反、过电压保护。

2) PLC 的 DI 开关量输入参数

对于 PLC 的 DI 开关量输入,其允许的输入信号类型是无电压干接点或 NPN/PNP 型接点;动作驱动:ON:3.5 mA 以上,OFF:1.5 mA 以下;输入阻抗约为 4.3 kΩ;输入最大电流是 6.3 mA;PLC 硬件对外部 DI 输入信号的响应时间默认是 6.4 ms,但可配置为 0.8~52 ms;DI 输入信号的隔离方式是每个通道单独光电隔离;输入指示:LED 灯亮表示 ON,熄灭表示 OFF;信号灯的电源是 PLC 主机内部供电:24 V DC,5.3 mA。

3) PLC 的 DO 开关量输出参数

PLC 的 DO 开关量输出可分为继电器输出−R 型和晶体管 NPN 输出−T 型两种。

对于继电器输出型 PLC,其最大负载:电阻性负载是 2 A/1 点,8 A/4 点,共 COM,电感性负载是 80 VA,灯泡负载是 100 W;最小负载是 10 mA;对外输出允许外接的电压规格是 250 VAC 或 30 V DC 以下;驱动能力:最大触点容量是 5 A/250 VAC;输出继电器的响应时间是 OFF − ON 10 ms,ON − OFF 5 ms;输出信号的隔离方式是机械隔离;输出信号指示是 LED 灯亮表示 ON,熄灭表示 OFF,指示灯的电源来自 PLC 内部 DC 24 V 供电。

对于晶体管输出型 PLC,其最大负载:电阻性负载是 0.5 A/1 点,2A /4 点,共 COM,电感性负载是 2 W,DC 24 V,灯泡负载是 5 W,24 VDC;最小负载是 2 mA;对外输出允许外接的电压规格是 20~30 VDC;驱动能力:最大触点容量:MAX 1A,1 分钟;输出的响应时间是 OFF − ON 10 μs,ON − OFF 120 μs;输出信号的隔离方式是每个通道单独光电隔离;输出信号指示是 LED 灯亮表示 ON,熄灭表示 OFF,指示灯的电源来自 PLC 内部 DC 24 V 供电。

4) 模拟量输入技术参数

模拟量输入的主要技术指标如表 2−1 所列。

表 2-1 PLC 的电源及 I/O 技术指标

模拟量 AI 输入规格	电压输入				电流输入		热电阻输入	热电偶输入
	−10~ +10 V	0~+10 V	0~+5 V	1~+5 V	0~20 mA	4~20 mA	Pt100、 Pt10、 Cu50、 Cu100	S、K、T、E、 J、B、N、R (0~20 mV)、 (0~50 mV)、 (0~100 mV)
解析度	5 mV	2.5 mV	1.25 mV	1.25 mV				
输入阻抗	6 MΩ				250 Ω			
最大输入 范围	±15 V				±30 mA			
响应时间	5 ms/4 通道				10 ms/4 通道			
变换后的数 值范围	12 位,码值范围是 0~32 000						14 位,码值范围是 0~32 000	
测量精度	0.2% F.S						0.1% F.S	
电源输入	主机为内部供电,扩展模块由外部供电:24 VDC,±10%、5 V·A							
隔离方式	光电隔离,通道间无隔离,模拟与数字光电隔离							
电源消耗	24 VDC,±20%、100 mA(最大)						24 VDC,±20%、 200 mA(最大)	

5) 模拟量输出技术参数

PLC 的模拟量输出有电压型输出与电流型输出两种。

对于电压型输出,其输出的电压范围有 −10~+10 V、0~+10 V、0~+5 V、1~+5 V;其输出电压信号的解析度分别是 5 mV、2.5 mV、1.25 mV、1.25 mV;其允许的外部负载阻抗分别是 1 kΩ、1 kΩ、≥500 Ω、≥500 Ω;对外驱动能力均是 10 mA;响应时间全部在 3 ms 以内;数位输出范围全部是 12 位,码值范围是 0~32 000;AQ 的电源来源:主机(或称 CPU)为内部供电,扩展模块由外部供电:24 V DC,±10%、5 V·A;电源消耗是 24 V DC,±20%、100 mA(最大);输出隔离方式为光电隔离,通道间无隔离,模拟与数字光电隔离。

对于电流型输出,其输出的电压范围有 0~20 mA 或 4~20 mA;其输出电流信号的解析度均是 5 μA;其允许的外部负载阻抗均≤600 Ω;对外驱动能力均是 20 mA;响应时间全部在 3 ms 以内;数位输出范围全部是 12 位,码值范围是 0~32 000;AQ 的电源来源:主机(或称 CPU)为内部供电,扩展模块由外部供电:24 V DC,±10%、5 V·A;电源消耗是:24 V DC,±20%、100 mA(最大);输出隔离方式为光电隔离,通道间无隔离,模拟与数字光电隔离。

6）CPU 自带通信端口特性

海为 PLC 的主机自带的通信端口有♯1－RS232 端口和♯2－RS485 端口。♯1 端口使用海为的专用通信线,最远传输距离是 20 m;♯2 端口使用通信用屏蔽线,最远传输距离是 1 000 m。

2. PLC 主机的外接线原理

（1）外接线原理图

图 2－4 是 HW－S16ZA220R 型主机接线原理图,可以看出:

① DI 点输入公共点采用的是汇点式接线。干节点型 DI 信号是将＋24 V 与 COM 连接还是 24 G 与 COM 连接无要求,两种接线方式都可以,但对于内供电(就是由 PLC 的 24 V 输出电源端口供电)且是 NPN 型三线制接近开关,PLC 的 24 V 输出(输入及外设用)的＋24 V 必须与 COM 连接。接近开关的电源正极接＋24 V 端,接近开关的负极接 24G,接近开关的输出端接 PLC 的 DI 端子;对于 PNP 型接近开关,24G 与 COM 连接后接接近开关的负极,接近开关的正极接＋24 V,接近开关的输出端接 PLC 的 DI 端子。

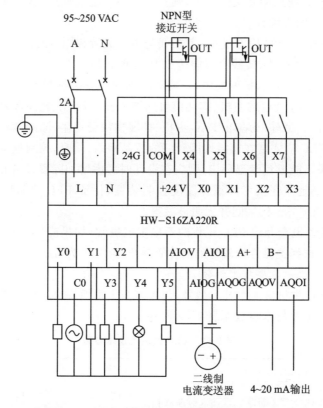

图 2－4   HW－S16ZA220R 型主机接线原理图

对于外供电的三线制接近开关接线:① 对与 NPN 型接近开关,外电源的＋24 V

接到 PLC 的 COM 端子(PLC 的＋24 V、24G 不接线)并同时接接近开关的正极,外电源的负极接接近开关的负极,接近开关的输出端接 PLC 的 DI 端子;② 对于 PNP 型接近开关,外电源的负极接 PLC 的 COM 端子(PLC 的＋24 V、24G 不接线),并同时接接近开关的负极,外电源的正极接接近开关的正极,接近开关的输出端接 PLC 的 DI 端子。

② DO 点也是汇点式接线,对于继电器型输出,公共点 C0 接交流电源的 A、N 极或直流的正极、负极无限制,都可以接。对于晶体管型输出,由于 PLC 的输出采用的是 NPN 型输出,所以,其要求 C0 点必须接外电源的负极(电源要求为 24 VDC)。

③ AI 输入接线也分外供电与内供电,同时外部变送器又有二线制变送器、三线制变送器以及四线制变送器,其接线方式比较复杂,信号线的屏蔽问题也要在接线中考虑,具体设计可参考 PLC 随机说明书。

④ AQ 输出信号有两种输出,分别是电压型输出和电流型输出。如果是电压型输出,则输出的信号正极应接在 AQ＊V 端子,负极接 AQ＊G 端子。输出 AQ 信号的屏蔽要求同 AI 信号。

⑤ 如果 PLC 使用的是交流电源,则不仅要装交流空气开关,还要在火线(相线)上装最好是 2 A 的保险。

⑥ 对于其他型号的 PLC 主机,其接线与本图大致相同或类似。

⑦ 空端子不能接线,接线有可能造成 PLC 的损坏。

⑧ PLC 无论是主机、扩展模块,安装时都不允许安装在控制柜内靠近顶部或底部不利散热的位置,PLC 的主机、扩展模块周围 5 cm 以内不允许有阻碍空气流通的器件或发热元件。另外,为防止 PLC 主机、扩展模块受粉尘、潮湿、腐蚀性气体、高温等影响,要求 PLC 应安装在密封性能较好的控制柜内;同时,控制柜不能安装在潮湿的环境中,如果不能避免潮湿环境,则应在设计时考虑增加除湿设备和防潮。使用的环境温度过低的地区还要考虑设计温度控制装置,保证 PLC 控制柜内的环境温在 0～55℃,湿度在 5％～95％间并无明显凝露。

⑨ 机械振动也会导致 PLC 工作的不稳定或失常,如果应用于舰艇、车辆等移动设备上,则最好选择抗振性能较好的晶体管输出型 PLC 为宜。

(2) PLC 主机的主要技术参数

海为的 PLC 主机有 4 个基本型号,包含多个主机模块供不同要求的自动控制系统选择使用,其主要技术参数如表 2-2 所列。

表 2-2　PLC 的主要技术参数

技术参数	型　号				
	C24S0T 经济型	T24S2T 标准型	H32S0T 高性能型	N24S0T 运动控制型	S16M0 混合型
DI 点数	16	16	16	12	8

技术参数	型　号				
	C24S0T 经济型	T24S2T 标准型	H32S0T 高性能型	N24S0T 运动控制型	S16M0 混合型
DO 点数	8	8	16	12	6
AI 点数	0	0	0	0	1
AQ 点数	0	0	0	0	1
高速脉冲输入	无	2 路 200 kHz	4 路 200 kHz	6 路 200 kHz	1 路 20 kHz
高速脉冲输出	无	2 路 200 kHz	4 路 200 kHz	6 路 200 kHz	1 路 10 kHz
通信口	RS - 232 + RS - 485	RS - 232 + RS - 485 最多 5 个	RS - 232 + RS - 485 最多 5 个	RS - 232 + RS - 485 最多 5 个	RS - 232 + RS - 485 最多 5 个
扩展模块数	0	7	7	7	7
程序容量/KB	48	48	48	48	48
是否是可拆卸端子	是	是	是	是	是
是否有电池	有	有	有	有	有

注:有高速脉冲输出信号的主机都只有晶体管输出型,没有继电器输出型。

3. PLC 扩展模块的主要技术参数表

① 开关量 I/O 扩展模块如表 2 - 3 所列。

表 2 - 3　开关量 I/O 扩展模块

型　号		规　格		
24 VDC	220 VAC	DI	DO	通信口
H08DI		8		
H24DI	H24DI2	24		RS - 485 支持远程功能
H36DOR	H36DOR2		36R	RS - 485 支持远程功能
H36DOT	H36DOT2		36T	RS - 485 支持远程功能
H40XDR	H40XDR2	20	20R	RS - 485 支持远程功能
H64XDR	H64XDR2	32	32R	RS - 485 支持远程功能

注:DO 中带 R 的是继电器输出型,带 T 的为晶体管输出型。

② 模拟量 I/O 扩展模块如表 2 - 4 所列。

表 2-4　模拟量 I/O 扩展模块

型　号		规　格			
24 VDC	220 VAC	AI	AO	转换精度	通信口
H04DT		4 路 DS18B20 温度传感器或者 SHT11 湿度传感器		9～12 位	
H32DT		32 路 DS18B20 温度传感器		9～12 位	RS-485 支持远程功能
S04XA	S04XA2	2	2	12 位	RS-485 支持远程功能
H04RC	H04RC2	4 热电阻		16 位	RS-485 支持远程功能
H08TC	H08TC2	8 热电偶		16 位	RS-485 支持远程功能

③ 通信扩展模块如表 2-5 所列。

表 2-5　通信扩展模块

型　号	规　格
S01RS	带隔离，一个 RS-232/485 通信口，Modbus RTU/ASCII 协议，自由通信协议，Haiwellbus 高速通信协议，波特率 1 200～57 600 bps
S01GL	带隔离，Modbus RTU/ASCII 协议，自由通信协议，Haiwellbus 高速通信协议，波特率 1 200～115 200 bps
H01ZB	Zigbee 无线通信
PC2ZB	PC 端 RS-232/RS-485/USB 转 Zigbee 模块

④ PLC 的附件如表 2-6 所列。

表 2-6　PLC 的附件

型　号	规　格	外形尺寸
ACA20	RS232 编程通信电缆	2.0 m
HD104T	10.4 寸宽液晶触摸显示屏，TFT 真彩液晶，高亮度背光	288×212 mm

2.2　PLC 编程的基本操作技术

2.2.1　编程界面

1. 编程软件安装

Haiwell PLC 的编程软件可以从厦门海为科技有限公司的网站（网址是：http://www.haiwell.com）下载，下载解压后进行安装，其安装与操作系统的软件安装类似，按提示进行操作，不用修改其默认设置。

2. 编程软件主操作界面说明

启动 HaiwellHappy 编程软件,进入编程软件操作界面,如图 2 - 5 所示,其主要功能有菜单栏和快捷工具栏。

图 2 - 5　HaiwellHappy 编程软件启动后的主界面

菜单栏包括文件菜单、编辑菜单、查看菜单、PLC(P)菜单、调试菜单、工具菜单、窗口菜单和帮助菜单。

文件菜单如图 2 - 6 所示,主要用于新建程序项目、打开程序项目、关闭程序项目、导入程序文件、导出程序文件等。

导入(程序文件)主要用于从另外的工程中导入其部分程序,使之变为本程序项目工程的一部分;导出(程序文件)是指导出本程序项目工程中的部分或全部程序,以备其他程序项目工程使用。

打印命令主要用于通过打印的方式将程序项目用纸质文件的形式来展现或保存。

编辑菜单如图 2 - 7 所示,主要用于在编辑程序时复制、粘贴、剪切程序块(或指令)以及查找指令等加快程序编辑速度的操作。

查看菜单的主要内容如图 2 - 8 所示,其可以查看程序项目配置的硬件、程序项目的主程序、子程序、中断程序、各种程序参数表、程序中使用的参数是哪种进制的显示输入格式、程序项目显示风格。

图 2 - 6　文件菜单　　　　图 2 - 7　编辑菜单　　　　图 2 - 8　查看菜单

PLC 菜单可对程序项目进行硬件升级操作,还可以与 PLC 联机、脱机、进行程序项目的上传、下载、启、停 PLC、设置清除 PLC 的用户程序和固件升级操作许可口令、设置 PLC 通信参数、PLC 的内部时钟以及核对 PLC 中的程序是否与上位机(也就是编程机)内的程序是否一致。

调试菜单可进行 PLC 程序下载前的调试或无 PLC 硬件设备时的程序模拟操作和调试,还可编译程序、调整一个程序项目中的程序块的执行顺序。

工具菜单可查看 PLC 内部元件使用情况,批量对程序所用内部元件进行批注、远程模块参数设置等操作。

窗口菜单可在编程状态对多个程序项目进行编辑操作,切换所编辑的程序项目窗口。

帮助菜单:所有 PLC 的帮助内容均可在帮助菜单的帮助索引中找到,可帮助编程人员了解、掌握 PLC 的各种编程指令的应用方法和指令的详细解释以及编程流程。

快捷工具栏:主要用于显示编程人员常用的工具,如插入节点、插入输出线圈、插入输出分支、删除输出分支、添加网络、保存文件、查找元件、启动仿真等操作。

2.2.2　编程界面的操作技术

编辑和修改程序是编程人员应掌握的基本技术,HaiwellHappy 编程软件相比其他(如西门子、施耐德、欧姆龙等编程软件)编程软件更加符合工程技术人员和初学 PLC 编程人员的操作、学习习惯。这里以图 2-9 所示的梯形图程序为例进行介绍。

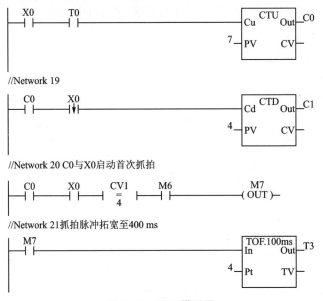

图 2-9　PLC 梯形图

1. 输入编程元件

在图 2-9 中输入编程元件的方法有两种：

方法一：将要在梯形图中加入元件的位置选中（单击要添加元件的位置），单击快捷工具栏（见图 2-10 工具栏编程命令快捷按钮）中的相应元件，如触点、输出线圈、输出分支等（如果是第一个开关，则编程程序自动将开关放置在最左边，如果第一个元件选输出线圈或其他运算指令，则编程程序会将所加的输出线圈或指令自动放置在最右端）。这种方法适合快速输入常用的开关、输出线圈指令。

图 2-10　工具栏编程命令快捷按钮

方法二：选中要在梯形图中加入元件的位置，再选中编程界面左侧的工程管理器中 Haiwell PLC 指令树相应的指令并双击，也可以将要添加的指令加入梯形图，这种操作可以添加 PLC 中的所有操作指令。

2. 修改输入梯形图中的元件属性

如果要修改图 2-9 中的 X0 开关由常开接点变为常闭接点，须选中 X0 接点再右击，并在弹出的如图 2-11 所示的级联菜单中选择"常闭"，则就可以更改 X0 接点为常闭接点。条件开关量的选择也在图 2-11 中选择，只是要根据两相比较的开关量是整数（16 位、32 位）、小数、高、低字节比较来进行相应的选择。

如果要修改图 2-9 中 Network 19 的输出指令 CTD 为 CTU 指令，则右击 CTD 指令，并在弹出的级联菜单中选择"替换→计数器→CTU"即可，如图 2-12 所示。

3. 删除元件

如果要删除图 2-9 的 Network 19 中的 X0 接点，则选中 X0 接点后，直接按 Delete 键删除即可；也可以右击 X0，并在弹出的如图 2-11 所示的级联菜单中选择"删除"来完成。

4. 复制、粘贴元件

在梯形图中复制元件、粘贴元件操作方法类似删除，只不过是选择复制或粘贴选项。

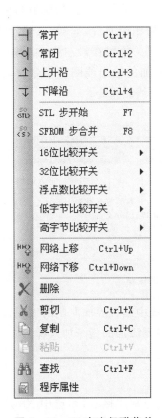

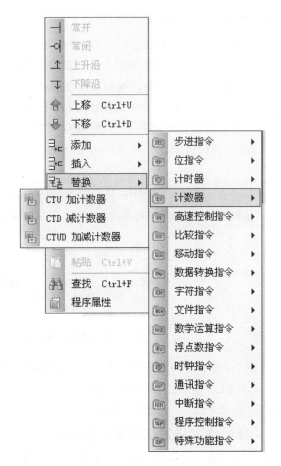

图 2-11　X0 右击级联菜单　　　　　图 2-12　修改 CTD 为 CTU 操作

5. 删除网路

如果要删除一个网络,则应按住鼠标左键(不松开)向上或向下拖动来选中要删除的网络,然后按 Delete 键删除。图 2-13 中蓝色部分的网络即为选中要进行下一步复制或删除的网络。

6. 功能块图输入信号的修改

由功能块图编辑的 PLC 程序如图 2-14 所示,要修改 F2_(2)块的 C0 输入为上升沿有效,操作方法是:双击 F2_(2)块,在弹出的如图 2-15 所示的对话模块中单击 C0 后的 ▭ 按钮,在弹出的如图 2-16 所示的对话框中选择上升沿即可。当然,也可以将鼠标指向 F2_(2)的 In1 并右击,在弹出如图 2-17 所示的对话框中单击"上升沿"按钮即可。

由于功能块图中没有梯形图中的运算节点,运算节点功能由运算模块来完成相应的运算和结果输出,这是功能块图的编程特点。

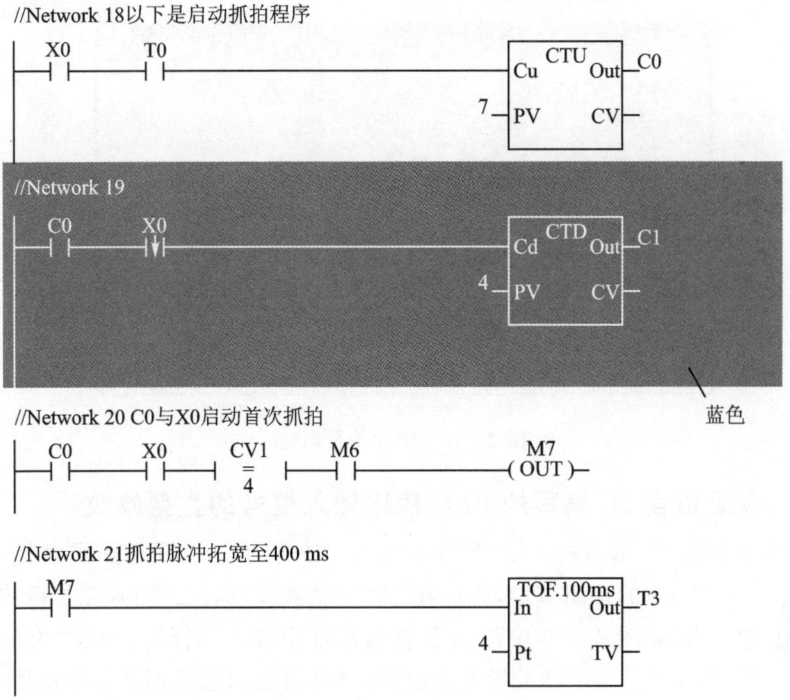

//Network 18以下是启动抓拍程序
X0
T0
CTU
Cu
Out
C0
7
PV
CV
//Network 19
C0
X0
CTD
Cd
Out
C1
4
PV
CV
蓝色
//Network 20 C0与X0启动首次抓拍
C0
X0
CV1
=
4
M6
M7
OUT
//Network 21抓拍脉冲拓宽至400 ms
M7
TOF.100ms
In
Out
T3
4
Pt
TV

图 2－13　复制或删除的网络

F2_(2)
AND
C0
X0
In1
In2
Out
F3_(3)
AND
In1
In2
Out
Y0
F1_(1)
AND
M0
S5
In1
In2
Out

图 2－14　功能块图 PLC 程序

指令：AND 逻辑与
指令禁用
输入端子数: 2
端子
元件
描述
输入
In1
C0
操作位1
In2
X0
操作位2
输出
Out
无
状态输出
指令注释:
帮助
确定
取消

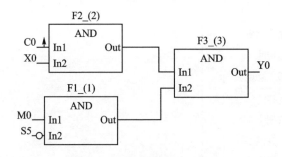

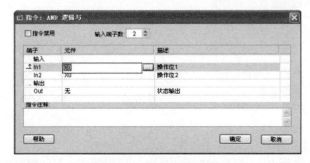

图 2－15　AND 指令属性

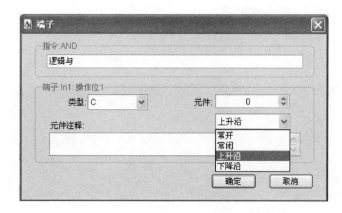

图 2－16 输入信号属性

7. 指令表语言 IL 编写的 PLC 程序输入信号的类型修改

由指令表语言 IL 编写的 PLC 程序如图 2－18 所示。在编程操作过程中,要在 AND 指令中使用 T0 的常闭节点,则应在"AND M1,T0,M2"输入完毕后将鼠标移动到 T0 上并右击(如图 2－19 中的指令表编程常闭节点选择),并在弹出的级联菜单中选择"常闭"即可。对于开关量上升沿、下降沿有效的选择也是这样操作。

```
F1_(1)
   AND
In1      Out
```

	选择对象
↳	连接线
⊡	插入功能块
─┤	常开
⊸	常闭
⊥	上升沿
⊤	下降沿
⊡	增加新页
⊡	删除最后页
⊡	粘贴 Ctrl+V
⊕	查找 Ctrl+F
⊡	程序属性

```
AND        M1, o|T0, M2
AND        X0, ↓C0, M1
```

图 2－17   图 2－18 指令表编程

用指令表 IL 进行 PLC 编程的操作中,也可以用双击 AND 指令的方法来弹出如图 2－19 所示的对话框;在这个对话框中输入相应的参数,选择开关量是用常闭、常开或上升沿、下降沿有效,操作方法类似功能块图中的选择操作。

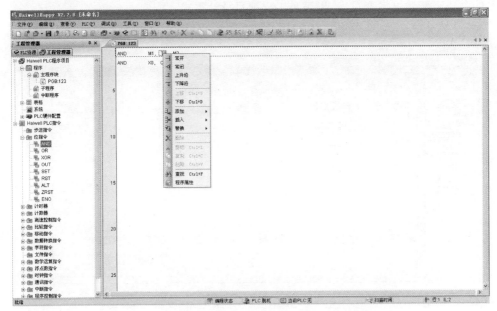

图 2 - 19 指令表编程时常闭节点选择操作方法

8. PLC 项目文件的加密

为防止项目文件被非授权人员改动,可以对项目程序进行加密。

加密的操作方法是:打开项目程序,在工程管理器菜单下右击主程序块下的项目程序名称,在弹出的对话框中选择"程序属性",则在"主程序块 程序项目属性"对话框中就可以见到"口令"栏,在此输入口令即可完成对程序项目的加密。

9. PLC 主机加密

海为 PLC 不仅允许编程人员对用户程序项目进行加密,还允许编程人员对 PLC 的 CPU 进行加密,防止无关人员对 CPU 的访问。CPU 加密的操作方法是:选择菜单栏中的 PLC(P),先进行 PLC 主机的在线连接,待连接成功后选择菜单栏中的 PLC(P)项下的"设置 PLC 口令"项,则可以看到 CPU 加密的对话框,对 CPU 进行加密及新密码确认。如果 PLC 的主机加密后忘记了密码,则无法再对 PLC 进行程序修改、查看等操作。

10. 定义程序中使用的变量名称

由于程序中使用的变量比较多,如果不加名称或用途的定义,则不便编程、维护人员进行编程和设备维护,所以需要注明或定义变量的中文名称。

变量名称的定义操作是:在工程管理器的 PLC 程序项目下的"表格"项下双击离散位元件表、离散寄存器元件表进行相应的变量表名称和变量名称的定义。操作如

图 2-20 所示。如果这些系统定义的变量表不够编程使用,则还可以用右击相应表名的办法来新建更多变量表,以满足工程项目设计需求。

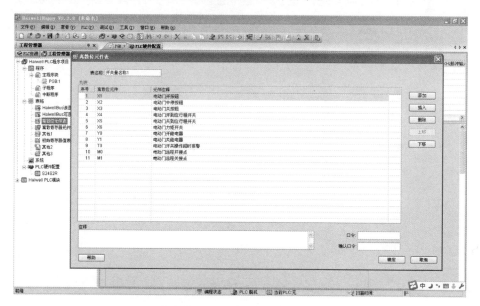

图 2-20 变量名称定义表

2.2.3 编程步骤

PLC 的程序文件的编辑操作包括新建一个程序项目、打开一个程序项目和联机 PLC、从 PLC 中上传程序文件。

打开一个程序项目仅适合于对已有的程序项目进行继续修改、编辑和检查。联机上传适合于对已有的、下载到 PLC 中的程序上传到工程管理器编程界面的程序进行检查、监视、调试。

新建一个程序项目的操作步骤是:

① 双击 PLC 编程软件图标启动编程软件,选择"文件→新建程序项目"菜单项,则弹出如图 2-21 所示的界面,在这里进行新建工程应用的 PLC 主机系列选型、CPU 型号选择以及 PLC 内部元件停电保持区域、进入程序项目的口令等其他项目属性的设置。

② 定义一个程序块名称并选择程序是主程序、子程序或中断程序,选择编程语言是 LD 梯形图、FBD 功能块图、指令表 IL。还可以在此设置进入相应的新建主程序块或子程序、中断程序的二级密码,对重要程序进行保护。这些操作都是在如图 2-22 所示的界面中完成。

③ 进行 PLC 主机及扩展模块的硬件端口配置。这项工作的任务主要是开关量输入端口信号输入采样滤波时间、输入模拟量信号类型、输出模拟量类型等与硬件相

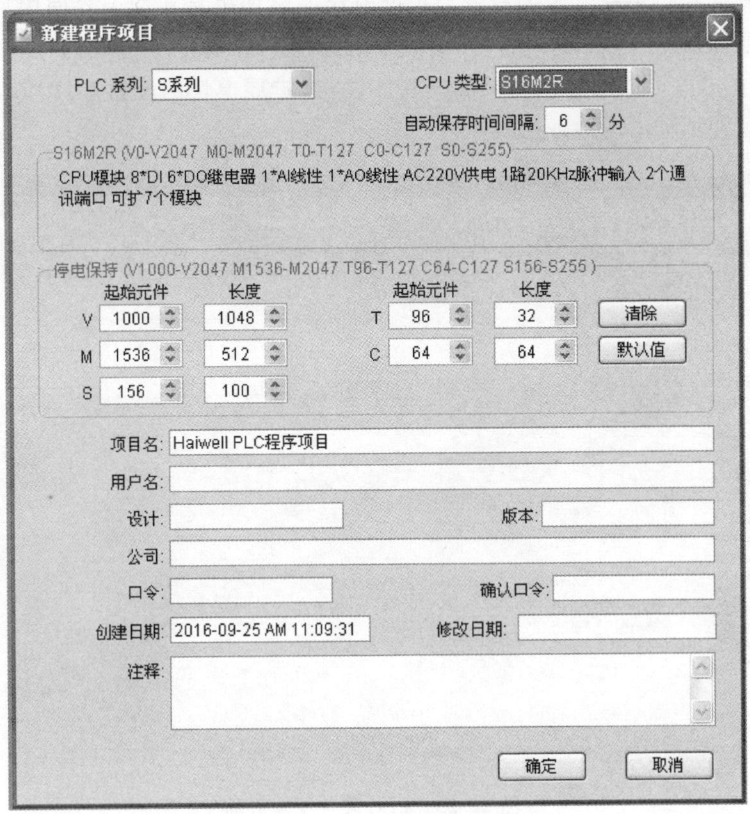

图 2-21　新建程序项目设置

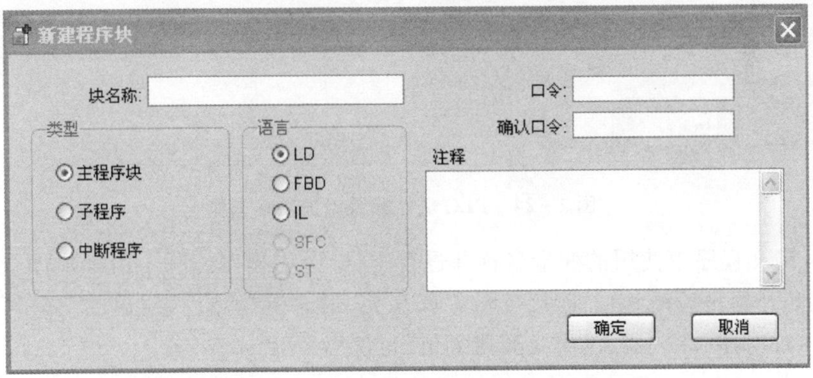

图 2-22　PLC 编程语言的选择

关的参数设置。

　　PLC 主机的硬件端口配置及扩展模块的配置操作是:在工程管理器下的程序项目下双击"PLC 硬件配置",则弹出如图 2-23 所示的界面,在这个界面中进行 PLC

的 CPU 硬件端口采样参数的设置。扩展模块的添加也是在这个界面中进行。具体操作是:鼠标指向"PLC 硬件配置"页面下的序号列并右击,则弹出如图 2-24 所示的界面,在这里可以添加相应扩展模块。注意,扩展模块的配置顺序应与硬件连接顺序一致,否则会出现地址错误。

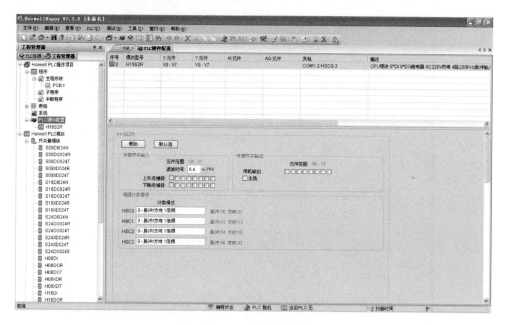

图 2-23　PLC 硬件配置界面

图 2-24　PLC 硬件配置添加硬件操作

④ 定义程序中使用的变量名称并进行 PLC 应用程序编程。由梯形图所编程序的最左侧开始是母线,中间连接逻辑运算开关,最右侧是输出,输出的信号可以是运算模块、计时器、计数器、输出线圈或复位、置位指令等。

⑤ 启动 PLC 编程软件自带的仿真软件进行程序正确性离线调试、检查。启动仿真离线调试的操作方法是:单击快捷工具栏上的仿真图标或选择菜单栏上的"调试"项,再选择启动仿真器。在仿真运行状态,可以用双击相应输入开关量的办法来弹出选择对话框,并对输入开关量进行强制;也可以用右击强制输入开关点的办法来弹出选择对话框,在对话框中选择强制输入点为 ON 或 OFF(对于模拟量,也可采

用双击或右击模拟输入点的办法来弹出强制对话框进行数据强制)。如果要终止仿真运行,则可以单击停止仿真器 按钮来停止仿真运行,返回程序编程状态进行程序的修改与编辑等操作。

海为 PLC 在线监控状态时如果要进行强制操作,其操作方法与仿真状态类似。注意,在线监控状态时可以强制的变量要少于仿真状态,仅仅是程序中使用的中间变量点可以强制,输入的 X 点和 OUT 指令输出点是不能进行强制的。

⑥ 仿真调试程序运行正常后,将 PLC 主机及扩展模块系统按系统正常使用要求连接好电气系统,插好 PLC 主机与编程计算机的通信线,选择编程界面上的菜单栏中的 PLC(P) 选项,并选择 PLC 联机。PLC 联机时一般不需要修改系统默认的通信参数。如果一个系统连接有多个 PLC 主机,则应修改通信参数中的起始地址和终止地址参数,使 PLC 硬件地址码设定的地址全部包含在内。

⑦ 联机正常后检查 PLC 主机上的运行控制开关在 STOP 停止位置,将所编的 PLC 程序下载(带清除的下载)到 PLC 中,检查 PLC 主机无报警 ERR 信号。

⑧ 将 PLC 主机运行控制开关拨向 RUN 运行位置,在线(试验室或工厂空载状态)检查调试程序。在线检查调试程序时,编程操作界面可以通过选择菜单栏的调试(D)选项,选择在线监控来检查 PLC 内部程序的执行情况。

⑨ PLC 控制系统安装后的系统调试。在工厂或实验室状态时,虽然进行了 PLC 程序的正确性检查调试,但毕竟有很多现场设备的运行参数和特性不是仿真程序完全能够仿真出来的,还有部分设备运行工况可能是编程人员没有考虑到的,特别是 PLC 控制系统控制点比较多时,其逻辑更加复杂,更何况还有现场不可避免地出现接线错误等人为错误,这些都还是要通过现场的调试来检查验证的。

2.3 PLC 的编程指令

PLC 的编程语言主要由梯形图、功能块图组成,为方便各种功能块类指令的执行控制和结果检查,PLC 的大部分功能块指令中设计有使能输入 En 和使能输出 Eno 端口。对于一个带输入使能 En 端口和使能输出 Eno 端口的 PLC 指令,当 En 的输入端为 ON 时,该功能指令块被执行;否则就不执行。当功能指令块指令被正确执行时,其使能输出端 Eno 变为 ON;如果指令块执行有错误,则 Eno 为 OFF 状态。当 En 为 OFF 状态时,Eno 也为 OFF 状态。

大部分情况下,指令块的使能输出端 Eno 是没有用的,可以不用填任何参数(相当于悬空的),但如果程序中需要使用某个指令块的使能输出端 Eno 的输出信号,则应该在这个指令块的使能输出端 Eno 端填入变量名。使能输出端 Eno 允许填入的变量有 Y、M、SM、LM、S。

在 LD、FBD 编程语言的指令块中,大部分指令块都有 En 和 Eno 端。所有的指令表编程语言 IL 均无使能输出 Eno 端,而是由专门的 ENO 指令代替。

在 LD 梯形图编程语言中,没有 AND、OR、XOR 指令,这 3 个指令的功能由逻辑链路代替。

PLC 的指令有 16 位指令和 32 位指令,32 位指令的表述就是对应的 16 位指令名称前加上 D. 前缀。例如,16 位比较指令是 CPM,而 32 位比较指令则是 D. CPM。一般 PLC 默认的指令是 16 位指令,如果要选择和使用 32 位指令,则双击对应的 16 位指令,在弹出的对话框中选中 32 位再单击"确定"即可将 16 位指令改为 32 位指令,具体操作如图 2 - 25 所示。

图 2 - 25   32 位比较指令选择

PLC 的部分指令使用的是 8 位指令,其表述方法是在 16 位指令后加上. LB。例如,16 位通信指令为 COMM,而 8 位指令为 COMM. LB,表示只使用 16 位寄存器的低 8 位字节。

对于一些指令的参数自动占用几个连续的寄存器的情况在编程时要注意,防止寄存器编号使用不当造成的数据地址冲突。

2.3.1 基本指令

1. 位指令

位指令包括 OUT、SET、RST、ALT、ZREST。

同样的 PLC 可以采用不同的编程语言进行编程,而各编程语言有自己的特点,于是完成同样的运算处理任务有不同的策略,其位指令也不完全相同。梯形图编程语言特有的 16 位、32 位、浮点数比较指令、高、低字节比较指令；功能块图有与、或、异或指令；指令表的位指令中除有与功能块图相同的与、或、异或指令外，还特有一个 ENO 使能输出指令。

OUT 指令的作用是直接把输入状态赋值给输出，OUT 指令的可选参数是输出线圈或内部继电器线圈。

SET 指令的作用是根据输入状态对输出置位为 1。当输入为 ON 时，输出为 ON（也就是 1）；当输入为 OFF 或者 0 时，其输出保持不变。SET 指令一般用边沿输入执行，其输出置位对象是输出线圈、内部继电器线圈和计数器、计时器的动作置位。

RST 是复位指令，当 RST 指令的输入等于 ON 时，其 OUT＝OFF；当输入是 OFF 时，其输出保持不变。RST 指令一般用边沿输入执行。

如果 RST 指令的输出对象是计时器 T，则其同时复位计时器的输出线圈和计时器的当前计时值 TV。如果 RST 指令的输出对象是计数器 C，则其同时复位计数器的输出线圈和计数器的当前计数值 CV。如果 RST 指令的输出对象是步进状态位 S，除了复位步进点的状态外，如果该 S 步进点正在执行过程中，则同时复位该 S 步进点内 OUT 指令输出、计时器、计数器的输出及其当前计时、计数值 TV、CV。

ALT 是交替输出指令，根据输入状态对输出状态取反，如果 IN＝ON，则 OUT 对自身取反；如果 IN＝OFF，则其输出保持不变。ALT 指令一般用边沿输入执行。

ZRST 指令是批量复位指令，其复位以 Des 位为起始位后的 N 个单元，其他与 RST 指令相同。

2. 步控制指令

步控制指令有 STL 步开始、STO 步转移、SFORM 步合并指令。步控制指令都是以激活（也就是顺序控制继电器 S_n＝1）顺序控制继电器 S 为开始，并以复位（就是使 S_n＝0）S 为步结束。在步开始与步结束之间的程序为步程序。步控制指令的使用也是有限制的：

① 步控制指令只能用于主程序。在子程序、中断程序中是禁止使用步指令的。在功能块图 FBD 及指令表 IL 程序中也不能使用步控指令。

② 步指令内不支持跳转和循环指令。

③ 如果某步 S_n 有电或激活，即 S_n＝1 时，则执行 S_n 控制的步内程序；否则，跳过 S_n 步，不执行其内的任何程序。

④ 步控指令支持步合并、步分支流程。

⑤ 步之间跳转时，清除上一个步内点的状态、复位该步 OUT 线圈的输出，计时器线圈 T 及计时器当前计时值 TV、计数器线圈 C 以及计数器当前计数值 CV 也被复位为 0。系统固件 2.0 以前版本的计时器、计数器不执行复位操作，由 SET 指令所设位也不会被复位。

⑥ 若步转移后仍想保持 Y 的输出，则步内 Y 的输出用 SET 指令进行置位；要清除该点为 OFF，则须使用 RST 指令复位。

⑦ 步顺序控制继电器 S_n 不能重复,但当顺序控制继电器 S_n 不用作步控制时,仍然可以作为内部普通继电器使用。

⑧ 要结束某步 S_n,则只需要用 RST 指令复位该顺序控制继电器即可。批量复位可用 ZRST 指令(有些型号的 PLC 不兼容 ZRST 指令)。

⑨ 任何顺序控制继电器 S_n 都可以作为步的开始。步开始可以使用 ST0 步转移指令或 SET 指令置位激活,步的转换(也就是结束上一步,开始下一步)则使用 ST0 步转移指令。

⑩ PLC 允许同时启动的步最多为 10 个步。

⑪ 不同型号的 PLC 对步程序的解释与执行可能存在差异和不兼容现象,编程人员应谨慎使用步控指令:

➤ ST0 步转移指令,就是激活本指令指定的顺序控制继电器 S_n 并复位上步激活的顺序控制继电器 S_{n-1}。

➤ STL 步开始指令是步 S_n 的开始,至 RST S_n 或 STO 指令复位步 S_n,这样才能结束本步的执行。

➤ SFORM 用于步分支后的合并。

步的顺序控制有 3 种基本类型,分别是单支步、分支步与合并步,原理如图 2-26 所示。

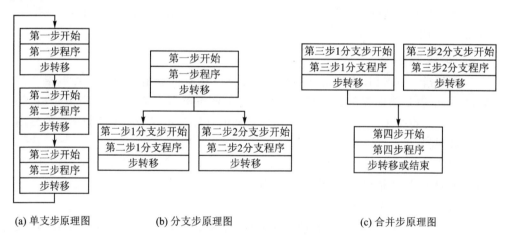

(a) 单支步原理图　　(b) 分支步原理图　　(c) 合并步原理图

图 2-26　步的顺序控制原理图

【例 2-1】　某路口一侧有绿、黄、红三灯,其控制开关为 X0。当 X0 闭合时,绿灯亮 30 s 后亮黄灯并闪 3 s,然后亮红灯 30 s,接着又是绿灯亮 30 s。如此循环往复,其步是单支步,程序如图 2-27 所示。

网路 1:利用 X0 的上升沿启动步转移指令 STO S0,激活顺序控制继电器 S0。

网络 2:第一步开始 STL S0 接通,亮绿灯 Y0,同时启动定时器 T0 并计时 30 s。当计时 30 s 时间到后,继电器 T0 动作并转移到第二步 S1,同时,步程序自动复位计时器 T0 和第一步顺序控制继电器 S0,结束第一步。

网路 3:执行步转移指令,转到第二步,亮黄灯 Y1。由于黄灯控制还受 X0 控制,所以 Y1 不能直接放到步二中来,必须单独放到了步循环体外。黄灯亮 3 s 后转移到第三步 S2,同时复位计时器 T1 和第二步顺序控制继电器 S1,结束第二步程序执行。

网路 4:第三步开始,接通红灯,启动红灯计时器 T2 并计时 30 s。当 T2 计时时间到后转移到第一步,并复位第三步的步控继电器 S2、第三步的 OUT 输出以及定时器。

网路 5:当 X0 断开后,复位全部的步转移控制继电器 S0、S1、S2。

网路 6:本程序不在任何步内,所以 PLC 每个扫描周期都会进行扫描和执行。本段程序主要是控制黄灯,就是当 X0 接通时执行每个循环 3 s 的闪烁以及当 X0 断开时接通黄灯始终闪烁。

【例 2 - 2】 步分支与步合并程序如图 2 - 28 所示。

网络 1:当 PLC 主机由停止转运行的第一个扫描周期 SM2 接通时,转 S3(第一步)。

网路 2:开始第一步,当 X0 接通时转 S20(第二步),否则就不执行网路 3~网路 9 的任何一步。

网路 3:第二步开始,Y0 输出接通并在 X1 接通时转移到 S30(第三分支步 1)、S31(第三分支步 2)。

网路 4:第三分支步 1 开始,Y1 输出接通并在 X2 接通时转移到 S40(第三分支步 1 内第一步)。

网路 5:第三分支步 1 内第一步开始,Y2 接通。

网路 6:第三分支步 2 开始,Y3 接通,如果 X3 接通,则转移到第三分支步 2 内的第一步 S41。

网路 7:第三分支步 2 内的第一步开始,Y4 输出接通。

网路 8:合并步。当 S40、S41 均被激活且 X5 接通时转移到第四步 S60。

网络 9:第四步开始,Y7 输出接通并在 X6 接通时转移到 S3 第一步(返回第一步循环执行)。

网路 10:M2 内部继电器动作时,复位从 S0~S100 的全部顺序控制继电器,停止顺序步程序的执行。

对于顺序控制步,无论是哪种控制步,都只有激活的顺序控制继电器对应的控制步得到执行,没有激活的顺序控制步将被忽略,所以,顺序控制的核心就是顺序控制继电器的激活与复位。

分支步及选择性分支步就是将一个顺序控制步有条件地分成两个或多个不同的分支控制状态。当一个控制步分成几个分支步时,所有的分支控制步对应的顺序控制继电器必须同时被激活。在同一个转移允许条件下,同时使用多条步转移指令 ST0 即可在一个顺序控制步完成后实现控制步的分支。

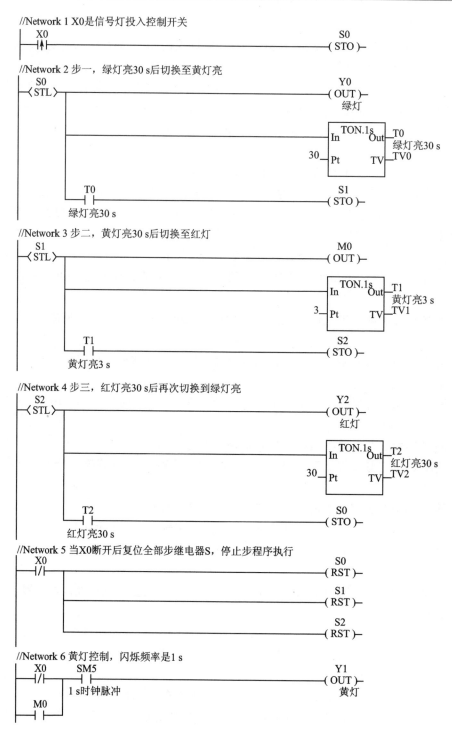

图 2 - 27　单支步程序

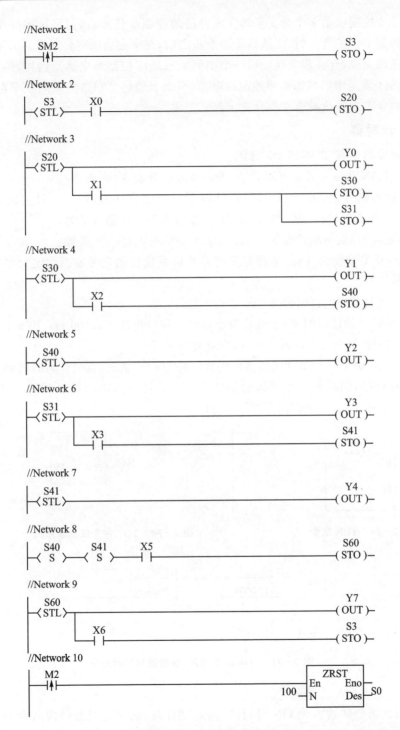

图 2 - 28　步分支与合并

合并步控制就是多个分支步均完成自己的控制步任务后,再将这些分支步合并成一个控制步。步合并时,在执行下一个步之前,必须完成所有分支步。为了保证分支步的正确完成,合并步需要使用一个中间状态顺序控制继电器。例如,例2-2中的S40、S41就是中间状态顺序控制继电器,网络8通过监视这些中间状态顺序控制继电器的状态来确认要合并的分支步都已完成。

3. 计时器

计时器指令有 TON、TOF、TP。

(1) TON 指令是得电延时闭合、断电瞬时断开指令(见图2-29)

In:输入信号,当 In=ON 时,启动得电延时闭合计时器计时,计时时间到,则 Out=ON;当 In=OFF 时, Out=OFF 且复位当前计时值 TV 为 0。

Pt:定时时间,可填的参数是 AI、AQ、V、SV、LV、CV、P、常数。

Out:开关量输出 Tx。选择好定时器号后系统自动定义输出为定时器号,无须编程人员填写。

TV:定时器当前计时值 TVx。

ns:计时器的计时时基(也就是最小计时单位),可选 1 s、100 ms、10 ms、1 ms。

(2) TOF 指令是得电瞬时闭合,断电延时断开指令

当 IN 由 ON 变 OFF 后,其输出仍然维持为 ON 状态,直到计时时间到,其输出才转变为 OFF,同时复位计时当前值 TV。TOF 指令的应用梯形图如图2-30所示,其输入、输出信号的时序图如图2-31所示。

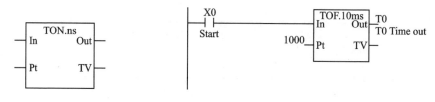

图 2-29　TON 指令　　　　　　图 2-30　TOF 指令应用梯形图

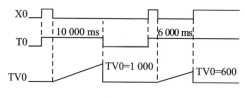

图 2-31　TOF 指令输入、输出信号的时序图

(3) TP 为脉冲计时器

当 TP 指令的输入为 ON 时,计时器启动计时,同时计时器的输出为 ON,这时无论计时器的输入是否为 ON,计时器仍然保持计时状态,其输出也保持为 ON 状态。计时设定时间到,则其输出变为 OFF,同时复位计时器的计时当前值 TV 为 0。

TP 指令的应用梯形图如图 2 - 32 所示,其输入、输出信号的时序图如图 2 - 33 所示。

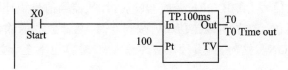

图 2 - 32　TP 指令的应用梯形图

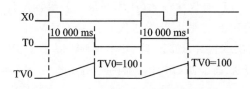

图 2 - 33　TP 指令输入、输出信号的时序图

　　TP 脉冲计时器实际也是固定脉冲输出器,如图 2 - 32 中,无论 X0 闭合 6 ms 还是 2 000 ms,T0 的闭合时间都固定为 10 000 ms。这样,如果定义 X0 是远方的合闸按钮,则用 TP 指令就可以发出一个固定时间宽度的脉冲,这个脉冲可作为远程设备的跳、合闸脉冲使用。

　　在 Haiwell 的 PLC 内部设计的计时器中,T252～T255 计时器的计时基本单位固定是 1 ms 且不可调;T0～T251 计时器的基本计时单位可设定为 10 ms、100 ms、1 s;T0～T255 中的任何一个计时器都可以设置为 TON 或 TOF、或 TP。

4. 计数器

　　计数器指令有 16 位计数器指令和 32 位计数器指令,其中,CTU 是 16 位加计数器,CTD 是 16 位减计数器,CTUD 是 16 位加、减计数器;D. CTU、D. CTD、D. CTUD 分别是 32 位的加、减及加减计数器。16 位计数器和 32 位计数器的用法相同,仅仅是能计数的最大值不同。

　　(1) CTU 加计数器(见图 2 - 34)

　　Cu:计数脉冲信号输入端。

　　PV:计数器设定值,可填的参数是 AI、AQ、V、SV、LV、CV、P、常数。

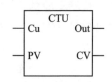

　　Out:开关量输出 Cx。选择好计数器号后系统自动定义,无须编程人员填写。

图 2 - 34　CTU 加计数器

　　CV:计数器当前计数值。

　　当加计数器的输入信号 Cu 由 OFF 变成 ON 时,加计数器加 1;当加计数器的当前累计计数值 CV 大于等于设定值 PV 时,计数器的输出线圈 Cx 变成 ON,这时如果还有输入脉冲信号来,则计数器的当前累计计数值 CV 仍然加 1,直至 CV 达到最大值 32 767(32 位的最大累计值是 2 147 483 647)后不再计数。如果需要重新使计数器计数,则要使用 RST 或 ZRST 指令来对计数器进行复位。

(2) CTD 减计数器

当其计数输入信号 Cd 由 OFF 变成 ON 时,计数器当前累积计数值 CV 减 1;当减计数器的当前累积计数值由设定值 PV 减到 0 时,则计数器的输出线圈 Cx 动作,由 OFF 状态变成 ON。这时,再有计数脉冲输入,计数器也不会计数。

(3) CTUD 加、减脉冲计数器

CTUD 加、减脉冲计数器有 2 路输入信号(分别是加脉冲输入 Cu 和减脉冲输入 Cd)和一路输出信号。当有加脉冲输入(使用的是上升沿)时,计数器当前累计值 CV 加 1;有减脉冲输入(使用的也是上升沿触发)时,则 CV 减 1。当 CV 大于等于设定值 PV 时,计数器的输出线圈由 OFF 变 ON;当 CV 值小于 PV 时计数器的输出线圈,则由 ON 变成 OFF 状态。加、减计数器的应用如图 2-35 所示。

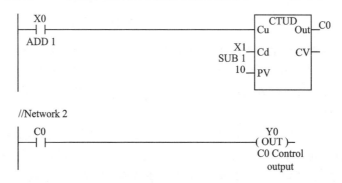

图 2-35　CTUD 指令梯形图编程

C48~C79 是 32 位计数器,共 32 个点,而 C0~C47、C80~C127(计数器的最大点数值因 PLC 型号和系列不同而有差异)是 16 位计数器。任何一个计数器都可作为加计数器、减计数器或加减计数器。

【例 2-3】　列车车厢计数程序设计。本设计以测量车轮数量的形式来计算列车车厢数量。为检测到车轮,在铁路轨道旁边安装三线制电磁式接近开关,这样就可以通过检测车轮的方式来实现对车厢数量的统计。X0 是测量车轮经过的接近开关的输出信号,CV2 为通过的火车车厢数量统计值,这个数值可以为上位机通过通信方式获得。

由于火车头的车轮也会进入车轮计数器累计系统,所以 C0 计数器用于剔除火车头(火车头为 6 轴车辆)车轮数量对统计结果的影响,C1 为单节车厢的计数(车厢采用的是 4 轴车辆)。通常,一列火车的车厢数量不超过 90 辆,所以车厢数量统计计数器 C2 的设定值设定为 100。

当车辆检测开关 X0 在 10 s 内没有检测到信号变化,则发出复位信号来复位车头、车轮数量计数器和车厢数量统计计数器,为下一列火车车厢数量统计做好准备。车厢统计梯形图程序如图 2-36 所示。

网络 1 是车头检测,当检测到第 7 个车轮时 C0 接通,允许网络 2 对车厢进行检测。

网路 2 是车厢检测,当检测到 4 个轮子就表示有 1 节车厢通过,于是 C1 接通。

网路 3 对由 C1 的闭合次数进行计数,累计有多少节车通过。

网路 4 是 C2 计数完毕,这时复位 C1,允许 C1 重新计数。

网路 5、6 就是实现当 10 s 内没有车轮通过开关 X0 安装处时即可认为车辆全部通过,这时复位整个计数系统,为下次计数做好准备。

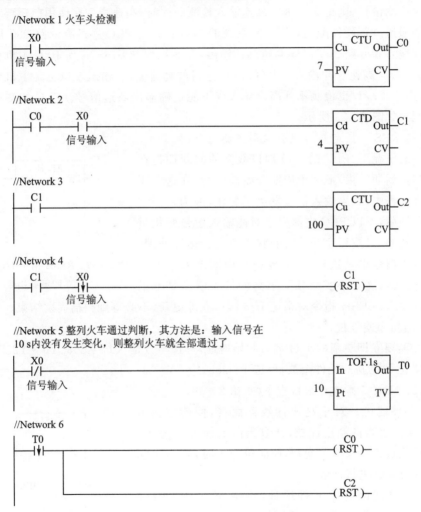

图 2-36　火车车厢数量统计程序

5. 高速控制指令

PLC 的高速指令有 I/O 更新指令 RESH、高速计数器 HHSC、写高速计数器指令 HCWR、速度侦测指令 SPD、脉宽调制输出指令 PWM、脉冲输出指令 PLSY、加、减速脉冲输出指令 PLSR、原点复位指令 ZRN、设置电气原点指令 SETZ、直线插补指令 PPMR、圆弧插补指令 CIMR、简单脉冲输出指令 SPLS、多段脉冲输出指令 MPTO、随动脉冲输出指令 SYNP。

Haiwell PLC 的高速计数器、高速脉冲输出指令是与 PLC 硬件相关联的,具体来说就是选购的 PLC 硬件必须能够支持高速指令的执行;如果是继电器输出型 PLC,则就无法执行高速输出,只有晶体管型输出的 PLC 才有望实现高速输出。虽然 PLC 的输入都是晶体管输入电路,但如果 PLC 在制造设计时没有进行输入端口的高速检测设计,则也无法进行高速输入检测。同时,高速指令在使用前还要对它们使用的通道进行硬件配置,比如 N 系列的 N24S2T 型 PLC 主机有 6 路 200 kHz 高速脉冲输入和 6 路 200 kHz 高速脉冲输出,而 S 系列的 S16S2R 型 PLC 主机就只有一路 20 kHz 高速脉冲输入。另外,PLC 主机的高速输入、输出端口也是主机中定义好的,用错了端口也检测不到高速输入或不能正确输出高速信号。PLC 的高速通道硬件配置如图 2-23 所示。

(1) RESH 指定 I/O 端口立即更新指令(见图 2-37)

一般情况下,PLC 的 I/O 端口数据的刷新都是在程序扫描周期结束、下一个周期开始前进行,在这个程序运算过程中,如果输入信号发生了变化,因为未到扫描周期结束,所以 PLC 内部程序对此输入信号变化是不予更新的,仍按程序开始时的状态值进行运算处理。对于输出信号也是这样,只等到扫描周期结束才一次性一齐更新,这对于实时性要求高的信号就满足不了

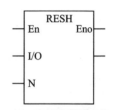

图 2-37　RESH 指定 I/O 端口
立即更新指令

高速性要求;RESH 指令对指定 I/O 端口立即更新,不必等到扫描周期结束。

En:指令使能位。

I/O:要立即更新的 I/O 端口起始地址,可选参数是 X0～X255、Y0～Y255。

N:立即更新的元件个数,可选 1～255。

(2) HHSC 高速计数器指令(见图 2-38)

En:使能位。对于高速计数器而言,使能位为 0 时,高速计数器将停止计数,计数当前值保持不变,输出的开关状态也保持不变;当使能位为 1 时,高速计数器将继续开始进行计数。

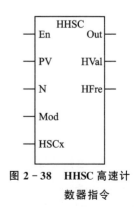

PV:设定值起始元件地址,可选 V0～V22047、LV0～LV31、常数(是十六进制的数)。

N:比较段数,可选 1～8。

Mod:比较模式,可选 0～2。0 为单段比较模式,1 是绝对方式比较模式,2 是相对方式比较模式。

图 2-38　HHSC 高速计
数器指令

HSCx:高速计数器号,可选 0～3,编程时还与

PLC 主机型号相关。

Out：比较结果起始输出元件，可选 Y、M、SM、LM、S。根据比较段数的多少和比较模式确定有多少个 Out 开关量输出。对于单段比较模式，只输出一个开关量；对于绝对或相对方式比较，则有 N 个输出开关量。

HVal：高速计数器当前计数值，占用 2 个系统寄存器地址，系统自动定义好的，无须选择。

HFre：高速脉冲当前频率，系统自动定义，无须选择。

➢ HHSC 高速计数器指令用于对高速输入的脉冲信号的计数处理，可以对高速脉冲信号进行计数，同时测量出脉冲信号的频率。

➢ 高速计数器支持脉冲/方向、正/反脉冲、A/B 相脉冲输入模式，支持 1、2、4 倍频计数模式。

➢ HHSC 高速计数器指令还与 SM 系统状态位、SV 系统寄存器有关，当计数值＝设定值时，则产生高速计数器"HSCx 当前值＝设定值段"中断信号；当高速脉冲信号方向发生改变时，则也产生中断信号，只不过这个中断是 HSCx 输入方向中断。HSC0 的 SM 系统状态位、SV 系统寄存器代表含义如表 2-7 所列，与 HSC0 号高速计数器相关的计数模式、高速信号波形及硬接线关系如表 2-8 所列。

➢ 支持多段比较，支持 3 种比较方式，分别是单段比较方式、绝对式比较方式、相对式比较方式。

➢ HHSC 高速计数器指令有自学功能，在学习状态下可以把当前值记录到设定值，可以连续多段学习。在进入和退出学习状态时，则复位 HSCx 中断信号。

表 2-7 与 HSC0 相关的 SM 系统状态位、SV 系统寄存器

系统状态位	功 能	读/写属性	停电保持	默认值
SM25	HSC0 学习使能控制，0 为正常状态，1 为学习状态	R/W	否	0
SM26	HSC0 学习认识控制	R/W	否	0
SM30	HSC0 方向标志，0 为加，1 为减	R	否	0
SM31	HSC0 运行错误指示	R	否	0
SV60	HSC0 的当前段号	R	是	0
SV61	HSC0 的当前值低字	R	是	0
SV62	HSC0 的当前值高字	R	是	0
SV63	HSC0 的错误代码	R	是	0
SV601	HSC0 的频率值低字	R	是	0
SV602	HSC0 的频率值高字	R	是	0

表 2-8　与 HSC0 相关的硬件接线、工作模式及输入的高频信号波形对照表

计数模式		输入信号波形		HSC0 高速计数器对应的硬件接线
模式	倍频数	加计数	减计数	
0:脉冲方向	1	脉冲　方向		X0 接脉冲信号 X1 接方向信号
1:脉冲方向	2	脉冲　方向		X0 接脉冲信号 X1 接方向信号
2:正转反转	1	正转脉冲　反转脉冲		X0 接正传脉冲信号 X1 接反转脉冲信号
3:正转反转	2	正转脉冲　反转脉冲		X0 接正传脉冲信号 X1 接反转脉冲信号
4:A相B相	1	A相脉冲　B相脉冲		X0 接 A 相脉冲信号 X1 接 B 相脉冲信号
5:A相B相	2	A相脉冲　B相脉冲		X0 接 A 相脉冲信号 X1 接 B 相脉冲信号
6:A相B相	4	A相脉冲　B相脉冲		X0 接 A 相脉冲信号 X1 接 B 相脉冲信号

➢ 要复位高速计数器、实时修改设定值、当前值、当前段号应使用 HSWR 指令。

➢ 对于 PLC 而言,其高速计数器指令主要用于接收旋转编码器类检测元件发来的高速脉冲信号。高速计数的硬件计数模式(硬件计数模式的选择见图 2-23)与旋转编码器的输出信号相对应,如果没有在编程前将输入的脉冲信号类型与计数器的计数模式选择一致,则将导致计数结果错误。

(3) HCWR 写高速计数器指令(见图 2-39)

En:使能信号输入。

Val:要写入的值,可选的参数是 AI、AQ、V、SV、TV、CV、LV、P、常数。

Kind:写入值类型,可选 0~3。0 是写入当前段号,1是写入当前段设定值,2 是写入高速计数器当前值,3 是复位高速计数器。

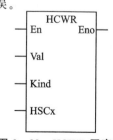

图 2-39　HCWR 写高速计数器指令

HSCx：高速计数器号，也就是要进行写入的高速计数器号。

HCWR 指令用于协助 HHSC 高速计数器指令完成对高速计数器的段号、当前段设定值、高速计数器当前值的更改以及复位高速计数器，如果写入的段号 HSCx 超过了固件能接收的值，则出现 HSCx 报 1 号错误。

例如，高速计数器的单段比较模式应用程序如图 2-40 所示。其中，高速指令设定为 4 段，初始段号为 1 段。

其中，V1000V1001 = 100 是 1 段设定值，V1002V1003 = 200 是 2 段设定值，V1004V1005 = 3000 是 3 段设定值，V1006V1007 = 500 是 4 段设定值。

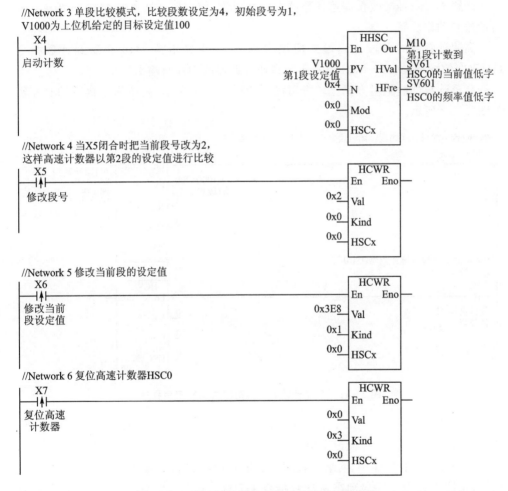

图 2-40　高速计数器的单段比较模式应用程序

网络 Network3：当 X4 闭合时，如果是首次运行，则设置高速指令 HHSC 的工作方式为单段比较模式。比较段有 4 段，第一段的比较设定值的起始地址是 V1000，高速端口是 HSC0，也就是说，高速脉冲信号来自 X0、X1，单段比较达到设定值的动作结果输出到 M10。

网路 Network4：当 X5 闭合时把当前的比较段号改为 2 段。如果在 X5 闭合时高速计数没有达到 1 段的设定值，则 M10 只有计数达到 2 段的设定值才闭合；如果在 X5 闭合时当前计数值已经达到了 1 段的比较设定值，M10 已经闭合，则先复位M10（也就是断开 M10），等到高速计数值达到 2 段设定值时 M10 才再次闭合。

网路 Network5：当 X6 闭合时，修改当前段的设定值为 3E8。修改当前段对M10 的影响与当前段是否用作比较输出段有关，如果当前段不是比较输出段，则修改当前段设定值对 M10 没有影响。

网路 Network6：复位高速计数器 HSC0 通道，使 HSC0 通道及 M10 重新从 0 开始计数和动作。

高速计数器的单段比较模式应用中，只有一个继电器 M10 会受到计数指令HHSC0 的影响，M11~M13 将不参与高速计数器的动作与输出。

高速计数器的绝对方式比较应用程序如图 2－41 所示，高速指令执行的时序图如图 2－42 所示。

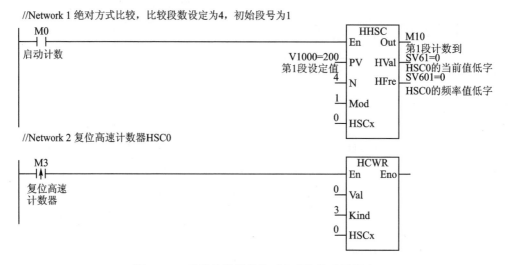

图 2－41　高速计数器的绝对方式比较应用程序

其中，V1000V1001＝200 是 1 段设定值，V1002V1003＝500 是 2 段设定值，V1004V1005＝1000 是 3 段设定值，V1006V1007＝1500 是 4 段设定值。

在图 2－41 的程序中，网络 1 设置为：当 M0 闭合时，设置 HHSC0 为绝对方式比较，比较段数为 4 并启动高速计数指令 HHSC0 运行；当 M3 闭合的上升沿有效时，则复位计数器 HHSC0（实际就是停止 HHSC0 工作，使 HHSC0 指令的当前计数值、当前频率值归 0，输出开关量信号断开）。

HHSC0 高速指令的相对比较应用程序如图 2－43 所示，程序的时序图如图 2－44所示。

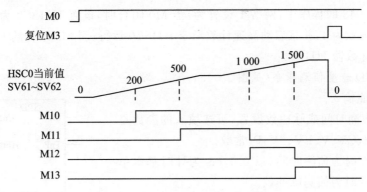

图 2 - 42　高速指令执行的时序图

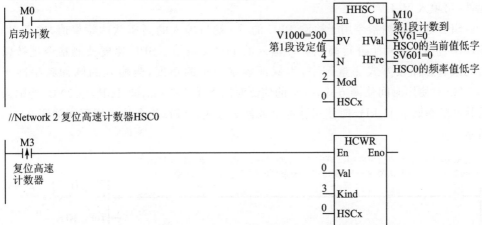

图 2 - 43　HHSC0 高速指令的相对比较应用程序

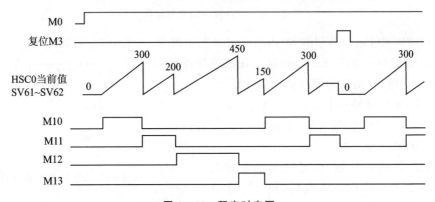

图 2 - 44　程序时序图

其中，V1000V1001 = 300 是 1 段设定值，V1002V1003 = 200 是 2 段设定值，V1004V1005 = 450 是 3 段设定值，V1006V1007 = 150 是 4 段设定值。

在图 2-43 的程序中,网络 1 设置为:当 M0 闭合时,设置 HHSC0 为相对方式比较,比较段数为 4,并且启动高速计数指令 HHSC0 运行;当 M3 闭合的上升沿有效时,则复位计数器 HHSC0。

(4) SPD 速度侦测指令(见图 2-45)

En:使能输入。

TnP:侦测时间或脉冲数设置,可选填入的参数是 AI、AQ、TV、CV、V、LV、SV、P、常数。

TnP>0 时为侦测时间(以 0.1 ms 为计时基本单位),TnP<0 时为侦测脉冲数。

X:被侦测信号的输入端口,可以选 X0~X1023。

HFre:侦测结果输出(频率值),占用 2 个连续的元件,可填入 V、LV。

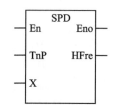

图 2-45 SPD 速度侦测指令

SPD 速度侦测指令用于检测 PLC 的 Xn 端口输入的高速脉冲频率值,这个 Xn 端口不包括专门用于进行高速脉冲输入的 HSCx 通道。SPD 速度侦测指令支持以时间或者脉冲数方式测量频率,为保证频率测量的精度,当输入的脉冲频率高于 19 kHz 时使用时间侦测方式,推荐的侦测时间大于 500 ms,即 TnP>5 000。当输入的脉冲频率低于 19 kHz 时使用脉冲个数侦测方式。SPD 指令的应用程序如图 2-46 所示。

//Network 1 速度侦测指令应用,设定侦测时间为0.5 s(也就是侦测频率刷新时间是0.5 s),脉冲信号来自X4端口中,测量到的频率值存储在V0中

```
    X3                                      ┌──SPD──┐
────┤├──────────────────────────────────────┤En  Eno│
                                       5000─┤TnP HFre├─V0=1005
                                         X4─┤X      │
                                            └───────┘
```

图 2-46 SPD 指令的应用程序

(5) PWM(Pulse Width Modulation)脉宽调制指令(见图 2-47)

En:使能位。如果 En 端的输入在高速脉冲输出期间变为低电平,则立即停止高速脉冲输出。

PulR:输出脉冲占空比,可选填的参数有 AI、AQ、V、SV、LV、P、TV、CV、常数(单位是 0.1%,数值范围是 0~1 000)。

PulF:脉冲输出频率,可选填的参数有 AI、AQ、V、SV、LV、P、TV、CV、常数(占用 2 个连续的元件)。

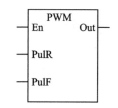

图 2-47 PWM 脉宽调制指令

脉冲频率的下限单位是 10 Hz,上限单位根据不同主机和 CPU 不同,上限频率在 20~200 kHz。

Out:脉冲输出端口,可选 Y0~Y7。

PWM 指令通过指定的 Yn 端口输出高速调制脉冲,不适用 PLSx(Pulse 脉冲串)的高速输出通道。

如果设置的输出频率 PulF≤0,则不输出脉冲;如果 0<PulF≤10,则输出频率限制为 10 Hz;如果 PulF≥最高允许频率,则输出频率为最高上限频率。

在 PulF>0 且 0<PulR<1 000 时,输出的占空比为 PulR 给定值;当 PulF>0 且 PulR=0,则脉冲输出端口输出低电平;当 PulF>0 且 PulR≥1 000,则脉冲输出为高电平。

与西门子 PLC 的 PWM 指令不同,Haiwell 的 PLC 高速指令是允许正常运行中随时修改给定的占空比 PulR 和脉冲频率 PulF 值,而不用再次使用 PWM 指令来激活新设定值。PLC 会在每个扫描周期自动将新设定值装入 PWM 指令中去,按新设定值输出脉冲。

Haiwell 的 PLC 高速指令是与硬件密切相关的,部分系列的 PLC 是不支持高速指令的,如果在工程设计中需要高速脉冲输入与输出,则应选择 N 系列 PLC 比较合适。

(6) PLSY、D. PLSY 单段脉冲输出指令(见图 2-48)

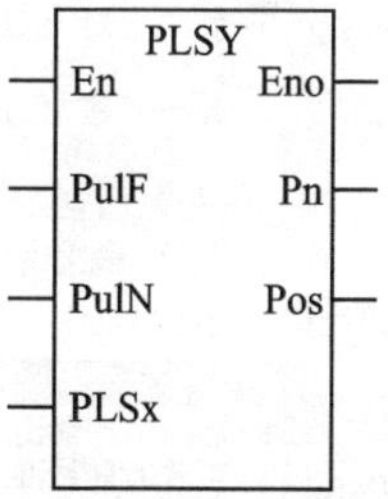

En:指令使能位。当 En=ON 时,开始执行指令且 Eno=ON;在指令执行过程中 En=OFF,则立即停止脉冲输出。

PulF:脉冲输出频率,可选的参数有 AI、AQ、V、SV、LV、P、TV、CV、常数。

PulN:脉冲输出个数,可选的参数有 AI、AQ、V、SV、LV、P、TV、CV、常数。

PLSx:脉冲输出通道号,常数,0~3。

Pn:已输出脉冲数,占 2 个系统寄存器,系统自动定义,如果是 0 号通道,则 Pn 是 SV93、

图 2-48　PLSY、D. PLSY 单段脉冲输出指令

SV94;对于 1 号通道,则 Pn 是 SV99、SV100;对于 3 号通道,Pn 是 SV111、SV112。

Pos:当前位置占 2 个系统寄存器,系统自动定义。

PLSY 为单段脉冲输出指令,当 PulN>0 时,输出正向脉冲;当 PulN<0 时,输出反向脉冲;当 PulN=0 且在相对地址模式时,表示不计脉冲个数连续输出脉冲。

PulF 是脉冲输出频率,当 PulN=0 时,如果 PulF=0,则不输出脉冲;如果 0<PulF≤10,则输出频率为 10 Hz;如果 PulF≥最高允许频率,则输出频率为最高上限频率。

PLSY 指令与系统状态位 SM 相关,也与系统寄存器位 SV 相关,并且会产生脉冲输出中断,指令执行,开始输出脉冲时产生“PLSx 开始输出脉冲”中断;指令执行完毕停止脉冲输出时,则会产生“PLSx 输出脉冲结束”中断。

PLSY 指令没有条数限制,可与其他脉冲输出指令并存,但每个脉冲输出通道只

可执行一条脉冲输出指令。

在 PLSY 指令执行脉冲输出过程中,脉冲输出频率 PulF 可以随时改变,但脉冲输出个数 PulN 不能被实时修改。

高速脉冲输出指令的使用还必须配合高速端口的设置才能完成适当的控制任务,高速端口的硬件设置是在工程管理器的硬件配置项下进行,具体如图 2 - 49 所示。

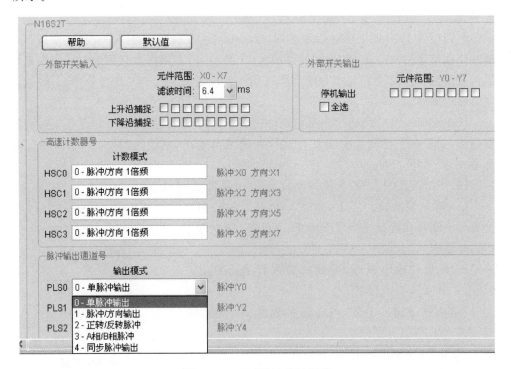

图 2 - 49   高速脉冲端口设置

正、反转高速控制应用程序如图 2 - 50 所示。这个程序中,硬件端口的脉冲输出信号类型应选"正转/反转脉冲",对应的信号输出是 Y0 输出正转脉冲信号、Y1 输出反转脉冲信号。

网络 1:当 M0＝ON 时,脉冲输出 PLS0 通道的 Y0 输出端输出一段 50 kHz 的 30 000 个正转脉冲,使能输出端信号指定输出给 M100;输出脉冲数完成后,PLS0 端口对应的输出完成信号 SM100＝ON,同时复位 M0,置位 M1。

网路 2:以 200 kHz 的频率从 PLS0 通道的 Y1 端口输出 150 000 个反转脉冲,完成后复位 M1。

(7) PLSR、D. PLSR 加、减速单段脉冲输出指令

PLSR、D. PLSR 是带加、减速单段脉冲输出指令,其实际就是按设定的时间匀速将输出脉冲的频率由最小设定值加到最大设定值(脉冲总数不能在加、减速执行过程

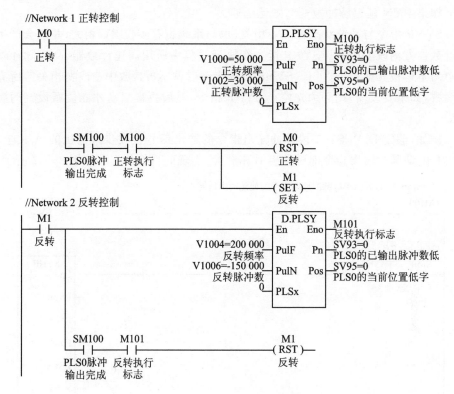

图 2 - 50　D. PLSY 指令编程

中改变);而当 En=OFF 后指令执行减速,从实际输出的最高输出频率减到频率为0,即停止输出脉冲。

(8) SYNP 随动脉冲输出指令(见图 2-51)

En:指令使能位。

RMul:乘系数,占用 2 个连续的寄存器单元,输入的数据必须大于 0。

RDiv:初系数,占用 2 个连续的寄存器单元,输入的数据必须大于 0。

PulN:延迟脉冲数,可选参数是 AI、AQ、V、SV、LV、P、TV、CV、P、常数。

HSCx:高速计数器号,常数,0~3。

PLSx:脉冲输出通道号,常数,0~3。

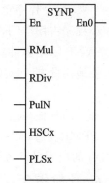

图 2 - 51　SYNP 随动脉冲输出指令

SYNP 指令指定跟随指定的 HSCx 高速输入信号经延迟 PulN 个脉冲后从 PLSx 端口输出高速调制脉冲,跟随输出脉冲与被跟随脉冲之间的脉冲数的比例关系是:$K = RMul/RDiv$,跟随输出脉冲与被跟随脉冲方向相同。

如果 PulN 延迟脉冲数≤0,则无延迟。

SYNP 指令与系统状态位 SM 相关,也与系统寄存器位 SV 相关,并且会产生高速计数器方向改变中断。SYNP 指令在执行过程中所用高速计数器、高速脉冲输出通道均不得被其他指令占用。SYNP 指令启动后就不再接收中途改变相关的所有输入参数,如果要改变,则必须先停止 SYNP 指令,然后再次启动才能使新设定的参数生效。

例如,假定 D. PLSY 单段脉冲输出指令的输出信号接在步进电机的 A 相上,用 SYNP 随动脉冲输出指令即可产生 B 相脉冲,实现此目的的程序如图 2－52 所示。

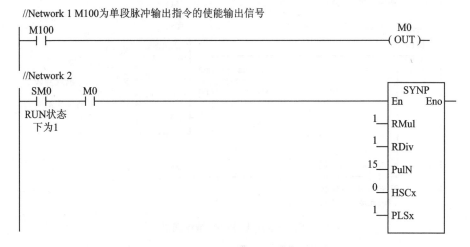

图 2－52　SYNP 随动脉冲输出指令应用程序

网络 1:M100 为单段脉冲输出指令的执行信号,则使用此信号激活 M0。

网路 2:用 M0 来控制 SYNP 随动脉冲输出指令的执行。

当然,这个程序也可简化,用 M100 直接替代 M0 就可以省略网路 1 的程序,从而缩小程序占用空间,提高程序执行效率。

SYNP 随动脉冲输出指令是海为 PLC 不同于其他 PLC 编程的指令之一,可以很方便地用此指令实现对三相步进电机的控制,这是其他 PLC 所不具备的功能之一。

海为的其他高速指令如原点复位指令 ZRN、设置电气原点指令 SETZ、直线插补指令 PPMR、圆弧插补指令 CIMR、简单脉冲输出指令 SPLS、多段脉冲输出指令 MPTO 的应用可参考软件的帮助内容。

6. 比较指令

比较指令有 CPM 整数比较指令、ZCP 区域比较指令、MATC 数值匹配、ABSC 绝对凸轮匹配、BON(NO 位判定)、BONC(ON 位数量统计)、MAX 最大值、MIN 最小值、SLE 条件选择、MUX 多路选择指令。

(1) 整数比较指令 CPM(见图 2-53)

整数比较指令 CPM 包括 16 位整数比较指令 CPM 和 32 位整数比较指令 D.CPM。

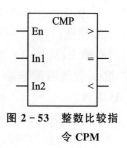

En:使能信号。

In1:输入 1,可选 AI、AQ、V、SV、LV、P、TV、CV。

In2:输入 1,可选 AI、AQ、V、SV、LV、P、TV、CV、常数。

图 2-53　整数比较指令 CPM

＞:CPM 指令比较结果的开关量输出端 1,可选 Y、M、LM、SM、S。当 In1＞In2 时,＞端输出结果为 ON。

＝:CPM 指令比较结果的开关量输出端 2,当 In1＝In2 时,＝端输出为 ON。

＜:CPM 指令比较结果的开关量输出端 3,当 In1＜In2 时,＜端输出为 ON。

整数比较指令有两路输入信号,它同时输出 3 个比较输出结果,分别是大于、等于、小于。当比较指令的 EN 端为 ON 时,则执行比较指令并输出 3 个结果;当 EN 端无效或为 OFF 时,则比较指令不能执行,其输出保持不变。

整数比较指令 3 个开关量输出端的变量名中的第一个由编程人员定义,其余 2 个由系统根据第一个变量名自动定义。如果第一个变量定义为 M10,则第二个、第三个系统自动定义为 M11、M12。

(2) 区域比较指令 ZCP(见图 2-54)

区域比较指令 ZCP 也包含 16 位整数区域比较指令 ZCP 和 32 位整数区域比较指令 D.ZCP。

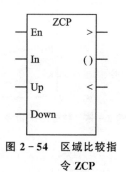

En:使能信号。

In:输入,可选 AI、AQ、V、SV、LV、P、TV、CV。

Up:比较区域上限,可选 AI、AQ、V、SV、LV、P、TV、CV、常数。

Down:比较区域下限,可选 AI、AQ、V、SV、LV、P、TV、CV、常数。

图 2-54　区域比较指令 ZCP

＞:ZCP 指令比较结果的开关量输出端 1,可选 Y、M、LM、SM、S。当 In1＞Up 时,＞端输出结果为 ON。

():ZCP 指令比较结果的开关量输出端 2,可选 Y、M、LM、SM、S。当 Down＜In1＜Up 时,()端输出为 ON。

＜:ZCP 指令比较结果的开关量输出端 3,可选 Y、M、LM、SM、S。当 In1＜Down 时,＜端输出结果为 ON。

ZCP、D.ZCP 区域比较指令只有一路输入信号,这路输入信号与设定的上、下限进行比较,同时输出 3 个比较输出结果,分别是大于上限、在范围内、小于下限。

ZCP、D.ZCP 区域比较指令的 3 个开关量输出端的变量名中的第一个由编程人员定义,其余 2 个由系统根据第一个变量名自动定义。如果第一个变量定义为 Y0,

则第二个、第三个系统自动定义为 Y1、Y2。

(3) 数值匹配指令 MATC、D. MATC(见图 2-55)

En:使能信号。

In:输入,可选 AI、AQ、V、SV、LV、P、TV、CV。

Par:数值匹配起始元件,只能选 V0~V14847、LV0~LV31,占用 N 个连续元件;D. MATC

指令则占用 2N 个连续元件。

N:比较个数,常数,在 1~127 之间。

Out:匹配结果输出,可选 Y、M、LM、SM、S。

对于数值匹配指令 MATC、D. MATC,当 In 的输入与以设定 Par 起始的 N 个数字进行比较时,如果 In 等于其中的一个,则表示数值匹配正确,指令的输出线圈 Out=ON;否则,Out=OFF。

【例 2-4】 在图 2-56 的程序中,V0 中接收由上位机输入密码,而 V1000、V1001、V1002、V1003、V1004、V1005 中存储 6 个不同的设定密码,由 PLC 对密码的正确性进行验证并输出结果给 M0。这种应用对于一个 PLC 控制系统有多个许可授权操作人员的情况时,检查控制是否被授权的人员使用有效。

图 2-55 数值匹配指令 MATC、D. MATC　　　图 2-56 例 2-4 配图

(4) ABSC 绝对凸轮比较指令(见图 2-57)

En:使能信号。

In:输入变量,可选 AI、AQ、V、SV、LV、P、TV、CV。

Par:多段比较的起始元件,只能选 V0~V14847、LV0~LV31,占用 2N 个连续元件。

D. ABSC 指令则占用 4N 个连续元件。

N:比较段数,常数,在 1~8 之间。

Out:匹配结果输出,可选 Y、M、LM、SM、S。

ABSC、D. ABSC 绝对凸轮比较指令完成的任务

实质是多段比较并分别输出。ABSC 指令将输入 In 的值与以设定 Par 开始的 N 段

区域内的数据进行比较,并把比较结果对应输出到 Out 地址开始的 N 个连续端口或单元。

如果某个比较段的上限设定值大于下限设定值(下限值的地址在前或低地址位,上限设定值的地址在后或高地址位),当输入 In 的值大于等于下限值又小于等于上限值时,则对应输出结果为 ON;如果输入 In 超出设定范围,则输出为 OFF。

如果某个比较段的上限设定值小于下限设定值,当输入 In 的值大于等于上限值又小于等于下限值时,则对应输出结果为 OFF;如果输入 In 大于下限或小于上限设定值,则输出为 ON。

如果 ABSC 指令的 En 端输入为 OFF,则指令的输出将保持为 OFF 前的状态不变。

例如,Par 多段比较的起始元件是 V100、比较段数为 3 段、匹配结果输出的起始元件是 M0,则这 3 段中设定的上下限与输出的对应关系如表 2-9 所列。

表 2-9　上下限值与输出的对应关系

输入 In	比较段数 N 值	Par 元件含义	Out 元件动作条件
In	1	第一段下限设定值 V100	当 V100<In≤V101 时,M0=ON
		第一段上限设定值 V101	当 V100>In 或 In>V101 时,M0=OFF
	2	第二段下限设定值 V102	当 V102<In≤V103 时,M0=ON
		第二段上限设定值 V103	当 V102>In 或 In>V103 时,M0=OFF
	3	第三段下限设定值 V104	当 V104<In≤V105 时,M0=ON
		第三段上限设定值 V105	当 V104>In 或 In>V105 时,M0=OFF

【例 2-5】　在如图 2-58 所示的某油站温度控制系统示意图中,正常油温要求控制在 35~45℃。当温度低于 25℃ 时投入加热器,当油温高于 45℃ 时投入冷却器,当油温高于 55℃ 或低于 25℃ 时发温度超限报警。用 PLC 检测温度并进行控制,

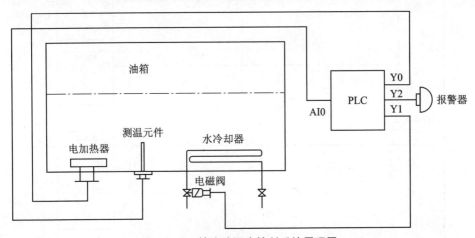

图 2-58　某油站温度控制系统原理图

PLC 的功能块图程序如图 2-59 所示。参数设定与说明如表 2-10 所列。梯形图程序如图 2-60 所示。指令表语言程序如图 2-61 所示。

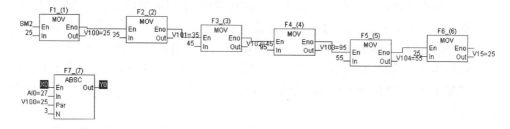

图 2-59　ABSC 指令的功能块图程序

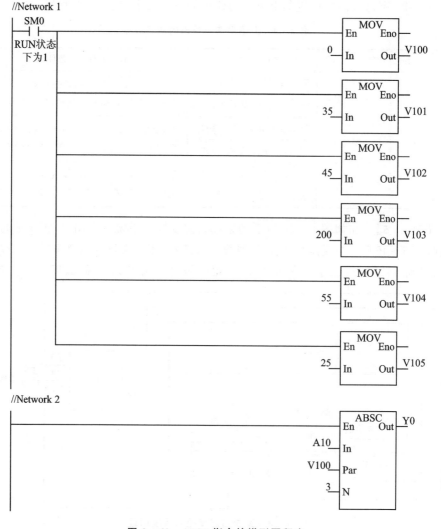

图 2-60　ABSC 指令的梯形图程序

表 2 - 10 ABSC 指令设定说明

Par 元件	设定值	设定值说明	动作说明
V100	0	第一段下限	油温在 0~35℃时 Y0 动作投入电加热
V101	35	第一段上限	
V102	45	第二段下限	油温在 45~200℃时 Y1 动作投入水冷却器
V103	200	第二段上限	
V104	55	第三段下限	油温小于 25℃或高于 55℃时 Y2 动作报警
V105	25	第三段上限	

```
      MOV    SM2, 25, V100=25
      MOV    SM2, 35, V101=35
      MOV    SM2, 45, V102=45
      MOV    SM2, 95, V103=95
   5  MOV    SM2, 55, V104=55
      MOV    SM2, 25, V105=25
      ABSC   X0, AI0=56, V100=25, 3, Y0
```

图 2 - 61 ABSC 指令的指令表程序

(5) BON 位判断指令(见图 2 - 62)

En:使能信号。

In:输入变量,可选 AI、AQ、V、SV、LV、P、TV、CV。

N:准备判断输入变量的第几位,常数,可选 1~16。

Out:判断结果输出,可选 Y、M、LM、SM、S。

BON 位判断指令用于判断输入寄存器的指定位的
数据是 1 还是 0,如果是 1,则指令输出为 1,也就是 ON;
否则,输出为 0。BON 位判断指令所判断的是 16 位的二
进制数据,所以其指定位的取值范围是 1~16。

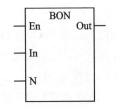

图 2 - 62 BON 位判断指令

(6) BONC、D. BONC 二进制数据 1 位数量统计指令(见图 2 - 63)

En:使能信号。

In:输入变量,可选 AI、AQ、V、SV、LV、P、TV、CV。

Out:统计结果输出,可选 AQ0~AQ255、V0~
V14847、P0~P9。

BONC、D. BONC 指令是寄存器的二进制数据一位
数量统计指令,其结果输出给指定的内部寄存器。

例如,对 V0=0000111100000101(二进制数)进行一

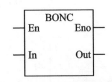

图 2 - 63 BONC、D. BONC
二进制数据一位
数量统计指令

位数量统计,其输出结果就是 6。

(7) MAX、D.MAX 最大值判断指令(见图 2-64)

En:使能信号。

Par:比较数值起始元件和地址,可选 AI、AQ、V、
SV、LV、P、TV、CV。

N:比较变量数,常数,可选 2~127。

Out:比较结果输出,可输出的变量是 AQ、LV、
V、SV。

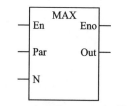

图 2-64　MAX、D.MAX 最大
值判断指令

MAX、D.MAX 最大值判断指令的作用是将以设
定 Par 开始地址后的 N 个连续存储器中的数据进行比较,将最大值输出给 out 指定
的寄存器。

(8) MIN、DMIN 最小值判断指令

MIN、DMIN 最小值判断指令的作用刚好与最大值判断指令相反,是将以 Par 为
起始的 N 个连续地址的存储器内的数据进行比较,将最小值输出给 out 指定的寄
存器。

(9) SEL、D.SEL 二选一门控指令(见图 2-65)

En:使能信号。

G:选择条件(或门控开关),可选 X、Y、M、S、SM、T、C、LM。

In1、In2 是两路输入,可选的输入是 AI、AQ、V、SV、LV、P、TV、CV、常数。

Out:选择结果输出,可输出的变量是 AQ、LV、V、P。

SEL、D.SEL 二选一门控指令是当本指令的门控端 G 为 OFF 时选择输入 In1
输出给 Out,如果 G 为 ON,则选择 In2 输出给 Out 指定的寄存器或存储器。

(10) MUX、D.MUX 多选一指令(见图 2-66)

En:使能信号。

K:选择通道号,可选 AI、AQ、V、SV、LV、P、TV、CV。

Par:所选变量的起始元件号,可选 AI、AQ、V、SV、LV、P、TV、CV。

N:选择数据的个数,常数,可选 1~127。

Out:选择结果输出,可输出给 AQ、LV、V、P。

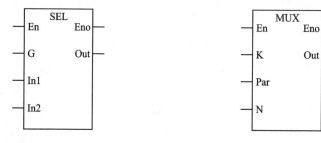

图 2-65　SEL、D.SEL 二选一门控指令　　图 2-66　MUX、D.MUX 多选一指令

MUX、D. MUX 多选一指令以通道号 K 的值来从 Par 开始的 N 个(D. MUX 是 2N 个)连续地址中选择一个值输出给 Out 指定的寄存器。N 的选择值在 1～127,也就是说,K 的输入值不能大于 N;如果 K 的值大于 N 的值,则将输出错误结果。其选择原理如图 2－67 所示,如果 K＝1,则输出 Par＋1 内存中的值输出给 Out;如果 K＝5,则输出 Par＋5 内存中的值给 Out。

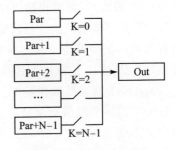

图 2－67　选择原理图

梯形图指令中的比较开关有 16 位整数比较开关、32 位整数比较开关、浮点数比较开关、低字节比较开关、高字节比较开关。每种比较开关均有等于、不等于、大于、大于等于、小于、小于等于可选择,这种指令是将两个输入数据(或寄存器、存储器内的数据)进行算术比较,由结果确定开关的接通与断开,这样可以简化梯形图程序设计,方便缩小程序对内存的占用。

【例 2－6】　用比较开关指令实现例 2－5 的功能,梯形图程序如图 2－68 所示。

图 2－68　用比较开关指令实现的油站温度控制的梯形图程序

7. 移动指令

(1) LBST 低字节赋值指令(见图 2－69)

En:使能信号。

In 输入,可选的输入是 AI、AQ、V、SV、LV、P、TV、CV、常数。

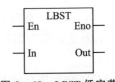

图 2－69　LBST 低字节赋值指令

Out:结果输出,可输出给 AQ、LV、V、P、TV、CV。

LBST 低字节赋值指令是将输入的数据赋值到输出寄存器 Out 的低字节中,输出寄存器的高字节保持不变。本指令指定赋值的数据一般应小于 255,大于 255 的数据将按二进制 16 位数的形式只将低字节赋值给 Out。

(2) HBST 高字节赋值指令

HBST 高字节赋值指令是将输入的数据赋值到输出寄存器 Out 的高字节中,低字节保持不变。

(3) MOV、D. MOV 移动指令(见图 2-70)

MOV、D. MOV 移动指令也称为赋值指令,就是将指定输入数据原封不动地赋值给输出寄存器或内部存储器。

En:使能信号输入。

Eno:使能信号输出,在 Haiwell 的梯形图指令中使能输出用处不多。

而西门子等的 PLC 编程却允许 Eno 后串接其他指令的 En 端。

In 输入,可选的输入是 AI、AQ、V、SV、LV、P、TV、CV、常数。

Out:结果输出,可选的输出变量是 AQ、LV、V、P、TV、CV。

(4) BMOV 块移动指令

BMOV 块移动指令是将 Sou 开始的 N 个单元或内存的数据复制到 Des 开始的 N 个内存单元中。其复制顺序如图 2-71 所示。

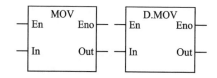

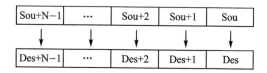

图 2-70 MOV、D. MOV 移动指令   图 2-71 块移动指令复制参数顺序示意图

(5) FILL 填充指令

FILL 填充指令是将 In 的数据填充到以 Des 地址开始的 N 个单元中,这个指令也可以用于批量置位或复位输出寄存器。注意,本指令的输入与输出的元件或寄存器类型必须相同,否则会出现数据类型错误而不能编译执行。

(6) XCH 交换指令(寄存器字内高、低字节的数据交换指令)(见图 2-72)

En:使能信号输入。

Sou:要进行数据交换的寄存器起始元件地址,可选的寄存器元件是 V、LV。

N:要交换寄存器的个数,只能填常数 1~255。

XCH 交换指令就是将 Sou 起始的 N 个寄存器的高、低字节的数据互换;

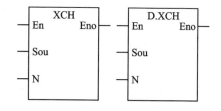

图 2-72 XCH 交换指令

D. XCH 交换指令是将 Sou 起始的 N 个寄存器的相邻两个寄存器的数据互换。例如,V100 内存储的数据是 0x001E,则对 V100 执行 XCH 指令后 V100 的数据就变成了 0x1E00。XCH 交换与 D. XCH 交换的区别如图 2-73 所示。

XCH、D. XCH 指令一般采用边沿触发的形式执行。

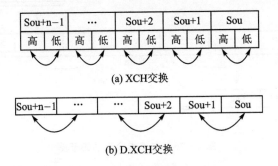

(a) XCH交换

(b) D.XCH交换

图 2-73　交换指令的交换次序示意图

(7) BXCH 块交换指令(见图 2-74)

En:使能信号输入。

Sou1、Sou2:源起始元件,占用 N 个连续的元件,可选的元件是 V0～V14847、LV0～LV31。

N:交换的元件个数,常数,在 1～255。

BXCH 块交换指令用于将以 Sou1 起始的 N 个寄存器的数据与以 Sou2 起始的 N 个寄存器中

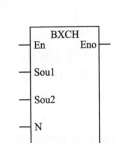

图 2-74　BXCH 块交换指令

的数据进行交换,也采用边沿触发执行。交换的顺序是 Sou1 与 Sou2 交换,Sou1+1 单元与 Sou2+1 单元交换,依此类推进行 N 个寄存器数据的交换。

(8) SHL 位左移指令(见图 2-75)

EN:使能位。

In:移入位起始元件,占用 Num 个连续元件,可选 X、Y、、M、T、C、SM、LM、S。

Sou:源起始元件,占用 N 个连续元件,可选 Y、M、AQ、V、LM、S、LV。

N:元件个数,可选 1～255。

Num:移位次数,可选 1～255。

Out:移出位起始元件,占用 Num 个连续元件,可选 Y、M、SM、LM、S。

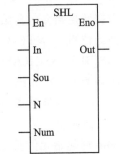

图 2-75　SHL 位左移指令

SHL 位左移指令就是以 Num 为一组,从 Sou 开始的 N 个元件左移 Num 位,Sou 中移走的 Num 位由 In 起始的 Num 位填入,移出

Sou 的 Num 位则放入由 out 开始的 Num 位寄存器中。Num 大于等于 1 且小于等于 N 时指令被执行,否则指令无法执行。左移指令也用边沿触发执行。移动细节如图 2－76 所示。

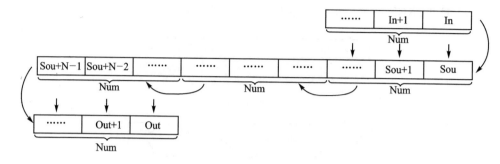

图 2－76　左移指令移动细节图

（9）SHR 位右移指令

SHR 位右移指令,与 SHL 指令的功能、限制条件,参数设置类似,就只是数据移动方向是向右。

（10）WSHL 字左移指令

WSHL 字左移指令与位左移指令类似,就只是以字为最小移动单位整字移动。

（11）WSHR 字右移指令

WSHR 字右移指令也是以字为基本单位整字移动,移动方向向右。

字左移、右移指令主要应用于模拟输料传送带上物料的运动轨迹,精确记录每个点的物料在输料传送带上的分布与移动,为总量累计提供依据。

（12）ROL 位循环左移指令、ROR 位循环右移指令、WROL 字循环左移指令、
　　　WROR 字循环右移指令、BSHL 字节左移指令、BSHR 字节右移指令

其参数要求以及应用都与 SHL 指令类似,具体应用方式参见 PLC 的帮助文档。

8. 数据转换指令

数据转换指令包含编码指令 ENCO、译码指令 DECO、位转换为字指令 BTOW、字转换为位指令 WTOB、ASCII 码转换为 16 进制指令 HEX(HEX.LB)、16 进制转换为 ASCII 码 ASCI(ASCI.LB)、离散位组合到连续位、字、连续位分散到离散位、BIN 转换为 BCD 码、BCD 码转换为 BIN、整数转换为长整数指令。

（1）ENCO 编码指令(见图 2－77)

EN:使能位。

Sou:源起始元件及元件号(元件地址),可选的元件有:X、Y、T、C、M、SM、LM、S、AI、AQ、V、SV、LV、P。

N:编码位数(实际是编码位 2 的次方值),取值范围是 0～8,可选的元件是 V、LV、常数。

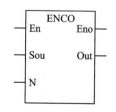

图 2－77　ENCO 编码指令

Out:编码输出,可选的元件是 AQ、V、LV。

ENCO 编码指令就是挑出指定地址范围内的单元或存储器中最高位为 1 的位置,并将结果输出给 Out 指定的寄存器。如果指定地址是位元件,如 X、Y、T、C、M,则最大编码为 256 位;如果指定地址是内部 16 位存储器,则最大编码是 16 位。

【例 2-7】　在如图 2-78 所示的编码指令中,Sou=X0,表示指定起始地址是 X0;N=2,表示最大挑选地址范围是 $2^2=4$。也就是说,挑选 X0~X3 之间的最高位是 ON 的元件位,并把结果输出给 V0(这里的 V 存储的是位号;X0 的位号是 1,X1 的位号是 2)。可以看到,虽然 X4 也是 ON 位置,但 ENCO 指令并不把它挑选,主要是 X4 超过了挑选范围。

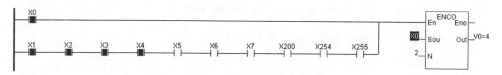

图 2-78　ENCO 编码指令

在如图 2-79 所示的 ENCO 编码指令中,由于 N=8,意味着 ENCO 指令挑选的 X 范围是 X0~$X2^8$。也就是说,X0~X255,由于最高位 X255 为 ON,所以其挑选输出结果是 V0=256,即 X255 为 ON 状态。对于 X255 前的 X254、X200 等,它们虽然也在 NO 状态,但它们不是挑选范围内的最高 ON 位,所以,输出结果 V0 不受它们的影响。在图 2-74 中,如果 X255 为 OFF 状态,其他开关状态不变的情况下 V0 的输出结果应该是 255,即第 255 位。

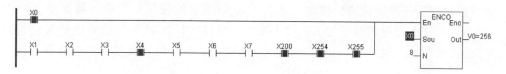

图 2-79　ENCO 编码指令

如果在 ENCO 编码指令中,挑选地址为内部寄存器,由于内部寄存器的基本单位是 16 位,则其挑选的范围就是最高位为 1 的位置号,最大就是 16,即第 16 位。

(2) DECO 译码器指令(见图 2-80)

EN:使能位。

In:译码信号输入,可选的输入是:AI、AQ、V、SV、LV、P、TV、CV。

N:译码位数,可选 1~8。

Out:译码结果输出,可输出的元件有 Y、M、AQ、V、S、LM、LV。

DECO 译码器指令是对输入 In 的值进行译码并

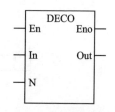

图 2-80　DECO 译码器指令

将其值输出给 Out 开始的对应的 2^n 个元件。例如,DECO 指令的输入 In＝AI0,N＝2 意味着只把 AI0 的译码值对应输出到 Y 的 4 个端口以内,如果 AI0 的值大于 4,则 Y0～Y4 均为 OFF 状态,具体如图 2-81 所示。如果将 N 改为 3,其他参数不变,当 AI0＝8 时,Y7 将变成 ON;AI0 大于 8 时,译码值超过 N 的限制值而不在 Y0～Y7 中显示。

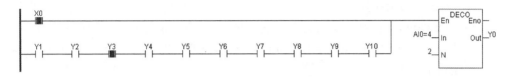

图 2-81　DECO 译码指令

(3) BTOW 位到字转换指令(见图 2-82)

EN:使能位。

Sou:源起始元件及元件号,占用 N 个连续的元件号,可选的元件有 X、Y、T、C、M、SM、LM、S。

N:转换范围,常数,取值范围是 1～32。

Out:转换结果输出,可输出的寄存器元件有 AQ、V、LV、SV。

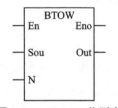

图 2-82　BTOW 位到字
转换指令

　　BTOW 位到字转换指令是将由 Sou 起始的 N 个连续单元的值转换为整数,并输出给 Out 指定的寄存器或内部存储器。BTOW 指令适合于将 X、Y、T、C、M、SM、LM、S 开关量按顺序存储到 V 存储器,方便远程设备通过自由协议等各种协议通信读取。图 2-83(a)所示的程序执行的结果如图 2-83(b)所示。这个程序相当于把 X0～X3 按顺序填进 V1 中,其填写的顺序是 X0 对应 V1 的最低位,X1 对应比 X0 高一位、X2 又比 X1 高一位。虽然 X5 也闭合了,但

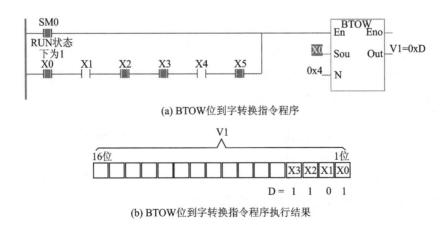

(a) BTOW位到字转换指令程序

(b) BTOW位到字转换指令程序执行结果

图 2-83　BTOW 位到字转换指令

BTOW 指令的 N 参数是 4,也就是只填 4 位,所以高于 4 位的 X4、X5 的值就不会填到 V1 之中。

（4）WTOB 字到位转换指令（见图 2−84）

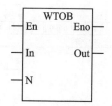

EN:使能位。

In:转换字输入,当 N＞16 时占用 2 个寄存器,可选的输入是 AI、AQ、V、SV、LV、P、TV、CV。

N:转换位数,可选 1～32。

Out:转换结果输出,可输出的位元件有 Y、M、LM、SM、S。

图 2−84　WTOB 字到位转换指令

WTOB 字到位转换指令是将 In 的数据由右向左的 N 个低位转换为字,输出给 Out 指定的可读/写开关量,其作用与 BTOW 相反。这个指令适合于将从远程通信读取的数据转换为 PLC 内部的开关量输出,方便远程控制本地 PLC 的程序执行。在图 2−85 中,如果 V0 是由通信程序写入,则 WTOB 指令就将远程传输来的数据转换成本地的 M 开关量信号,进而实现通信的远程控制。

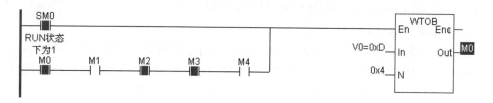

图 2−85　WTOB 字到位转换指令

（5）ITOL 整数转换为长整数指令

ITOL 整数转换为长整数指令主要用于把 16 位整数转换为 32 位整数（占用内存 2 个连续单元,转换的结果是 32 位长整数的低 16 位为被转换的整数,高 16 位则全部填 0）。整数转换为长整数指令应用方法参见西门子 PLC 的相似转换指令应用。

（6）GHLB 高、低字节分解指令（见图 2−86）

EN:使能位。

Sou:源起始元件,占 N 个连续元件,可选的元件是 AI、AQ、V、SV、LV、P、TV、CV。

N:元件个数,常数。

Out:分解结果输出存储元件起始地址,占用 2N 个连续元件。存储元件只能是 V、LV。

图 2−86　GHLB 高、低字节分解指令

GHLB 高、低字节分解指令就是将指定起始地址的内部存储器的高、低字节分开输出到 Out 开始的存储器中。单个寄存器的高、低字节分解转换格式如图 2−87 所示。

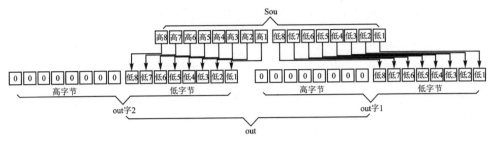

图 2-87　高、低字节分解指令

9. 数学运算指令

数学运算指令包括整数运算指令(这其中还包括逻辑运算)和浮点数运算指令。

整数运算指令(见图 2-88)包含 WNOT 取反指令、WAND 与指令、WOR 或指令、WXOR 异或指令这 4 个逻辑运算指令、ADD 加法指令、SUB 减法指令、INC 加 1 指令、DEC 减 1 指令、MUL 乘法指令、DIV 除法指令、ACCU 累加指令、AVG 取平均值指令、ABS 取绝对值指令、NEG 求 2 的补码的数学运算指令。这些指令的含义与单片机编程指令中的相关指令相同,用法也相似。

(1) WNOT、D. WNOT 取反指令

WNOT、D. WNOT 取反指令是按位取反,相当于逻辑非;WAND、D. WAND 按位与指令;WOR、D. WOR 按位或指令;WXOR、D. WXOR 按位异或指令。这些指令进行的都是 16 位(字)或 32 位(双字)的逻辑运算。

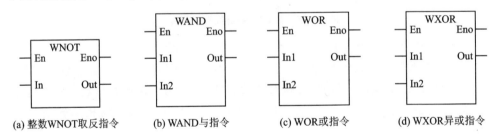

(a) 整数WNOT取反指令　　(b) WAND与指令　　(c) WOR或指令　　(d) WXOR异或指令

图 2-88　整数运算指令

WNOT(字)指令的逻辑运算结果如图 2-89 所示,WAND(字)逻辑与指令的运算结果如图 2-90 所示。

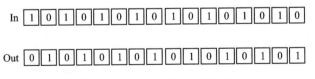

图 2-89　WNOT 指令执行结果

WOR(字)或逻辑指令执行结果如图 2-91 所示,WXOR(字)异或逻辑运算结果如图 2-92 所示。

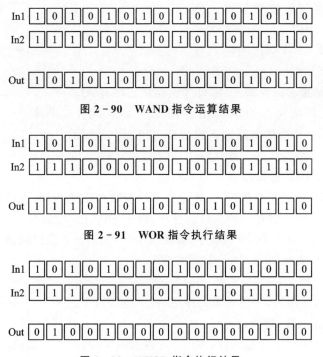

In1	1	0	1	0	1	0	1	0	1	0	1	0	1	0	1	0
In2	1	1	1	0	0	0	1	0	1	0	1	0	1	1	1	0
Out	1	0	1	0	1	0	1	0	1	0	1	0	1	0	1	0

图 2-90　WAND 指令运算结果

In1	1	0	1	0	1	0	1	0	1	0	1	0	1	0	1	0
In2	1	1	1	0	0	0	1	0	1	0	1	0	1	1	1	0
Out	1	1	1	0	1	0	1	0	1	0	1	0	1	1	1	0

图 2-91　WOR 指令执行结果

In1	1	0	1	0	1	0	1	0	1	0	1	0	1	0	1	0
In2	1	1	1	0	0	0	1	0	1	0	1	0	1	1	1	0
Out	0	1	0	0	1	0	0	0	0	0	0	0	0	1	0	0

图 2-92　WXOR 指令执行结果

(2) ADD、D. ADD 加法指令(见图 2-93)

EN:使能位,在 ON 状态 ADD、D. ADD 指令得到执行,在 OFF 状态指令不执行。

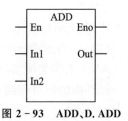

In1、In2 加法运算的两路输入值,可选的输入有 AI、AQ、V、SV、LV、P、TV、CV。

Out:运算结果输出存储元件,可选的存储元件有 AQ、V、LV、P。

图 2-93　ADD、D. ADD 加法指令

执行 ADD、D. ADD 指令时需要注意,当加运算结果超出 16 位或 32 位所能表示的最大值时将会出现溢出,这时留在 Out 寄存器中的数据将不正确。

(3) INC 加 1 指令

INC 加 1 指令就是将输入值每个扫描周期加 1 后仍然放回原输入寄存器中,只是当累加到寄存器最大能存储的值 32 767 后加 1 将变成－32 768,再次进行加 1 运算时就以－32 768 为起始值进行加 1 累计。DEC 减 1 指令也存在着类似的最大存储值的问题,当减 1 指令 DEC 减到最大－32 768 时,再减 1 位,寄存器中的值将自动变为 32 767,然后以 32 767 为基础值进行减 1。

(4) MUL、D. MUL 乘法指令(见图 2-94)

EN:使能位。

In1:乘法运算的被乘数输入值,可选的输入有 AI、AQ、V、SV、LV、P、TV、CV。

In2:乘数输入值,可选的输入有 AI、AQ、V、SV、LV、P、TV、CV、常数。

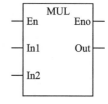

图 2-94　MUL、D. MUL 乘法指令

Out:运算结果输出存储元件,可选的存储元件有 AQ、V、LV、P。MUL 乘法指令的输出占用 2 个连续元件,D. MUL32 位乘法指令的两路输入也分别占用 2 个连续的元件,输出占用 4 个连续的元件(Out、Out+1、Out+2、Out+3)。

（5）DIV、D. DIV 除法指令

DIV、D. DIV 除法指令的输入、输出可选的参数与乘法相同,输出所占元件数也与乘法相同,唯一的区别在商和余数的存放,对于 DIV 指令,商存放在 Out 中,余数存放在 Out+1 中;对于 D. DIV 指令,被除数 In1 和 In1+1 除以除数 In2 和 In2+1 的商存放在 Out 和 Out+1 中,余数存放在 Out+2 和 Out+3 中。

（6）ACCU 累加指令（见图 2-95）

Sou:源起始元件号,可选的源元件是 AI、AQ、V、LV。

N:累加数据个数,常数,1～127。

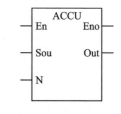

图 2-95　ACCU 累加指令

Out:运算结果输出存储元件,占用 2 个连续的元件,可选的存储元件有 AQ、V、LV、SV。

ACCU 累加指令相当于数学运算中的 $\sum$ 加,就是将由 Sou 地址开始的 N 个连续元件中的整数进行相加,得到的总和放到 Out、Out+1 中。

（7）AVG 求平均值指令

AVG 求平均值指令的输入与输出与累加指令相似,只是将以 Sou 地址开始的 N 个元件内的带符号的整数相加以后取平均值,结果的整数部分输出到 Out、余数输出到 Out+1 中。

（8）ABS 求绝对值指令（见图 2-96）

In:指令输入,可选的输入元件是 V0～V14847、LV0～LV31。

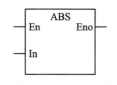

图 2-96　ABS 求绝对值指令

ABS 求绝对值指令就是将 In 带符号的整数求绝对值变成无符合正数仍输回 In 元件。

10. 浮点数运算指令

浮点数运算指令包括 FCMP 浮点数比较指令、FZCP 浮点数区域比较指令、FMOV 浮点数移动指令、FADD 浮点数加法、FSUB 浮点数减法、FMUL 浮点数乘法、FDIV 浮点数除法、FTOI 浮点数转换为整数、ITOF 整数转浮点数、FABS 浮点数绝对值、FSQR 浮点数平方根、FSIN 正弦、FCOS 余弦、FTAN 正切、FASIN 反正弦、

FACOS 反余弦、FATAN 反正切、FLN 自然对数、FLOG 以 10 为底的对数、FEXP 自然指数、FRAD 角度转换为弧度、FDEG 弧度转换为角度、FXY 指数指令。这些指令的使用方法都与数学函数运算相似，只不过浮点数指令均是 32 位的指令。

（1）FCMP 浮点数比较指令（见图 2-97）

In1:浮点数输入 1,可选的输入有 V0～V14847、LV0～LV31。

In2:浮点数输入 1,可选的输入有 V0～V14847、LV0～LV31、常数。

＞:浮点数比较指令运算结果开关量输出端口 1,可输出给 M、Y、SM、LM、S。输出占用

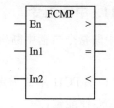

图 2-97　FCMP 浮点数比较指令

3 个连续的开关元件。当 In1＞In2 时,＞端口的输出将变为 ON,而＝、＜端口输出为 OFF。

＝:浮点数比较指令运算结果开关量输出端口 2,变量由系统定义,当 In1＝In2 时,＝端口输出将变为 ON。

＜:浮点数比较指令运算结果开关量输出端口 3,变量由系统定义,当 In1＜In2 时,＜端口输出将变为 ON。

（2）FZCP 浮点数区域比较指令（见图 2-98）

In:浮点数输入,可选的输入有 V0～V14847、LV0～LV31。

Up:比较区域上限,可选的输入有 V0～V14847、LV0～LV31、常数。

Down:比较区域上限,可选的输入有 V0～V14847、LV0～LV31、常数。

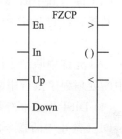

图 2-98　FZCP 浮点数区域比较指令

＞:浮点数比较指令运算结果开关量输出端口 1,可输出给 M、Y、SM、LM、S。输出占用 3 个连续的开关元件。当 In＞Up 时,＞端口的输出将变为 ON,（）、＜端口的输出为 OFF。

（）:浮点数比较指令运算结果开关量输出端口 2,变量由系统定义,无须编程人员再选。当 In1 在 Up 和 Down 范围内时（）将变为 ON。

＜:浮点数比较指令运算结果开关量输出端口 3,变量由系统定义,当 In＜Down 时,＜端口输出将变为 ON。

（3）FMOV 浮点数移动指令

FMOV 浮点数移动指令实际就是浮点数赋值指令,就是将输入的浮点数赋值给输出。

（4）FTOI 浮点数转换为整数指令

FTOI 浮点数转换为整数指令是将输入的浮点数的小数最高位四舍五入后得到

整数赋值给输出(32 位整数)。

(5) FABS 浮点数求绝对值指令

FABS 浮点数求绝对值指令是将输入的浮点数去掉正负号,使其变成无符号浮点数并输出给 Out。

11. 中断指令

中断指令包括中断绑定 ATCH、中断释放 DTCH、允许中断 ENI、禁止中断 DISI 指令。

(1) ATCH 中断绑定指令(见图 2 - 99)

EN:使能位。

Int:中断号,不同的中断号对应的中断事件如表 2 - 11 所列。

IntP:中断程序名称,由编程人员定义和编辑。

ATCH 中断绑定指令将以 IntP 为名字的中断程序与系统设定的 Int 号中断事件相绑定,当发生 Int 中断时响应中断,自动执行 IntP 程序。Int 指令一般以边沿信号触发。

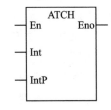

图 2 - 99   ATCH 中断
绑定指令

(2) DECH 解除中断绑定指令

DECH 解除中断绑定指令作用与 ATCH 指令相反,用于解除 Int 中断号中断事件与其相绑定的 IntP 程序间的关联,从而使 Int 号中断不再响应。

(3) ENI 允许中断指令

ENI 允许中断指令的作用是开放 PLC 系统中断,允许发生中断事件后调用相应的中断处理程序执行中断处理任务。

(4) DISI 禁止中断指令

DISI 禁止中断指令的作用是屏蔽中断或禁止中断。在 DISI 禁止中断指令有效期间,如果 PLC 系统出现中断信号,这时 PLC 系统并不对这些中断进行响应,中断申请将进行排队等候,直到使用 ENI 允许中断指令后开放系统中断才能对挂起的中断进行响应。

ENI、DISI 指令与单片机中的指令含义相同,都是边沿触发。

对于 Haiwell 的 PLC 而言,其可触发中断事件的信号类型如表 2 - 11 所列。

表 2 - 11   Haiwell PLC 中断号与产生中断的信号对应关系表

中断事件号	产生中断的信号类型	中断信号说明
1～16	高速脉冲输出信号中断	PLS0～PLS7 开始输出脉冲、PLS0～PLS7 输出脉冲结束
17～32	边沿捕捉中断	捕捉到 X0～X7 的上升沿、X0～X7 的下降沿
33～48	高速计数器中断	HSC0～HSC7 的当前值＝设定值、HSC0～HSC7 的输入信号方向改变
49～52	1 ms 计时器计时到中断	T252～T255 计时器的计时值等于设定值时产生中断

【例 2-8】　某发电机内冷水站配备两台内冷水泵(A 泵和 B 泵),正常的工作方式是一台运行,另外一台备用。其控制采用 PLC 控制,现在需要设计程序实现上述一运一备的系统控制。

设定 X3 是远方/就地选择开关,当 X3 闭合时为就地控制,断开为远方控制。X4 是联锁投入/退出开关,当 X4 闭合时为联锁投入,断开为联锁退出。X8 为 A 泵的就地启动按钮,X9 为 A 泵的就地停止按钮,X10 为 A 泵的保护开关。M2 为 A 泵远方来的启动脉冲节点,M3 为 A 泵远方来的停止 A 泵运行的脉冲节点。X11 为 B 泵的就地启动按钮,X12 为 B 泵的就地停止按钮,X13 为 B 泵的保护开关。M4 为 B 泵远方来的启动脉冲节点,M5 为 B 泵远方来的停止 B 泵运行的脉冲节点。X1 为 B 泵合闸接触器的常开辅助节点,X2 为 A 泵的合闸接触器的常开辅助节点。

实现 A、B 内冷水泵一运一备的控制主程序如图 2-100 所示,中断程序如图 2-101 所示。

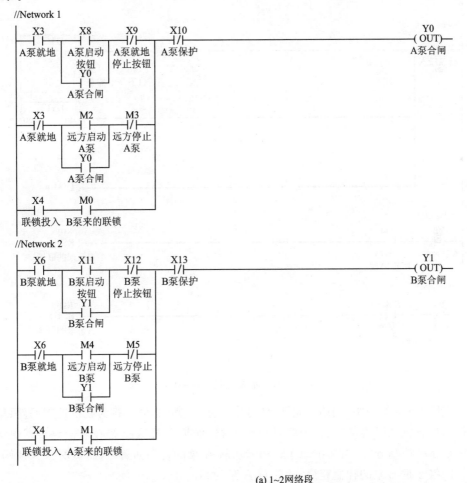

(a) 1~2网络段

图 2-100　水泵控制主程序

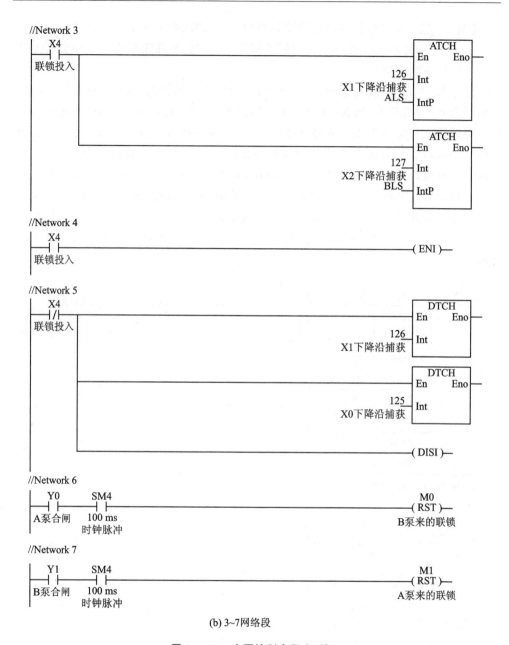

(b) 3~7网络段

图 2 - 100　水泵控制主程序(续)

在图 2 - 100(a)中,网络 1 是 A 泵的控制程序,其中,第一行为就地控制回路;第二行为远方控制回路;第三行为联锁启动回路,保护开关 X10 接在总回路中。保证无论是哪种控制方式,当保护动作时都能切断 A 泵的合闸回路,从而实现 A 泵跳闸。

网络 2 是 B 泵的控制程序,功能与 A 泵的相同。

网络 3 实现的功能是:当联锁开关 X4 投入时将中断事件与中断程序绑定。其

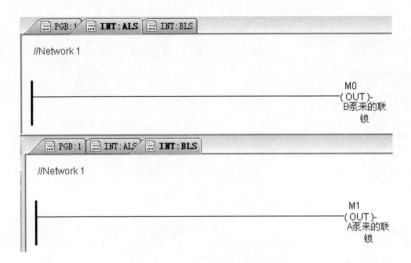

图 2 - 101　A、B 泵联锁中断程序

中,X1 的下降沿(X1 就是 B 泵合闸开关的辅助常开节点或 B 泵带电运行的监视继电器的动合节点)触发中断的中断号是 I26,绑定中断程序 ALS(A 泵联锁);X2 就是 A 泵合闸开关的辅助常开节点或 A 泵带电运行的监视继电器的动合节点,X2 的下降沿触发的中断号是 I27,绑定的中断程序是 BLS(B 泵联锁)。

网络 4 的功能是:当联锁开关 X4 投入时开放中断,允许中断事件的发生与处理。

网络 5 完成的任务是:当联锁开关 X4 断开时解除 X1、X2 的中断绑定,并禁止中断事件的处理。

网络 6 的作用是:当(B 泵运行中跳闸后)A 泵联锁启动正常后发复位脉冲,复位 A 泵的联锁启动节点 M0,防止在 A 泵联锁启动过程中发生异常跳而需要跳开 A 泵而因联锁回路不断开、跳不开 A 泵事件的发生。

中断程序 ALS 的任务就是将联锁启动 A 泵的合闸节点 M0 闭合;中断程序 BLS 的功能与 ALS 程序类似,就是将联锁启动 B 泵的节点 M1 闭合。

为了保证 X1、X2 的下降沿能够触发中断,还必须在 PLC 的硬件配置表中选中 X1、X2 的下降沿捕捉,具体如图 2 - 102 所示。

12. PLC 通信原理及海为 PLC 通信指令

(1) PLC 通信原理

1) 通信介质

通信介质就是通信系统中位于发送端与接收端的物理连接通路。通信介质又分为导向性介质和非导向性介质。导向性介质将引导通信信号的传播方向和终点,非导向性介质一般为空气,不为通信信号的传播方向起引导作用。通信电缆、光缆都是导向型介质,无线电通信与红外线通信则是非导向性通信。

图 2 – 102　中断硬件设置

a）电缆

电缆的种类比较多,但其用于通信的一般是双绞线和同轴通信电缆。

双绞线又有普通多股双绞线、屏蔽多股双绞线、单芯多根双绞线以及带屏蔽的超五类网络通信线等多种类型。

同轴电缆由内、外两层导体组成,位于内侧的导体由绝缘层包裹的单芯导线组成,外层导体则为金属网结构的多股线编制而成,最外面包裹有绝缘层。同轴电缆的外层导体不仅是信号传输的通道,同时也是电缆的屏蔽层,阻止通信信号外漏和外部干扰信号进入通信系统。

目前广泛使用的同轴通信电缆有 50 Ω 电缆和 75 Ω 电缆两种,50 Ω 电缆用于数字基带信号传输,数据传输速度可达 10 Mbps;75 Ω 电缆既可传输宽带模拟信号,也可以传输数字信号。

与双绞线线相比,同轴电缆抗干扰能力强,能够适应的传输信号频率更高,通信距离也更远。

b）光缆

光缆是由光纤采用与电缆类似的包裹处理技术制成的信号传输介质,由于光缆中传输信号是光线,其只在光纤内部传输,无电磁辐射,也不受电磁干扰的影响,所以光缆中只有起加强机械抗拉强度的金属丝和保护外套,并无屏蔽层。光缆通常都是由多根光纤缠裹成束并包裹两层保护套制成的。

根据制造光纤的材料不同,光纤可分为塑料光纤、玻璃光纤、石英光纤;根据传输模式不同,可分为多模光纤和单模光纤;根据传输光线的波长不同,又可分为短波长光纤、长波长光纤及超长波长光纤;根据光纤对传输的光的折射率不同,又可将光纤分为突变型光纤和渐变型光纤。

单模光纤的带宽最宽,多模渐变光纤次之,多模突变光纤带宽最窄。所以,单模光纤适于大容量远距离信号传输,多模突变光纤则只适合于短距离小容量信号传输。

与以通信电缆为信号传导介质的通信系统相比,光缆通信传输系统的带宽在 $10^{14} \sim 10^{15}$ Hz,传输速度快、无辐射、信号传输中继距离远。其缺点是光纤接头熔接技术要求高且要专用熔接工具,光纤易出现断线现象。

c) 无线传输

无线传输就是通过无线电通信的方式进行通信或光通信。与有线的光缆、电缆通信相比较,无线通信不需要进行光缆、电缆的安装施工的麻烦,设备通信系统结构简单。其缺点是通信受外界电磁干扰大,通信信号传输的稳定性最差。无线通信受光干扰以及物理阻挡影响较大,通信距离短。

无线通信适合于移动设备间的通信。光通信适宜无粉尘、烟雾、蒸气的室内小范围近距离通信。

无论是电缆通信、光缆通信还是无线通信,在 PLC 控制系统的通信网络中都有应用。

2) 通信协议

任何两台设备间进行信息通信和交换就是通过通信硬件设备准确地获得对方发送的一连串二进制数字通信信息的过程;但如果不能够正确地翻译和识别这串数字信号所代表的含义,或无法准确地接收到对方发来的信息,则两设备是无法进行通信的。为保证两设备的正常通信,则必须在进行通信前对两设备通信的数据格式进行预先定义并共同遵守,明确数据的格式、错误检查方法等,这就是通信协议。即使通信双方共同遵守的通信数据格式和其他必须的约定即为通信协议。

计算机的通信协议包括自由协议、通用协议和设备的制造方专用协议。在这三类协议中,自由协议多用于计算机与一些智能数字设备、仪表通信使用;通用协议(在这里主要指 GB/T19528—2008 中规定的 Modbus 协议)广泛应用于计算机与计算机、计算机与 PLC、DCS、PLC 与 PLC 等数控系统的通信;专用协议一般用于同一个厂家生产的产品间联网通信使用,如由同一个厂家的 PLC、PLC、变频器等组成的控制网路内部通信。

a) 通信的波特率

在计算机通信中,衡量信息传输速度的指标是比特率,也就是每秒可传输数据比特(bit)位的数量,即比特/秒(bit/s 或 bps)。但比特率这个指标却不能用做通信协议,主要是计算机在进行远距离通信时还有可能需要对传输的通信信号进行调制与解调。每秒钟一个信号(从 0 变为 1 或从 1 变为 0)与其通信端口连接的输入、输出电压、频率或相位在通信通道中改变状态或发生变化的次数即为波特率,这才是通信双方必须遵守的约定内容之一。在基带传输系统中,比特率和波特率在数值上是相同的。一般 PLC 之间的通信大都使用基带传输,常用的波特率有 2 400、4 800、9 600、19 200、38 400、57 600、115 200 bps。

b）数据格式

PLC 在进行串行通信时是以一个字节（8 bit）为基本数据单位一个字节一个字节地进行传输的,但这一个字节可以是不加处理地直接按二进制数进行传输,也可以将这一个字节的数据先进行转换（比如可以转换为自定义的数据格式或转换为ASCII 码）然后再按二进制数来传输。

通用协议的具体数据格式参见异步传输与同步传输。专用协议的数据格式一般不对外公开,只适应于同一个厂家的设备间通信。

3）通信方式

a）并行通信与串行通信

就计算机通信技术而言,有两种基本通信方式：并行通信和串行通信。并行通信需要在进行通信的两设备间架设多根并列的数据通信线以及控制信号线,而串行通信则只须最少两根线即可实现两个甚至更多设备的通信。并行通信的优点是通信速度快,效率高;缺点是通信距离短,通信线数量庞大,线路连接结构复杂,制造、安装工艺上做的稍有不好就通信不正常,可靠性低。串行通信的优点线路数量少,结构简单,可靠性与可维护性比较好;缺点是通信速度低。

PLC 控制系统在这两种通信方式中都有应用。由于 PLC 主机与扩展模块间的通信距离短,于是都采用并行通信。对于两个或以上的 PLC、远程 I/O 站以及第三方设备通信,由于通信距离都比较远,若采用并行通信则需要在两台设备间架设的通信线数量非常大,经济上不合算,且任何一根通信线故障都会影响数据的正常通信。所以,远距离通信都采用串行通信。

b）单工通信与双工通信

串行通信按信息在设备间的传输方向又分为单工通信与双工通信两种通信方式。单工通信时通信的信息只能沿一个方向发送或接收,而双工通信则可以在同一个设备上实现,既能够发送数据,也能够接收数据。

双工通信又分为半双工和全双工方式。

全双工通信在不进行信号调制的情况下至少需要 4 根线,2 根为一组。一组专门进行数据发送,一组专门进行数据接收。通信的双方在任何时刻既可以发送数据,也可以接收数据。一般配置有并使用以太网通信端口的 PLC 通信大都使用全双工通信模式对外进行通信。

半双工一般只用一组（2 根）线进行通信,在只进行基带通信的情况下,为了防止通信的双方同时向通信线发送信号产生的信号干扰和冲突,通信双方必须要有一个站来对通信线的发送或接收时间进行控制。这个对通信线进行控制的通信站称为主站,不控制通信线的站称之为从站。一般 PLC 通信中根据通信模块的不同,半双工、全双工通信方式都有应用。

c）异步传输与同步传输

在并行传输时,数据的 8 位是同时传输的,收、发双方的数据通信线是一对一的,因此不会出现数据位错位的问题。而在串行通信时,数据的各位是依次按时间顺序传输的,通信的波特率与系统时钟相关,通信过程中发送方与接收方的时钟应该完全相同才不会出现数据错位,但实际设备中这两个时钟总会有些差异,如果不采取技术措施,则传输大量的信息时就会因这个时间差而出现较大的累计误差,从而出现接收信息错位,无法接收到正确的信息。为了解决这个问题,就必须设法使这两个通信系统接收信息进行同步。根据同步方式不同,串行通信又分为同步传输和异步传输。

所谓的异步传输是指通信双方进行数据传输时不进行严格的时钟同步,双方的同步关系靠传输帧的起始位确定。一个传输帧由"一个或两个起始位＋一个传输数据＋一个奇偶校验位＋一个或两个停止位"组成。

在空闲时,异步通信线路上一直保持传号状态(逻辑 1),当接收方检测到持续一个比特的逻辑 0 时便可认为这是一帧传输的开始,这个比特的逻辑 0 就是起始位。

异步通信支持 5 位、6 位、7 位、8 位的数据结构,常见的是 7 位、8 位的数据,中文通常用 8 位数据。

奇偶校验位是用来简单检验传输的一帧数据是否有误的技术手段,可设为奇校验、偶校验或无校验。在信息发送的过程中,发、收双方都对传输的数据进行逻辑 1 个数进行统计,然后比较以判断接收的数据是否正确。其具体操作是:发送方对发送数据的逻辑 1 进行统计(假设使用偶校验),如果 1 的个数是偶数,则将发送方的奇偶校验位置为 0,反之则置位为 1,即使整个数据的逻辑 1 的个数为偶数。接收方将收到的数据按发送方的方法进行逻辑 1 数量统计,并与奇偶校验位进行比较,这样就简单判断是否发生了数据传输错误。这种校验通常靠硬件来实现,如果信号传输线路受到严重干扰,出现 2 位干扰错误,则上述奇偶校验是检验不出传输错误的。更加先进完善的检验纠错方法有 MNP 检验法。一般 PLC 进行的串行通信大都采用奇偶校验。

停止位是一帧数据的结束标志,它就是连续的逻辑 1 且一直保持到下一帧的起始位。

同步传输时,通信双方严格按照同步字符进行时钟同步,数据成块传输。由于信息中间的每个字节都没有再加起始位、校验位和停止位,所以通信中的无效字符少,效率比异步通信高,信息传输速度快。

一般同步通信的通用通信格式是:"一个或数个同步先导符 PDA＋一个同步空闲符 SYN＋传输数据块＋块结束码＋一个校验码＋传输数据快＋块结束码＋校验码＋…＋同步先导符 PDA"。

在 PLC 通信中,由于每个数据块的长度最大是限制在 240 字节中,其同步通信时的传输数据格式是:"一个或数个同步先导符 PDA＋一个同步空闲符 SYN＋传输数据块＋块结束码＋一个校验码＋同步先导符 PDA"。

同步先导符 PAD 实际上是 16 进制的 ASCII 码 55H(其二进制数是 01010101B),该字符是 0101 交替的二进制数字组合,用它将接收方的时钟与发送方的进行同步。

同步空闲符 SYN 是 16 进制的 16H(或 10 进制的 22),它代表着正文通信数据的开始。

块结束码是 16 进制的 17H(或 10 进制的 23),表示一个完整的数据块传送结束。

一般 PLC 同步读数据块的格式是:"一个字节的接收设备地址＋一个字节的读功能代码＋读取寄存器起始地址高字节＋读取寄存器起始地址低字节＋读取数量(最多 240 个字节)＋两个字节的校验码";写数据格式是:"一个字节的接收设备地址＋一个字节的写功能代码＋写入寄存器起始地址高字节＋写入寄存器起始地址低字节＋写入数量(1 个字节,最多 240 个字节)＋欲写入的数据＋⋯＋第 N 个写入数据＋两个字节的校验码"。

d) 基带传输与频带传输

基带传输就是按照数字信号原有的方波脉冲经过简单信号放大,然后直接发送到通信线上进行传输。为了保证数字脉冲信号在线路上传输时失真小,这就要求通信线路的通频带宽要宽。但由于基带传输对信号的处理硬件要求低,不需要调制与解调,设备简单,所以应用范围比较大。

频带传输是一种对被传输的数字信号进行调制解调技术的传输。发送端对被发送的数字进行调制,将数字的"0"、"1"信号变换为一定频带的模拟信号后发送到通信线路上,在接收端通过解调手段进行相反的变换,还原出被调制的数字信号。常用的调制方法有频率调制、振幅调制和相位调制。具有调制、解调功能的设备称为调制解调器,俗称 Moden。频带传输比较复杂,传输距离可以非常远;一组(2 根)通信线可以同时传输很多不同频率的信号,通信线路利用率比较高。

一般 PLC 通信大都采用基带传输。

4) 常用串行通信接口

PLC 常用串行通信接口标准有 RS232C、RS422、RS485。

就计算机串行通信端口而言,RS232C 通信采用负逻辑,发送信号端的电压信号在＋5～＋15 V 时表示逻辑数字为"0",当电压信号在－5～－15 V 时表示逻辑数字为"1";信号接收端电压信号在＋3～＋15 V 时表示逻辑数字为"0",当电压信号在－3～－15 V 时表示逻辑数字为"1"。

RS232C 只能进行一对一的设备通信。RS232 通信接口的特点是传输速度低、传输距离短;传输速度/距离的最大值为 20 kbps/15 m,接口电平值高于 TTL 电平,不与 TTL 电路兼容。

RS232C 采用 9 针或 25 针插头进行接口,各针的信号定义如下:

a) 25 针定义

1 号针保护地。

2 号针发送数据 TXD。无数据传输时此针脚输出逻辑 1,保持传号状态。

3 号针接收数据 RXD。无数据传输时也保持逻辑 1 传号状态。

4 号针请求发送 RTS,由发送数据方发出。

5 号针允许发送 CTS,也称清除发送,由接收数据方发出。

6 号针数据发送装置准备就绪 DSR。

7 号针信号地 SG。

8 号针载波检测 DCD,表示通信线正常,允许发送数据。

15 号针发送时钟 TCK。

17 号针接收时钟 RCK。

20 号针通信端口准备好 DTR。

22 号针振铃指示 RI。

b) 9 针定义(接计算机侧,PLC 侧的按各生产商的定义接,无统一标准)

1 号针载波检测 DCD。

2 号针接收数据 RXD。

3 号针发送数据 TXD。

4 号针数据终端装置准备就绪 DTR。

5 号针数据公共参考地 SD(GND)。

6 号针数据发送装置准备就绪 DSR。

7 号针请求传送 RTS。

8 号针清除传送 CTS。

9 号针振铃指示 CI(RI)。

针对 RS232C 串行通信的缺点,美国电子工业协会 EIA 于 1997 年推出改进版的传行通信标准 RS499,RS422 是其中的一个子标准。RS422 通信口在 10 Mbps 时最大通信距离为 12 m,如果通信波特率为 100 kbps 时,则其最远传输距离可达 1 200 m。一台发送信号器可以同时与 10 台接收装置相连,从而组成简单的通信网络。RS422 是全双工通信,至少使用两对(4 根线)通信。

RS485 是 RS422 的变形体,采用半双工通信模式,使用一对(2 根线)通信。同时,RS485 通信硬件信号的电压降低了,其逻辑"1"的电压为 $+2 \sim +6$ V,其逻辑"0"的电压为 $-2 \sim -6$ V;该电平与 TTL 电平兼容,不易损坏电路接口芯片,还方便与 TTL 电路直接相连。由于 RS485 通信电路有良好的抗噪声和干扰能力,可进行高速(10 Mbps)长距离传输(1 200 m),并能够进行多站(128 站)连接,组成庞大的通信控制网,因此在工业控制领域得到广泛应用。

一般 PLC 的主机中,RS485 通信口是标配(不能组网的低档 PLC 中没有 RS485 通信口),RS232 和 RS422 则是选配,有 RS232 通信口的 PLC 不再配 RS422 通信口,而配置了 RS422 通信口的 PLC 就不再配 RS232 通信口。

5)通信网络结构

根据 PLC 通信线路的连接方式又可将其通信网络分为树型网路和环形网路,树

形网路结构简单、扩展方便,环形网路的扩展性差,但其可靠性比较高。环形网在
DCS 等大型控制系统上应用较多,而小型非重要控制系统往往都采用树形网路
结构。

图 2-103 是 PLC 的树形通信网接线原理图,图 2-104 是 PLC 的环形通信网接
线原理图。

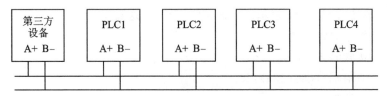

图 2-103　树形通信网原理接线图

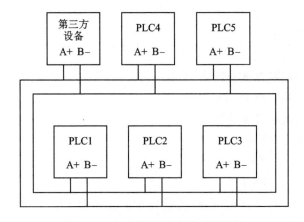

图 2-104　环形通信网原理接线图

对于 PLC 网路控制系统,无论是哪种网络,其通信都使用主从结构来避免出现
通信冲突。

对于由多台 PLC 通过通信口并连而成的通信网,不论是环形网还是树干网,为
了避免公用的通信线出现通信信号冲突,有 3 种解决通信冲突的方法:

第一种是主站固定。由固定的主站对通信线的使用进行管理,所有的从站与从
站之间的通信都必须由主站中转。

第二种方法是主站不固定。所有站在不发送数据时处于从站监听接收状态,如
果某站想要往其他站发送数据,则先监听一下通信线是否处于"空闲"状态,如果没有
就等待。如果空闲就发送数据,并同时仍然监听通信线,看发送的数据是否与自己发
送的数据相同,如果相同,则说明通信线上无信号冲突,可以继续发送完毕要发送的
数据;如果不相同,则说明还有其他站也想发送数据,于是发送站立即停止发送正文
数据,转向通信线发送一个冲突标记信号后转监听状态,等待通信线再次空闲后尝试
发送数据。

第三种方法是在通信网中传递一个特殊的信号作为通信令牌,这个令牌从第一个站向第二、第三个站依次往下传。只有拥有令牌的站才有权向通信网发送数据,而没有获得令牌的站只能处于监听状态,随时接收通信线上的数据,并核对是否是发给自己的,如果是,则保存接收到的信息;如果不是,则丢弃。令牌传送到最后一个站并使用完后再次返回第一个站,如此周而复始地循环。在令牌的传送过程中,令牌有"空闲"和"忙"两种状态。只有当得到令牌为"空闲"状态时,按次序获得令牌的站才可以向外发送数据,并置令牌为"忙";数据发送完毕,置令牌为"空闲"往下传。

一般 PLC 通信网都采用第一种防冲突协议进行通信控制。具体就是 1∶N 通信方式。1∶N 通信方式采用集中式存取控制技术分配通信线使用权,通常采用轮询表法。所谓轮询表是一张从机号排列顺序表,该表配置在主站中,主站按照轮询表的排列顺序对从站进行询问,看它是否要使用通信线,从而达到分配通信线使用权的目的。

对于实时性要求比较高的从站,可以在轮询表中让其从机号多出现几次,赋予该站较高的通信优先权。有些 1∶N 通信中把轮询表法与中断法结合使用,紧急任务可以打断正常的周期轮询,从而获得优先权。

1∶N 通信方式中,当从站获得总线使用权后有两种数据传送方式。一种是只允许主从通信,不允许从从通信,从站与从站要交换数据必须经主站中转;另一种是既允许主从通信,也允许从从通信,从站获得总线使用权后先安排主从通信,再安排自己与其他从站之间的通信。

Haiwell 的通信采用的是主从模式,不允许进行从从通信模式。

对于连接带编程软件的上位机与 PLC 控制用通信网络公用通信端口的,不宜将 PLC 的通信端口设置为主站模式,这主要是 PLC 转运行时将不接受来自操作员站的修改程序指令,导致 PLC 主站中的程序无法再进行优化与修改,同时也不接收操作员站发来的主动操作指令,从而使 PLC 控制系统失控。所以,一般 PLC 串口通信模式在出厂时都默认为从站模式。

Haiwell 的主机自带的 RS232 通信端口号是端口 1 号,RS485 通信口的端口号是 2 号。

(2) PLC 通信指令

通信指令包括通信接收数据校验指令和通信读、写指令。通信接收数据校验指令包括累加和校验指令 SUM、BBC 校验指令 BBC、CRC 校验指令、LRC 校验指令;通信指令包括自由协议通信指令 COM、Modbus 协议通信指令 MODR(读)/MODW(写);Haiwellbus 协议通信指令 HWRD(读)/HWWR(写)以及作为下位机接收上位机的数据传输指令 RCV。

1) COMM/COMM. LB 自由协议通信指令(见图 2-105)

En:使能位,使能位为 ON 时才能执行自由协议通信指令。

Txd:发送数据起始元件,可选的元件是 V0~V14847 或 LV0~LV31。

Tn:发送数据的字节数,可输入的数是 0~120。

Rn:接收数据字节数,可输入的数是 0~120。

Protocol:通信协议、波特率。可通过双击 Protocol 来选择相关参数。

Port:通信端口,这个根据硬件连接确定。

Out:通信完成,当通信指令执行完成时 Out=ON。其可输出给 Y、M、SM、LM、S。

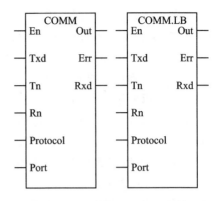

图 2-105　自由协议通信指令

Err:通信错误指示。其可输出给 Y、M、SM、LM、S。

Rxd:接收数据的开始元件。可选的元件是 V0~V14847 或 LV0~LV31。

PLC 与外部设备进行自由协议通信时,应当注意:

① 当 PLC 与外部设备用自由协议进行通信时,使用 COM 指令发送与接收数据,PLC 为主站,外设为从站。

② 当 Tn=0 时,PLC 只接收而不发送数据;当 Rn=0 时,只发送而不接收数据;当 Tn= Rn=0 时,COMM 指令不执行。

③ COMM 指令执行时,按 Protocol 中设置的通信参数(波特率、数据位、停止位、校验方式)将从 Txd 开始的 Tn 个字节发送到 Port 指定的端口。发送完毕时,如果 Rn>0,则转入接收状态,接收完成 Out=ON,接收的数据存放在 Rxd 开始的存储单元中;如果 Rn=0,则不接收数据,Out=ON。如果出现通信错误或未完成(如组帧错误、奇偶校验错误、超限错误或断开错误等),则 Err=ON。

④ COMM 通信指令的发送方式有高低字节发送指令 COMM 和仅发送低字节的 COMM.LB 指令。

⑤ COMM 指令可以与 XMT、MODR、MODW、HWRD、HWWR 指令同时使用,但不能与 RCV 指令使用同一个通信端口。

【例 2-9】　使用 Haiwell PLC 读取宇光 AI-708M 巡检仪的三路 MV 测量值,巡检仪的地址号是 3~5,通信格式是"9600,n,8,2";读来的数据存放在 V50、V55、V60 开始的内部寄存器中;读命令及地址存放在 V1000、1004、1008 开始的内部寄存器单元。通信程序如图 2-106 所示。

读命令及地址表如表 2-12 所列(这些参数必须用 MOV 指令写入 V1000~V1011,本例程中省略了这段程序)。

从 COMM 指令应用程序可以看出来,自由协议通信时,发送到通信端口的数据包中就含有要接收此数据包的从站地址和要从站所执行的任务命令,如果从站读取到这个数据包,并检查其所含地址不是自己,则忽略此命令;如果检查到数据包中所含地址是自己,则执行数据包中的命令。

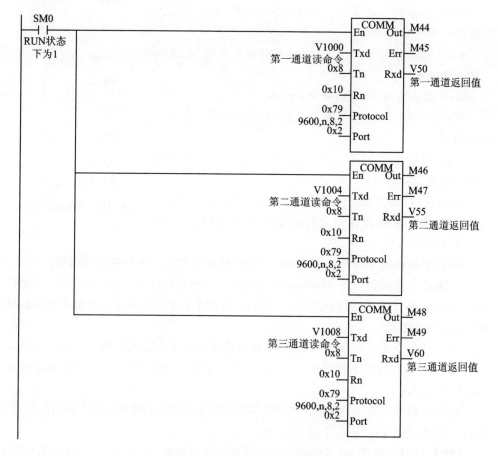

图 2 - 106　COMM 指令应用程序

表 2 - 12　读命令及地址表

元　件	初始值	说　明	元　件	初始值	说　明	元　件	初始值	说　明
V1000	0x8383	第一通道读命令	V1004	0x8484	第二通道读命令	V1008	0x8585	第三通道读命令
V1001	0x0152		V1005	0x0152		V1009	0x0152	
V1002	0x0000		V1006	0x0000		V1010	0x0000	
V1003	0x0155		V1007	0x0156		V1011	0x0157	

自由协议通信指令一般用于与非 Haiwell 的第三方产品进行通信,按第三方的数据格式进行发送和接收。

2) MODR(Modbus 协议)读指令(见图 2 - 107)

EN:指令使能位,当输入为 1 时指令有效被执行。

Slave:从站设备地址,可选 0～254。

Code:功能码。可选 1～4,1 是 DO、2 是 DI、3 是 AO、4 是 AI。

Read:读数据起始地址。常数,是对方元件的 Modbus 通信起始地址。

N:一次读数据的个数,可选 1～58。

Protocol:通信协议,主要是选择通信的波特率和通信数据格式。

Port:通信端口,可选 1 或 2(如果 PLC 还有专门的通信扩展模块,其端口也可选)。

Out:通信完成后输出,可输出给 Y、M、SM、LM、S。

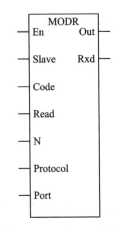

图 2 - 107   MODR 读指令

Rxd:接收数据的存储元件起始元件号,可选 Y、M、AQ、V、LM、S、LV。

MODR 指令用于与支持 Modbus 通信协议的任何第三方设备进行通信。

当 PLC 与外部设备按 Modbus 通信协议进行通信时,PLC 要作为主站进行通信控制,外部设备作为从站进行应答。MODR 指令用于读取外部设备的指定起始地址和指定长度的数据。

MODR 指令无任何校验码,它自动按通信协议中指定的数据格式检查数据的正确性,指令正确执行完毕后置输出 Out＝ON。它将读来的数据存放到由 Rxd 指定的起始地址的元件中。

MODR 指令可以与 XMT、COMM、MODW、HWRD、HWWR 指令同时使用,但不能与 RCV 指令使用同一个通信端口。

【例 2 - 10】   使用 MODR 指令从远程站#2(也就是 Haiwell PLC 的从站)站的模拟量输入模块中读取 4 个通道的 AI 检测值,通信的波特率是 19 200,数据格式"N,8,2 RTU",这 4 个值读来后存放到 V0～V3 中。通信程序如图 2 - 108 所示。

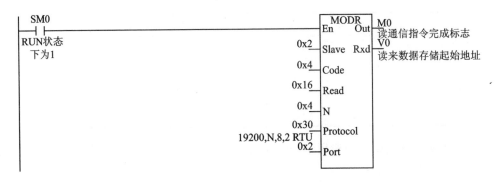

图 2 - 108   MODR 指令应用程序

3) MODW(Modbus 协议)写指令(见图 2-109)

En:使能。

Slave:从站设备地址,可写 1~254。

Code:功能码。5 是写单线圈状态,6 是写单寄存器的值,15 是写多线圈状态,16 是写多寄存器的值。

Write:写入目标起始地址。

Val:欲写数据起始元件,可选 X、Y、M、T、C、S、SM、AQ、V、AI、SV。

N:一次写入的数据个数,可选 1~58。

Protocal:通信协议,主要就是选择通信的波特率和数据格式。

Port:通信端口,可选 1~2,如果还配置有通信扩展模块,则按 3、4、5 的顺序排。

Out:通信完成标志,可选 Y、M、SM、S、LM。

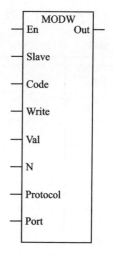

图 2-109　MODW 写指令

当 PLC 与外部设备以 Modbus 协议通信时,PLC 作为主站、外设作为从站,用 MODW 指令来向外设写数据。

MODW 指令无校验码,其接收数据的校验按通信协议中规定的格式进行,PLC 会自动对返回的数据进行校验,若校验正确,则 Out 变成 ON。

MODW 指令可以与 XMT、COMM、MODW、HWRD、HWWR 指令同时使用,但不能与 RCV 指令使用同一个通信端口。

【例 2-11】　Haiwell PLC 与第三方设备读、写通信,第三方设备为汇川变频器,变频器的串口通信地址是 1 号,汇川变频器的频率给定单元的 Modbus 地址是 4 096,而变频器的实际运行频率的存储地址是 4 097;PLC 下发给变频器的频率值存在 V80 中,读来的变频器实际运行频率存储在 V82 中;通信波特率是 9 600,数据格式是"N,8,2 RTU";PLC 与变频器的通信端口是♯2 端口。实现 Modbus 协议通信的程序如图 2-110 所示。

4) Modbus 协议

Haiwell PLC 采用标准的 Modbus 协议,能与所有支持 Modbus 协议的组态软件和 HMI 触摸显控屏进行连接通信,也可以和其他厂家的 PLC 以 Modbus 协议进行通信,方便不同类型设备的联网控制。Haiwell PLC 各元件的 Modbus 协议通信地址如表 2-13 所列。注意,Haiwell PLC 的 Modbus 地址号从 0 开始,有些文本触摸屏组态软件则从 1 开始。如果文本触摸屏组态软件的 Modbus 地址从 0 开始,则可以直接使用 Haiwell PLC 的 Modbus 地址,如 M0 为 03072、V0 为 40512;如果文本触摸屏组态软件的 Modbus 地址从 1 开始,则需要将地址号加 1,如:M0 为(03072+1)03073、V0 为(40512+1)40513。

Modbus 协议通信地址类型是:0X、1X 是位地址;3X、4X 是数据寄存器地址;奇数地址类型为只读,偶数地址类型为读/写。Haiwell PLC 各元件的 Modbus 协议通信地址如表 2－13 所列。

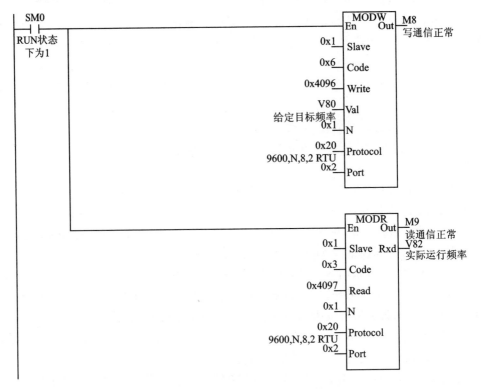

图 2－110　MODW、MODR 指令应用程序

表 2－13　Haiwell PLC 各元件的 Modbus 协议通信地址

类型	名　称	地址范围		读/写属性	Modbus 通信地址码	
		E/S 系列	H 系列		16 进制	10 进制
位地址(Modbus 地址类型 0、1,功能码 1、2、5、15)						
X	开关量输入	X0～X255	X0～X255	可读	0000～00FF	0～255
Y	开关量输出	Y0～Y255	Y0～Y255	可读/写	0600～06FF	1536～1791
M	内部继电器	M0～M2047	M0～M6143	可读/写	0C00～23FF	3072～9215
T	计时器输出线圈状态	T0～T127	T0～T255	可读/写	3C00～3CFF	15 360～15 615
C	计数器输出线圈状态	C0～C127	C0～C255	可读/写	4000～40FF	16 384～16 639
SM	系统状态位	SM0～SM215	SM0～SM215	全部可读、部分写	4200～42D7	16 896～17 111

续表 2 - 13

类型	名　称	地址范围		读/写属性	Modbus 通信地址码	
		E/S 系列	H 系列		16 进制	10 进制
数据寄存器地址(Modbus 地址类型 3、4,功能码 3、4、6、16)						
CR	模拟量及特殊模块参数寄存器			可读、部分可写	00～4F	0～79
AI	模拟量输入	AI0～AI63	AI0～AI63	可读	0000～003F	0～63
AQ	模拟量输出寄存器	AQ0～AQ63	AQ0～AQ63	可读/写	0100～013F	256～319
V	内部寄存器	V0～V2047	V0～V8191	可读/写	0200～21FF	512～8 703
TCV	计时器当前值	TCV0～TCV127	TCV0～TCV255	可读/写	3C00～3CFF	15 360～15 615
CCV	计数器当前值	CCV0～CCV127	CCV0～CCV255	可读/写	4000～40FF	16 384～16 639
SV	系统寄存器	SV0～SV154	SV0～SV154	全部可读、部分写	4400～449A	17 408～17 562

使用海为 PLC 的 MODW、MODR 指令时要注意,主站不能使用 PLC 默认的 COM 通信指令间隔时间,否则易出现丢包通信中断事件。推荐的 PLC 的 COM 通信指令间隔时间 SV834(具体 SV 号与 COM 通信口号相关)根据通信数据的多少进行设置,如果使用了 5 条 MODW、MODR 指令,则读、写不超过 200 个变量,COM 通信指令间隔时间控制字 SV 在 100～500 ms 为宜。

5) HWRD(Haiwellbus)读指令(见图 2 - 111)

En:指令使能位。

Slave:从站 PLC 地址,可选 0～254。

Table:Haiwellbus 读地址通信表。

Port:通信端口,可选 1、2(1、2 是 PLC 主机自带的通信端口,如果在扩展模块中添加了专门的通信模块,则也可以选择这些通信端口号)。

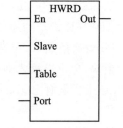

图 2 - 111　HWRD 读指令

Out:通信完成标志,可选 Y、M、SM、S、LM。

Haiwellbus 通信协议支持离散、连续量的混合数据类型的同时传输,通信效率极高。HWRD 指令可以和 XMT、COMM、MODR、MODW、HWWR 通信指令同时使用,但不能与 RCV 指令使用同一个通信端口。

Haiwellbus 读地址通信表的定义是在工程管理器中 "表格" 项下的 HaiwellBus 读通信表中进行的,如果一张表格不够用,则右击 HaiwellBus 读通信表,并在弹出的级联菜单 中选择"新建 HaiwellBus 读通信表"。例如,要建立读通信表,想读取从站 PLC 的 X0、Y1、T3、V0、AI0 这些信息,则双击 HaiwellBus 读通信表,在弹出的对话框中输入表名称、要读取的数据以及读来的数据放在主站中的地址。具体如图 2－112 所示。

图 2－112　HaiwellBus 读通信表

6) HWWR(Haiwellbus)写指令(见图 2－113)

En:使能位。

Slave:从站设备地址,可输入 0～254。

Table:Haiwellbus 写指令通信表,其定义与创建类似 HWWR 指令的通信表。

Port:通信端口,可选 1、2。如果还扩展有专门的通信模块,也可以填入通信模块的通信端口号。例如,在 PLC 中扩展有 ZigBee 无线通信模块,则其 Port 号为 3 号。

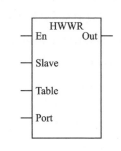

图 2－113　HWWR 写指令

Out:通信完成标志,可填入 Y、S、M、SM、LM。

HWWR(Haiwellbus)写指令根据编程人员定义的 Haiwellbus 写指令通信表自动完成主站向从站的混合数据的写通信,无需编程人员关注通信波特率、数据位、停止位的编码验证、校验以及寄存器数据与离散数据的打包与解压转换操作,效率极高。

HWWR 写指令可以与 XMT、COMM、MODR、MODW、HWRD 指令同时使用,但不能与 RCV 指令使用同一通信端口。

使用海为 PLC 的 HWRD、HWWR 指令时也要注意,对于通信主站,使用 PLC 默认的 COM 通信指令间隔时间易出现丢包通信中断事件。推荐的 PLC 的 COM 通信指令间隔时间 SV 根据通信数据的多少进行设置,如果读、写不超过 200 个变量,则 COM 通信指令间隔时间控制字 SV（具体 SV 号根据通信端口确定；如果是 COM3，则是 SV55）在 200～500 ms 为宜。

【例 2－12】 一个由 Haiwell PLC 组成的控制网路中，主站地址为♯1，从站地址为♯2，且设定♯2 站安装在设备附近，♯1 站安装在远离设备的控制室。这样，就可以将现场直接控制设备的♯2PLC 与远方控制室的♯1PLC 通过一根通信线联网，使♯1 主站通过通信获得现场的各种测量信号。经过适当的处理后再综合控制室操作员的操作指令一并写进♯2 从站，从而实现♯1 主站对♯2 从站的远程实时控制。工程上，这种因使用通信线而省略了本应从现场要连接到♯1 主站的各种测量和控制电缆，节约了工程施工材料和时间，降低了系统的整体造价。

实现♯1 主站与♯2 从站通信的程序如图 2－114 所示。

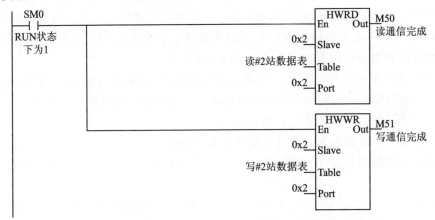

图 2－114 Haiwellbus HWRD、HWWR 指令编程

7）RCV 接收通信数据指令（见图 2－115）

En：使能位。

Schr：起始符，可选 V0～V14847 或常数。

Echr：结束符，可选 V0～V14847 或常数。

Rn：接收数据字节数，可填入 0～512。

Portocol：通信协议，主要是选择通信的波特率、数据位、校验方式、停止位。

Port：通信端口，可选 1、2。如果还扩展有专门的通信模块，也可以填入通信模块的通信端口号。

Out：通信完成标志，可填入 Y、S、M、SM、LM。

Rxd：接收数据的存储元件起始位置，可选 V0～V14847、LV0～LV31。

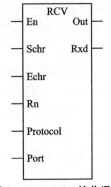

图 2－115 RCV 接收通信数据指令

在 PLC 与上位机组成的通信网中，上位机为主站而 PLC 作为从站，且上位机要用自由协议方式与 PLC 通信时才采用 RCV 指令进行数据的接收。

RCV 指令被动接收上位机发送的信号和数据,如果需要向上位机回复信息,则应使用 XMT 指令来发送要回复的数据。

Schr 起始符的定义:如果 Schr=0,则表示没有起始符;如果 Schr 的高字节=0 而低字节不等于 0,则表示只有一个起始符(如 Schr=0x003A,起始符是 0x3A);如果 Schr 的高字节不等于 0,则表示有两个字节的起始符(如 Schr=0x123A,起始符是 0x3A,0x12)。

Echr 结束符定义:如果 Echr=0,则表示没有结束符;如果 Echr 的高字节=0 而低字节不等于 0,则表示只有一个结束符(如 Echr=0x000D,结束符是 0x0D);如果 Echr 的高字节不等于 0,则表示有两个字节的结束符(如 Echr=0x0A0D,起始符是 0x0D,0x0A)。

如果定义了起始符和结束符,则必须在通信协议中选择与定义一致的起始符、结束符数量。RCV 指令会根据起始符和结束符进行匹配,只有匹配正确才置 Out=ON;接收的数据存储在 Rxd 开始的连续 Rn 个字节中。

如果起始符和结束符都为 0(也就是没有起始符、结束符),则 RCV 指令根据相应通信口的通信超时时间来判断通信帧的起止。当接收到新帧的第一个字节或者通信超时,RCV 指令自动复位 Out 和 Rxd。

对于接收字节数量 Rn,如果上位机发来的数据长度是 20 字节,则 Rn=20;如果上位机发来的数据长度不固定,则应将 Rn 定义为 0,即 Rn=0,表示不计接收字节数。

一个通信口只能使用一个 RCV 指令,且不能与 COMM、MODR、MODW、HWRD、HWWR 指令使用同一通信端口。

部分版本的海为 PLC 固件不支持 RCV 指令。

(3) XMT、XMT.LB 发送通信数据指令(见图 2-116)

En:使能位。

Txd:发送数据起始元件,可选 V0~V14847、LV0~LV31。

Tn:发送数据字节数,可选 0~512。

Protocol:通信协议,主要是选择通信的波特率、数据位、校验方式、停止位。

Port:通信端口,可选 1、2。如果有专门的通信模块,也可以填入通信模块的通信端口号。

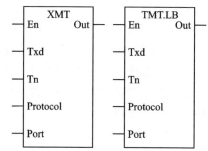

图 2-116 自由协议发送指令

Out:通信完成标志,可填入 Y、S、M、SM、LM。

XMT 指令一般与 RCV 指令配合使用,其主要是在 PLC 作为从站与主站进行自由协议通信时回复主站的读数据命令。XMT 指令有两种发送方式,分别是高低字节发送方式 XMT 和仅仅发送低字节 XMT.LB 方式。

XMT 指令可以重复,与 COMM 指令不同,XMT 指令只能发送数据而不能接收数据。

【例 2-13】 某采样机的上位机发给下位机 PLC 的采样坐标 X 方向值和 Y 方向值,PLC 采样完毕返回上位机来实际采样坐标值。这个程序中返回坐标的实际测量值,并采用刻度盘式的脉冲计数器计数得到,X 方向的计数脉冲接在 X10 端且由加计数器 C0 计数,Y 方向的计数脉冲接在 X11 端口且由计数器 C1 计数;X 正方向的行走电机驱动由 Y0 输出控制、Y 正方向的行走电机由 Y1 输出控制。实现本采样通信任务的程序如图 2-117 所示。注意,本例程仅仅是采样机 PLC 的部分程序,采样、卸样及返回原点、复位 X、Y 向实际坐标等的控制程序都没有显示出来。

2.3.2 特殊指令

1. 程序控制指令

(1) 主控指令 MC

当主控指令 MC 的使能输入 En=ON 时,主控指令设定的主控程序段(位于 MC N 与 MCR N 之间的程序)将能够被正常扫描执行;当主控指令 MC 的使能输入 En=OFF 时,主控指令设定的主控程序段将在扫描时被跳过,不再执行,同时还复位主控指令段使用的计时器、计数器的线圈输出 T、C 以及计时、计数当前值 TV、CV。主控指令 MC 还支持程序嵌套,最多允许 8 层嵌套。

(2) 主控指令清除 MCR 指令

主控指令清除 MCR 指令是主控指令 N 的结束标志,它必须与主控指令 MC N 成对使用。

【例 2-14】 某灌装机要求罐装 12 次后就停止罐装,等待打包机打包和移走包装箱,等包装箱移开后继续进行罐装。X0 是罐装系统启动旋钮、X1 是罐装瓶到位开关、X2 是包装箱移到下一个工位开关,Y0 是罐装电磁阀、Y1 是主控运行指示灯。MC 主控程序如图 2-118 所示,从 Network1 主控 1 开始至 Network5 主控 1 结束。

(3) FOR 循环指令

FOR 循环指令必须与 NEXT 循环结束标记指令同时使用,在 FOR 与 NEXT 之间的程序是循环体。

FOR 指令包含有 Index 循环体索引、Init 循环开始值、Final 循环终止值这 3 个参数。

循环指令允许进行嵌套,嵌套深度最多 8 层。当嵌套层次较多时,则程序的执行时间可能会超过 PLC 用户程序扫描周期看门狗的动作时间,从而引起系统保护动作停机,用户程序被强制为 STOP 状态。为阻止这种情况的发生,应在嵌套层次较多的循环程序中增加 REWD 看门狗复位指令。

(4) 延时等待指令 WAIT

延时等待指令 WAIT 作用是暂停程序执行,暂停时间由其参数设定值 Tms 确

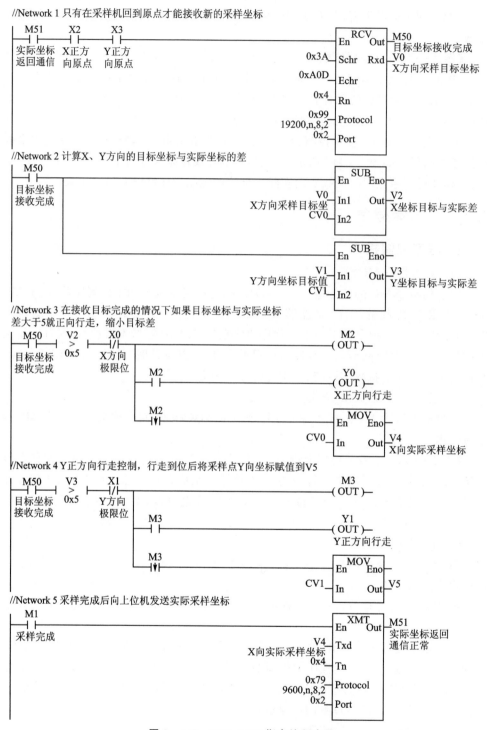

//Network 1 只有在采样机回到原点才能接收新的采样坐标

//Network 2 计算X、Y方向的目标坐标与实际坐标的差

//Network 3 在接收目标完成的情况下如果目标坐标与实际坐标
差大于5就正向行走，缩小目标差

//Network 4 Y正方向行走控制，行走到位后将采样点Y向坐标赋值到V5

//Nctwork 5 采样完成后向上位机发送实际采样坐标

图 2 - 117 RCV、XMT 指令编程应用

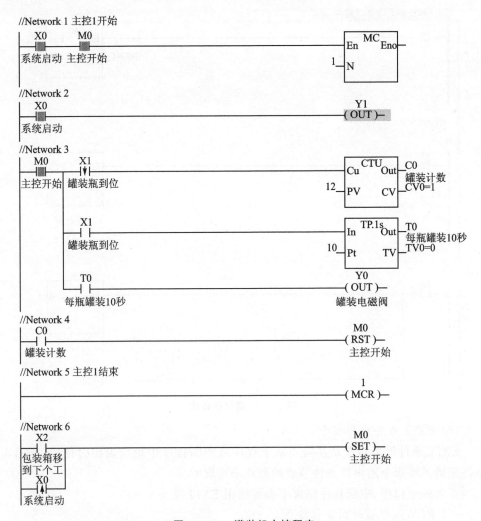

图 2 - 118　灌装机主控程序

定。使用 WAIT 指令时需要注意的是这个指令延长了 PLC 的扫描周期,有可能会导致 PLC 的看门狗动作而使程序被强制为 STOP 状态,所以不推荐读者使用这个指令。

(5) 调用子程序 CALL 指令

调用子程序 CALL 指令设置参数是 SubP 子程序名。由于小型 PLC 的内部寄存器 V 都是通用寄存器,无论主程序还是子程序,都可以直接使用,所以就没有传递参数。注意,在主程序中调用子程序前必须要先编好子程序。

【例 2-15】　一个调用延时 3 s 的子程序如图 2-119 所示。子程序的作用就是设置 T0 定时器延时 3 s,主程序调用子程序的定时指令。当子程序的定时时间到后 T0 接通,在 V1 加 1 的同时发出复位定时器 T0 复位指令,这样保证下次调用时子程序在初始状态。

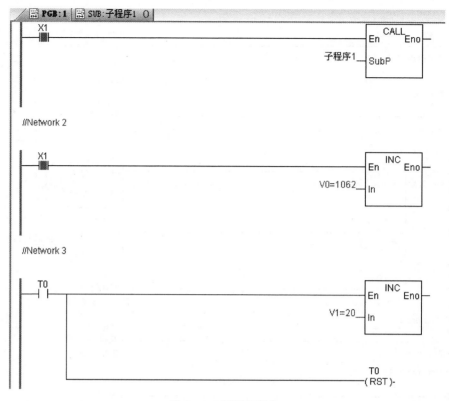

图 2-119 调用子程序

（6）EXIT 条件退出指令

EXIT 条件退出指令是在需要从子程序或中断程序中提前退出时使用，其退出条件是通过在指令前串接条件节点的形式来实现的。

正常的子程序、中断程序结束不需要使用 EXIT 指令。

（7）REWD 扫描时间复位指令

本指令专门用于复位 PLC 的看门狗超时报警。

（8）JMPC 条件跳转指令（见图 2-120）

En：使能位，当 En＝OFF 时指令不执行。

N：跳转标号，由跳转标号定义指令 LBL 定义，常数值，可选 1～255。

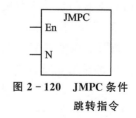

图 2-120　JMPC 条件跳转指令

当 JMPC 条件跳转指令的使能输入 En＝ON 时，则程序跳转到 JMPC 指令设定的标号 N 位置的下一条执行。如果 En＝OFF，则不执行跳转命令，继续按正常扫描顺序执行 JMPC 指令的下一行程序指令。

设定的跳转标号 N 必须预先经过 LBL 指令定义过，若跳转标号 N 不存在或没定义过，则 JMPC 指令将不会被执行。

（9）LBL 跳转标号定义指令

LBL 跳转标号定义指令，专门用于对跳转程序后的目的地址进行定义。

例如，在如图 2-121 所示的程序中，当 X1＝OFF 时，程序按 Network 1、Network 2、Network 3、Network 4 的顺序执行。如果 X1＝ON，则 Network 1 程序将执行跳转指令 JMPC 1 指令，绕过 Network 2、Network 3（包括与 LBL 1 并列的指令 INC V2 都得不到执行），执行 Network 4 及以下的程序。从这个程序中看出，在 Network 3 中定义了标号 LBL 1，则本网络就是标号 1 处。

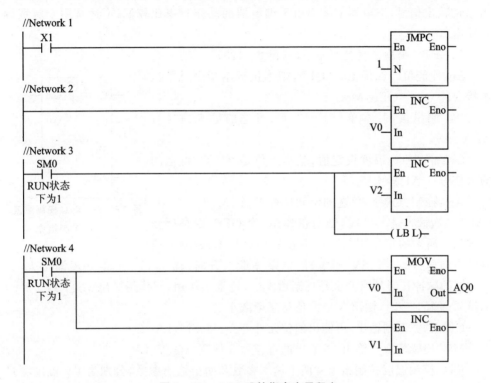

图 2-121　LBL 跳转指令应用程序

2．专用指令

PLC 的专用指令是 PLC 厂家为方便用户程序设计而设计的一些指令，使用这样的指令可以缩短程序长度，提高程序设计效率，不同厂家的专用指令不相同。Haiwell 的专用指令包括 GPWM 脉宽调制指令、FTC 模糊温度控制指令、PID 调节指令、HAL 上限设定指令、LAL 下限设定指令、LIM 范围设定指令、SC 线性变换指令、VC 阀门控制指令、TTC 温度曲线控制指令。

（1）GPMW 脉宽调制指令（见图 2-122）

En：使能位。

PulR：指令输出的高速脉冲占空比，可选的输入有 AI、AQ、V、SV、LV、P、TV、

CV、常数。基本单位为 0.1%，其允许的值在 0～1 000
之间。

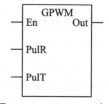

PulT:输出脉冲的周期,可选的输入有 AI、AQ、V、SV、
LV、P、TV、CV、常数。基本单位为 ms。PulT 脉冲周期的
最大值是 32 767。

Out:脉冲信号输出继电器,可选 Y、M、SM、LM、S。

图 2-122　GPMW 脉宽调制指令

一般脉宽调制指令 GPMW 比较适宜于晶体管输出型
PLC 的输出信号,继电器型输出由于继电器的动作频率比较低,不适宜用于脉宽调
制输出。

(2) FTC 模糊温度控制指令(见图 2-123)

En:使能位。如果 En=OFF,则不执行本指令,同时,
本指令的 Out=OFF,MV=0。

PV:测量值,基本单位是 0.1℃,可选的输入信号有
AI、V、LV。

SV:控制目标温度设定值,基本单位是 0.1℃,可选的
输入信号有 AI、V、LV。

Act:控制方式字,可选的位元件有 X、Y、M、T、C、SM、
LM、S。当输入是 ON 时,则为正作用;为 OFF,则是反作
用输出。所谓的正作用与反作用就是相对与输入/输出信

图 2-123　FTC 模糊温度控制指令

号的方向而言的,当(SV-PV)的结果逐渐上升时,输出 MV 的值是逐渐增大的、
Out 端的脉冲接通的时间也是逐渐增大的,这是正作用;反作用输出就是(SV-PV)
的结果逐渐上升时,输出 MV 的值是逐渐减小的。

Out:脉宽调制输出,可输出的位元件有 Y、M、SM、LM、S。

MV:连续模拟量输出,可输出的寄存器元件有 AQ、V、LV。

FTC 模糊温度控制指令有两个输入参数和两个输出参数,分别是 PV 温度测量
值、SP 温度设定值、脉宽调制开关量输出 Out 和模拟控制连续输出 MV。这个控制
指令是简单闭环控制,无比例系数、积分时间等参数设置,使用简单方便。

FTC 模糊温度控制的脉宽调制开关量输出的频率是 1 Hz。

模拟控制连续输出 MV 的输出范围是 0～1 000,如果这个参数直接输出给 AQ
模拟量输出端口,则输出将达不到 PLC 的硬件输出上限量程 32 700;在需要的情况
下,应在其输出到 AQ 前进行线性变换和放大。

(3) TTC 温度曲线控制指令(见图 2-124)

En:使能位。

Begin:起点值,可选 V、LV、常数。

End:终点值,可选 V、LV、常数。

Ts:控制时间,当 Ts>0 时,设定时间以秒为基本计时单位;当 Ts<0 时,则以分

钟为基本计时单位;当 Ts=0 时,指令无效,指令将不会被
执行。无论计时单位是秒还是分钟,TTC 指令的输出都是
每秒钟运算刷新输出一次。

图 2-124　TTC 温度曲线
控制指令

Act:控制方式,有重启模式(Act=0)和记忆模式(Act=
1)。当控制方式选择重启模式时,在每次 TTC 指令的使能
输入端 En=ON 时指令都先复位 Out=OFF、Val=0,然后
开始按设定的斜率变化;当控制方式选择记忆模式时,在每
次 TTC 指令的使能输入端 En=ON 时,则指令都在当前
值的基础上继续按设定斜率变化;如果输出已经达到终点
值,则保持终点值的状态不变。

Out:开关量输出,可选的输出位元件有 Y、M、SM、LM。

Val:模拟量输出,可以输出的寄存器元件有 AQ、V、SV、LV。

Ct:当前时间,占用 2 个连续的寄存器元件,可输出的寄存器元件有 AQ、V、
SV、LV。

TTC 温度曲线控制指令就是控制一个被调量在给定的时间内从起点值匀速达
到终点值,实现目标值的斜率控制。如果设定的起点值小于终点值,则变化曲线是上
升曲线。如果设定的起点值大于终点值,则变化曲线是下降曲线。如果设定的起点
值等于终点值,则变化曲线是水平直线,不发生 Val 值的变化,但指令执行的计时时
间到后 Out 开关量输出仍然会转为 ON 状态。

在 TTC 指令的使能输入端 En=ON 时,起点值、终点值以及控制时间都不会变
化;纵然在指令执行过程中这些参数发生变化,也必须要等下一个使能输入端 En=
ON 时才会有效。

恰当使用 TTC 指令可以实现多段不同斜率的参数变化控制,从而达到更好的
控制效果。

当控制方式设置为记忆模式(Act=1)时,建议将其输出 out、Val 的值保存在停
电保持存储器或单元中。

【例 2-16】　某锅炉汽包冷态启动升温控制曲线如图 2-125 所示,使用 PLC 的
TTC 温度曲线控制指令实现其控制目标的给定程序如图 2-126 所示。当 X0 接通
时程序开始执行 TTC 指令,程序目标给定温度存储在 V3。

这种程序如果要应用到工程实际中去,则还要在此程序后加上 PID 控制指令。
PID 控制的目标给定由本程序完成,而实际的动作输出由 PID 指令完成,这样才能
严格按温升曲线来实现对锅炉温度的变化控制。

(4) SC、D.SC 线性变换指令

SC、D.SC 线性变换指令依照输入、输出的上下限来把输入 In 信号进行线性变
换后输出给 out。线性变换的公式是:out=(In-InDown)×(outUp-outDown)/
(InUp-InDown)+outDown。如果 InUp=InDown,则指令不执行;线性变换指令

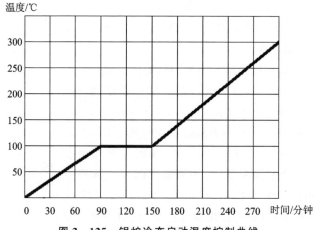

图 2 - 125　锅炉冷态启动温度控制曲线

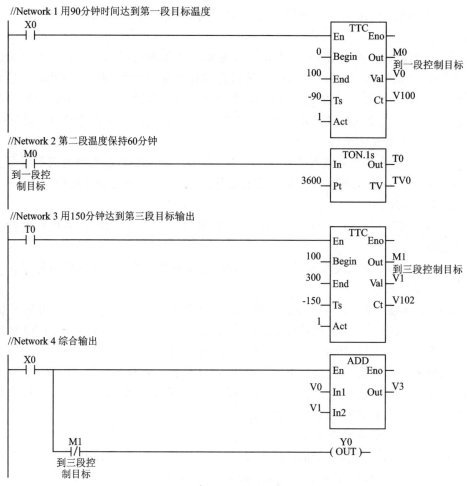

//Network 1 用90分钟时间达到第一段目标温度

//Network 2 第二段温度保持60分钟

//Network 3 用150分钟达到第三段目标输出

//Network 4 综合输出

图 2 - 126　锅炉冷态启动温度控制梯形图程序

的输入/输出均为整数,对于计算出来的小数采用 5 舍 6 入的方式计算。

(5) VC 阀门控制指令

VC 阀门控制指令主要是针对调节阀设计的控制专用指令,用这个指令可以替代伺服器来实现 PLC 对调节阀门的开度精确控制。

一个普通调节阀的控制装置一般配有阀门开度反馈 PV、开到位 OLim、关到位 CLim 这 3 个反馈值,目标值与阀门实际开度值之差、开指令、关指令、死区判断和控制则由伺服器完成。虽然现代配置高档些的阀门驱动装置(如高档阀门电动装置)在其内部配置有伺服器,可以直接接收 PID 调节器输出的模拟量控制信号,但其价格往往比不带伺服器的阀门控制装置贵许多。用 PLC 自带的阀门控制指令来控制阀门开度,可以用较低的成本实现对调节阀门的精确控制。

VC 阀门控制指令的各参数说明如图 2 - 127 所示,要特别说明的是:

电机运行时间 Ts 大于 0 时有效,其主要作用是保护阀门及其电动装置在电动机缺相、机械卡死、测量元件或电路出现故障等问题时,在给定时间内阀门实际开度与给定开度的差未小于死区时断开开/关指令,防止损坏设备。

阀门开、关极限位:如果阀门本身不带极限位行程开关输出,则本指令要用 SM1 来替代,从而表示不用极限位保护。

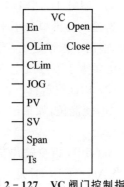

图 2 - 127　VC 阀门控制指令的各参数

En:使能位。

OLim:阀门开限位开关量输入,可以选择的输入变量是 X、Y、M、T、C、S、SM、LM。

CLim:阀门关限位开关量输入,可以选择的输入变量与 OLim 相同。

JOG:阀门点动开关量输入,可以选择的输入变量与 OLim 相同。

PV:阀门开度测量值,模拟量,可选 AI、V、LV。

SV:阀门开度给定值,模拟量,可选 V、LV。

Span:死区范围,模拟量,可选 V、LV。

Ts:阀门驱动装置动作时间,基本单位是秒,可选的值来自 V、LV 或直接输入常数。这是个保护值,它以阀门在正常状态下由全开到全关或全关到全开的执行时间实测得到的时间再加 1~2 s 的余量确定。

Open:阀门开输出,可输出的变量为 Y、M、SM、LM、S。

Close:阀门关输出,可输出的变量与 Open 相同。

一般从工程上应用的角度出发,VC 阀门控制指令从 PID 指令接收 SV 阀门开度给定值,从阀门的电动执行机构或电动装置得到阀门的实际开度反馈值送到 PV 处,VC 指令就可以根据这些输入确定阀门的开关方向是动作 Open、还是 Close。如果阀门没有开关限位,则 VC 指令的开关限位处应填入 SM1,不用限位。

对于 JOG 输入,其本意是调试时点动设备,从而检查其控制回路是否正常;但在 PLC 控制的系统中,由于其不能确定点动方向,达不到调试操作者的目的,基本没用,一般输入 SM1。

(6) HAL、D. HAL 上限报警指令

当输入 In 超过设定值加死区值时,动作输出报警;当输入 In 小于设定值减死区值时,复位报警输出。

(7) LAL、D. LAL 下限报警指令

当输入 In 低于设定值减死区值时,动作输出报警;当输入 In 高于设定值加死区值时,复位输出报警。

(8) LIM、D. LIM 范围限制指令也就是限幅指令

当输入的模拟量小于下限设定值时,输出下限设定值;当输入信号大于上限设定值时,输出上限设定值;当输入介于上下限幅值之间时,输出=输入。本指令的上限设定值要大于下限设定值,否则本指令无效。

(9) PID 控制指令(见图 2-128)

En:使能位,如果使能位输入为 OFF,则 PID 指令将不被执行。

Act:PID 指令输出信号正作用、反作用控制方式选择位,当 Act=OFF 时是反作用,为 ON 时为正作用,其可选的开关元件是 X、Y、M、T、C、S、SM、LM。

PV:PID 指令的目标反馈值,可选 AI、V、LV。

SV:PID 指令的目标给定值,可选 AI、V、LV。

P:比例系数,基本单位是%,可选 V、LV。

I:积分时间,基本单位是 10 ms,可选 V、LV。

D:微分时间,基本单位是 10 ms,可选 V、LV。

T:采样时间,是 PID 指令的 PV、SV 的刷新时间,基本单位是 10 ms,可选 V、LV。

Span:死区范围,模拟量,可选 V、LV、常数。

PVH:PV 测量信号量程上限设定值,可选 V、LV、常数。

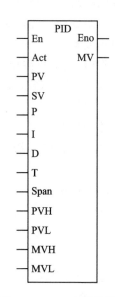

图 2-128 PID 控制指令

PVL:PV 测量信号量程下限设定值,可选 V、LV、常数。

MVH:输出 MV 控制信号限幅上限设定值,可选 V、LV、常数。

MVL:输出 MV 控制信号限幅下限设定值,可选 V、LV、常数。

MV:PID 指令的输出控制信号,可选 AQ、V、LV。

对于 PID 控制器输出的作用方向,当 Act 的正作用输出(就是 SV-PV)逐渐上升时,输出 MV 的值是逐渐增大的;反作用输出(就是 SV-PV)的结果逐渐上升时

输出 MV 的值是逐渐减小的。

反馈值 PV 就是被控对象的测量值。例如,水箱水位控制中水箱水位测量值即为自动控制的反馈值。

给定值 SV 就是被控对象应达到的目标值。

比例放大系数 P、积分时间 I(其计量单位是 10 ms)、微分时间 D(其计量单位是 10 ms)的大小按《自动控制理论》中相关设置原则进行设置。

采样周期 T 就是 PID 指令执行输入、输出的刷新时间。由于 PLC 是以循环扫描方式工作,其扫描周期因扫描路径不同而经常发生变化,如果按其正常的扫描方式工作,则会导致 PID 指令的输出结果跳动大、不连贯、控制效果差。所以 PID 指令一般按定时中断的方式来刷新输入、输出信号,这样可保证 PID 运算的连贯、平稳。

【例 2 - 17】　某工程水箱进、出水流程如图 2 - 129 所示,水源进来的水经原水泵加压,再经过入口电动调节阀控制后进入储水箱,储水箱的水经过出口手动调节阀后供给用户。本控制就是通过控制入口电动调节阀的开度来控制储水箱的水位稳定在给定值。其自动控制原理如图 2 - 130 所示,现场的水箱水位变送器 LP 的输出信号经 AIN 模数转换器后送入 PID2 调节器进行 PI 调节、限幅后输出给模拟转换器 A0023306;模拟转换器将数字信号转换为模拟信号后送往带伺服器的执行机构 f(x) 执行,执行机构的实际执行位置信号再通过 AIN 模数转换器后送自动控制操作来显示面板进行显示。同时,模拟转换器还连接了自动控制操作显示面板进行自动、手动切换及手动输出的控制、跟踪等工作。

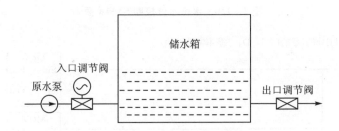

图 2 - 129　水箱进、出水流程

使用 PLC 的 PID 指令完成上述任务需要分六部分。

第一部分:给 PID 调节器的基本参数赋值,其梯形图程序如图 2 - 131 所示。

第二部分:PID 指令设置。

由于 PID 指令没有手动状态的自动跟踪功能,其测量值(也就是反馈值)和给定值是不能直接引用来自现场的实际测量值和手动目标设定值,必须经过适当的变换才能保证由手动状态切换到自动状态时发给伺服器的控制信号不会出现大的跳动,实现无忧切换。其梯形图程序如图 2 - 132 所示。

第三部分:反馈值 PV 的选择。

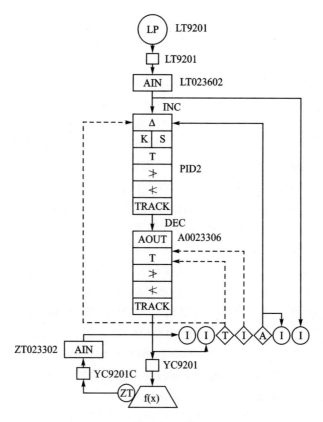

图 2 - 130　水箱水位控制 SAMA 图

//Network 1 给PID调节器的P、I、D、T基本参数赋值

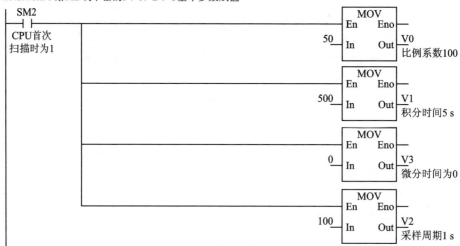

图 2 - 131　PID 调节指令的基本参数赋值

//Network 2 X0是手、自动切换开关，开关闭合为自动，断开为手动；自动状态，
手动输出目标值跟踪自动输出；在手动状态，自动目标值跟踪测量值

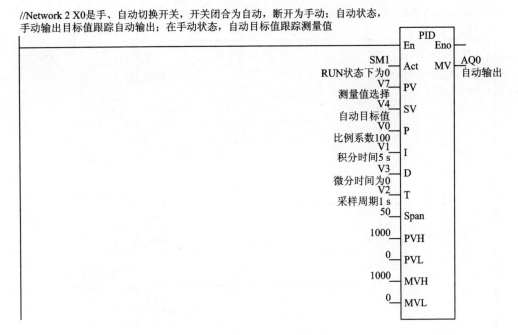

图 2 - 132　PID 指令应用

在自动状态，PID 的反馈值只能是来自现场的测量值 AI0。但在手动状态，由于 Haiwell 的 PID 没有考虑无扰切换，不能通过修改 PID 输出的办法来实现无扰切换，本程序采用改变反馈值和给定值的办法来保证 PID 的输出跟踪手动输出，梯形图程序如图 2 - 133 所示。

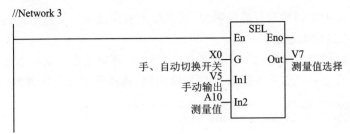

图 2 - 133　选择指令的应用

第四部分：给定值 SV 的选择。

与目标值的选择相似，在自动状态，其值只能来自自动控制目标给定值。在手动状态，为了达到使 PID 指令的输出与手动输出相一致，必须进行适当的修正和变动。其梯形图如图 2 - 134 所示。

当自动与手动输出的结果差大于设定偏差值时，则增大给定值；而当自动与手动输出的结果差小于设定偏差值时，则减小给定值。指令中使用通用脉宽调制指令主要是控制给定值的变化速率，降低过调程度。

//Network 4 如果手动与自动的差比较大，则修改自动的目标值，否则就不修改

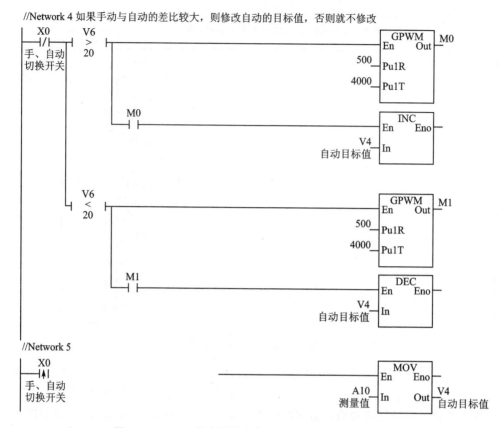

图 2 - 134　PID 指令的输出与手动输出的相互跟踪程序

　　另外，在由手动切换到自动的瞬间，通过将实测反馈值赋值给给定的办法来实现切换瞬间的 PID 输出稳定。

　　第五部分：控制输出的选择。这部分比较简单，那就是在手动状态选择指令输出手动给定值，在自动状态选择输出 PID 的输出值，其梯形图程序如图 2 - 135 所示。

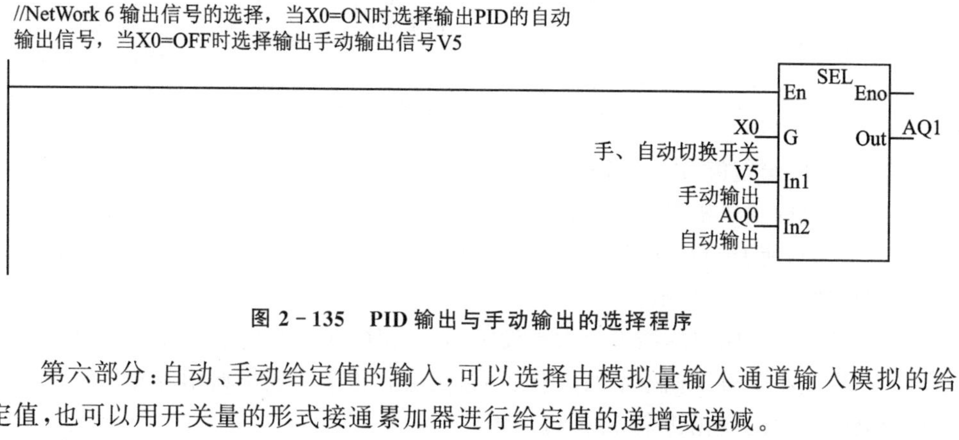

//NetWork 6 输出信号的选择，当X0=ON时选择输出PID的自动
输出信号，当X0=OFF时选择输出手动输出信号V5

图 2 - 135　PID 输出与手动输出的选择程序

　　第六部分：自动、手动给定值的输入，可以选择由模拟量输入通道输入模拟的给定值，也可以用开关量的形式接通累加器进行给定值的递增或递减。

　　一般模拟量式输入的设备硬件成本比较高而使用较少。开关量形式的输入梯形图程序如图 2 - 136 所示。图中 X0 是手动、自动选择开关，X0＝OFF 为手动，X0＝ON 为自动；X1 是加按钮，X2 是减按钮。

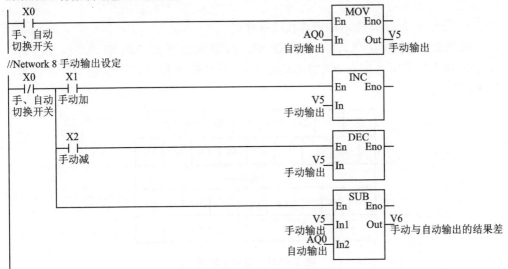

//Network 7 自动到手动输出的无扰切换

//Network 8 手动输出设定

图 2 - 136　目标给定输入程序

　　自动状态时给定值的增、减输入原理与手动状态的加、减变换类似，其梯形图程序也类似。

本章小结

　　本章介绍了国产 Haiwell 可编程控制器的硬件结构、接线原理、编程的界面操作技术以及软件编程的方式、方法、软件调试加密、解密步骤，使编程人员能较为快速地掌握 PLC 编程和应用技术。

　　国产 Haiwell 可编程控制器的编程界面非常友好，在需要输入参数的窗口都会提示可输入的参数名称，不需要编程人员记忆。另外，I/O 端口以及内部 V 存储器都是按自然数顺序排列的，不存在字节、字的不同表述。变量名称的定义也非常方便，既可以在编程的指令块处进行标注，也可以在专门的表中定义。

　　国产 Haiwell 可编程控制器的指令块中不仅有其他 PLC 通用的数学运算、逻辑运算指令、中断指令、通信指令，还有不同于其他 PLC 的特殊指令，这些指令包括温度模糊控制、温度曲线控制、阀门控制等指令，方便现场设备的控制应用，极大地简化了程序的编写、节约了 PLC 内存资源的消耗，提高了系统运行的可靠性。

　　由于 PLC 硬件及软件发展较快，不同版本的 PLC 编程软件所编程序可能与

PLC硬件不兼容,编程人员应根据实际硬件进行编程与调试,正确后再进行下装与工程应用。

思考题

1. 绘制图2-137所示的硬件接线原理图。

接线要求:内供电,X3、X5 接 PNP 型三线制接近开关,X0、X1、X2 操作按钮,X5、X6 接干节点压力开关,X7 接两线制 PNP 型接近开关;Y0~Y6 接中间继电器,Y7 信号灯。

⏚		·	24G	COM	X4	X5	X6	X7
	L	N	·	+24 V	X0	X1	X2	X3
HW-E16ZS22DR								
Y0	Y1	·	Y4	Y5	·	A+	B−	
	C0	Y2	Y3	C1	Y6	Y7	·	

图 2-137 习题 1 附图

2. 图2-36中火车车厢数量统计程序应用有什么限制条件? 分别是哪些因素?

3. 定时器使用的注意事项有哪些?

4. 说明图2-138的梯形图程序完成的任务是什么?

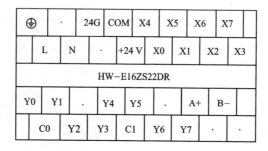

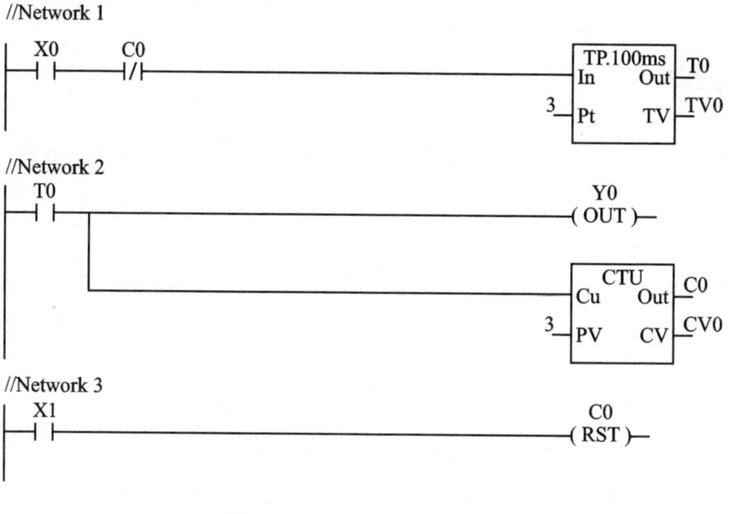

图 2-138 习题 4~6 附图

5. 编辑出图2-138程序的 FBD 功能块图程序、IL 指令表程序。

6. 绘制出图2-138程序的 X0 与 Y0 的时序图(X1 为 0)。

7. 某集水坑安装有 A、B 两台排水泵,如果水位高,则 X1 动作,于是通过端口 Y0 启动 A 排水泵开始排水。如果 A 泵在 3 分钟内没有将集水坑水位打到高 X1 动作值以下,则认为是 A 泵故障或来水量特别大,这时通过 Y3 发报警并通过 Y2 启动 B 排水泵排水。当水位低于 X2 时,则停止 A、B 排水泵排水。用主控指令设计实现上述目标的梯形图程序、功能块图程序、IL 指令表程序。

8. 某配电室要进行节能照明改造,门口内侧装有一个光电开关,当配电室内有人(此门宽只可容单人进出)进入后即开启照明,当配电室没有人员后立即关闭照明。请用 PLC 实现上述控制。

9. 简化例 2-8 中内冷水泵的控制程序。

10. 按图 2-129 中水箱进、出水流程和图 2-130 设计完整的 PID 控制梯形图程序。设计要求:① 实现手动、自动的无忧切换;② 实现在自动状态出现反馈值与给定值偏差大于 100 时切除自动;③ 电动调节阀不带伺服器。

11. 图 2-139 是卸煤槽的示意图。在卸煤槽底部安装叶轮给煤机,叶轮给煤机安装有可以前后行走的行走电机以及控制叶轮旋转的叶轮旋转电机,其工作过程是:叶轮给煤机在接到启动命令后先检查给煤机下的输煤皮带已经启动运行,然后给煤机前后移动,并转动叶轮将卸煤槽中的原煤均匀卸至下方的输煤皮带上,由输煤皮带将煤输往煤仓。编辑叶轮给煤机运行控制程序,并补充绘制此系统自动运行需要安装的检测元件以及检测元件的安装位置。设计要求:给煤机有“远方”/“就地”、“自动”/“手动”4 种运行方式,“远方”运行的操作指令来自上位机操作员站;“就地”操作来自就地的控制箱。就地还要设计紧急停止按钮,无论是出现任何故障,按紧急停止按钮都可以立即停止叶轮给煤机行走电机与叶轮旋转电机的运行。

图 2-139　习题 11 配图

12. 设计一个 8 位的抢答器梯形图程序。当某位抢答成功后用 8 段数码管显示其号码,号码管的编码见表 3-12;编码的输出用 Y0～Y7 端口,抢答器的抢答信号来自 X0～X7;X8 按钮按下 0.1 s 后开始允许抢答,在 X8 没有按下前就已经按下抢答按钮的算无效抢答。

13. 编写一个随机数发生函数程序,并将生成-1～+1 之间的随机数存入 V100V101 中。

14. 从海为的官网下载最新版 PLC 软件并安装,编辑习题 4～14 的 PLC 程序并仿真运行,检查程序的正确性。

第 3 章

西门子 PLC 的结构及编程

3.1　西门子 PLC 硬件参数及变量定义

国外 PLC 的品牌也较多,如欧姆龙、三菱、西门子、施耐德、莫迪康等公司都生产多种系列的 PLC,它们的产品各有特点,但由于发展比较早,后期的产品为了兼容早期的产品所定标准和编程软件,其编程软件使用不方便的缺点也很明显。由于西门子的 PLC 种类多,小型的有 S7 - 200、S7 - 1200 系列、中型的有 S7 - 300 系列、大型的有 S7 - 400、S7 - 1500 且应用早,很多企业的工程人员接触西门子的 PLC 比较早,也基本习惯了用这种 PLC。另外,这种 PLC 的编程、接线与施耐德等多个欧系厂家的 PLC 很类似,本章选择西门子的 S7 - 200 系列中相对容易学习、编程方便的 S7 - 200 SMART 系列的 PLC 为蓝本来介绍 PLC 硬件和软件编程。

3.1.1　S7 - 200 SMART 系列 PLC 的硬件配置

1. S7 - 200 SMART PLC 的外观

西门子 S7 - 200 SMART PLC 的外观如图 3 - 1 所示。其 CPU 工作状态指示灯有 RUN 运行指示灯、STOP 指示灯、故障报警灯。

与国产 PLC 的开关量输入 X、开关量输出 Y 不同,西门子 S7 - 200 PLC 的开关量输入端口定义为 I,开关量输出端口定义为 Q,但工作状态显示是一致的,即灯亮表示该端口有信号传输,灯熄灭表示该端口无传输信号。

扩展模块接口用于插入扩展模块的数据通信排插。与其他 PLC 采用软线排插不同,西门子 S7 - 200 SMART 采用针式硬排插,PLC 主机与扩展模块的连接更加紧密、稳固。

RS485 通信口可用于 PLC 与外设之间进行通信。若 S7 - 200 PLC 间要实现两个或多个 PLC 之间的通信,则须使用 PPI(Point to Point)通信协议进行数据的交

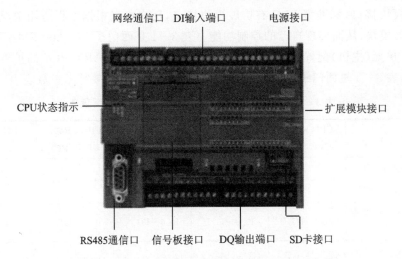

图 3-1　S7-200 SMART PLC 外观

换。但是对于 S7-200 SMART 的 PLC 来说，PLC 上自带的 RS485 通信口不支持 PPI 通信；如果需要通过这个 RS485 口实现 S7-200 SMART PLC 之间的数据交换，那么只能通过这个口来做 MODBUS 通信，一个作为 MODBUS 主站，一个作为 MODBUS 从站来进行数据交换。

两个 PLC 采用 MODBUS 协议通信来实现 PLC 与 PLC 之间的数据交换的工作量会比较大。S7-200 SMART PLC 相对于 S7-200 的 PLC 来说，它有一个优势，就是在 PLC 的基本单元上带有一个以太网口，我们可以使用这个以太网口来实现 S7-200 SMART PLC 之间是数据交换。使用以太网通信可以实现 8 台 PLC 之间的数据交换，同时，这个以太网通信口也是上位机与 PLC 的通信连接口，不必使用西门子的专用通信线即可完成 PLC 与上位机、PLC 之间的通信连接，降低项目设计、制造成本。另外，当 PLC 由 RUN 转 STOP 模式后 RS485 通信口将不能进行通信，只有网络端口才可以进行正常通信，这就保证了对 STOP 模式 PLC 的可靠远程控制。

SD 卡接口用于通过 SD 卡实现 PLC 内部操作系统升级或复位为出厂设置或进行程序数据传输。

信号板接口是 S7-200 SMART PLC 不同于其他 S7-200 PLC 的硬件接口，对于少量的 I/O 点数扩展及更多通信端口的需求，全新设计的信号板能够提供更加经济、灵活的解决方案，在不影响面板空间的情况下提供额外的数字量 I/O、模拟量 AI/AO 点和通信接口。

西门子 S7-200 SMART PLC 信号板可以分为数字量输入/输出信号板（SB DT04）、模拟量输出信号板（SB AQ01）、RS485/232 通信信号板（SB CM01）。

2. 西门子 S7-200 SMART PLC 的 CPU 单元（主机）配置

西门子 S7-200 SMART PLC 也分经济型 PLC 和标准型 PLC，经济型 PLC 没

有扩展模块接口,标准型 PLC 有扩展模块接口,用户可以根据工程应用情况添加相应的扩展模块,从而实现自己的控制功能。表 3-1 是西门子 S7-200 SMART PLC 的 CPU 单元(主机)配置表,表 3-2 是西门子 S7-200 SMART PLC 的扩展模块的配置表,表 3-3 是西门子 S7-200 SMART PLC 主机的主要技术参数表。

表 3-1　西门子 S7-200 SMART PLC 的主机配置表

说　明	CPU SR20、CPU ST20	CPU SR30、CPU ST30	CPU SR40、CPU ST40	CPU CR40、CPU CR60	CPU SR60、CPU ST60
用户程序大小/KB	12	18	24	12	30
用户数据大小/KB	8	12	16	8	20
开关量输入映像寄存器(I)	I0.0～I31.7	I0.0～I3.7	I0.0～I31.7	I0.0～I31.7	I0.0～I31.7
开关量输出映像寄存器(Q)	Q0.0～Q31.7	Q0.0～Q31.7	Q0.0～Q31.7	Q0.0～Q31.7	Q0.0～Q31.7
模拟量输入(AIW)	AIW0～AIW110	AIQ0～AIW110	AIW0～AIW110		AIW0～AIW110
模拟量输出(AQW)	AQW0～AQW110	AQW0～AQW110	AQW0～AQW110		AQW0～AQW110
变量存储器(V)	VB0～VB8191	VB0～VB12287	VB0～VB16383	VB0～VB8191	VB0～VB20479
局部存储器(L)	LB0～LB63	LB0～LB63	LB0～LB63	LB0～LB63	LB0～LB63
内部继电器或位存储器(M)	M0.0～M31.7	M0.0～M31.7	M0.0～M31.7	M0.0～M31.7	M0.0～M31.7
特殊标志位存储器(SM)	SM0.0～SM1535.7	SM0.0～SM1535.7	SM0.0～SM1535.7	SM0.0～SM1535.7	SM0.0～SM1535.7
定时器(T)	256(T0～T255)	256(T0～T255)	256(T0～T255)	256(T0～T255)	256(T0～T255)
计数器	256(C0～C255)	256(C0～C255)	256(C0～C255)	256(C0～C255)	256(C0～C255)
高速计数器(HC)	HC0～HC3	HC0～HC3	HC0～HC3	HC0～HC3	HC0～HC3
顺序控制继电器(S)	S0.0～S31.7	S0.0～S31.7	S0.0～S31.7	S0.0～S31.7	S0.0～S31.7
累加器寄存器(AC)	AC0～AC3	AC0～AC3	AC0～AC3	AC0～AC3	AC0～AC3
跳转/标号	0～255	0～255	0～255	0～255	0～255
调用/子例程	0～127	0～127	0～127	0～127	0～127
中断例程	0～127	0～127	0～127	0～127	0～127
正/负跳变	1 024	1 024	1 024	1 024	1 024
PID 回路	0～7	0～7	0～7	0～7	0～7

对于西门子 S7-200 SMART 系列的 PLC 而言,特殊标志位存储器 SM 是部分只读、部分可读/写。其中,SM0.0～SM29.7、SM1000.0～SM1535.7 是只读存储器,其余的则都是可读/写存储器。

表 3-2　西门子 S7-200 SMART PLC 的扩展模块的配置

扩展模块型号	说　明	订货号
EM DI08	数字量输入模块,8×24 VDC 输入	6ES7 288-2DE08-0AA0
EM DR08	数字量输出模块,8×继电器输出	6ES7 288-2DR08-0AA0
EM DT08	数字量输出模块,8×24 VDC 输出	6ES7 288-2DT08-0AA0
EM DR16	数字量输入、输出模块,8×24 VDC 输入,8×继电器输出	6ES7 288-2DR16-0AA0
EM DR32	数字量输入、输出模块,16×24 VDC 输入,16×继电器输出	6ES7 288-2DR32-0AA0
EM DT16	数字量输入、输出模块,8×24 VDC 输入,8×24 VDC 输出	6ES7 288-2DT16-0AA0
EM DT32	数字量输入、输出模块,16×24 VDC 输入,16×24 VDC 输出	6ES7 288-2DT32-0AA0
EM AI04	模拟量输入模块,4 输入	6ES7 288-3AE04-0AA0
EM AQ02	模拟量输出模块,2 输出	6ES7 288-3AQ02-0AA0
EM AM06	模拟量输入、输出模块,4 输入、2 输出	6ES7 288-3AM06-0AA0
EM AR02	热电阻输入模块,2 通道	6ES7 288-3AR02-0AA0
EM AT04	热电偶输入模块,4 通道	6ES7 288-3AT04-0AA0

表 3-3　西门子 S7-200 SMART PLC 主机的主要技术参数

电源规格	AC 交流电源	DC 直流电源
输入电压	额定值 120～230 VAC,极限范围 85～264 VAC	24 VDC,-15%～+20%
电源频率	额定值 50～60 Hz,极限范围 47～63 Hz	
输入功率	正常值 40.8 W 正常运行最大允许值 63.8 W 通电瞬间 1 760 W	正常值 40.8 W
功率损失	最大 14 W	最大 14 W
电源保险丝	2 A,250 VAC	2 A,250 VAC
24 V 输出	24 VDC,±15%,300 mA(最大)	直接取用外部 24 VDC 电源
5 V 输出	最大 1.4 A,用于 EM 总线。如果使用中扩展模块的电流消耗大于 1.4 A,则可能产生不可预测的故障或损害,所以需要更改 PLC 控制系统设计,这里通过增加 PLC 主机的模式来降低单个主机的功率消耗	最大 1.4 A,用于 EM 总线。如果使用中扩展模块的电流消耗大于 1.4 A,则可能产生不可预测的故障或损害,需要更改 PLC 控制系统设计,这里通过增加 PLC 主机的模式来降低单个主机的功率消耗
存储器	存储器类型:DDR 闪存:是 RAM:是 程序存储器大小:12 KB 存储卡:micro SD 卡(可选)	存储器类型:DDR 闪存:是 RAM:是 程序存储器大小:12 KB 存储卡:micro SD 卡(可选)

西门子 S7 - 200 SMART 系列 PLC 的定时器 T 按计时基准时间又分为 1 ms 计时器、10 ms 计时器和 100 ms 计时器 3 种。每种计时器又分为保持型接通延时计时器和接通/断开延时计时器两类。

计时基准时间为 1 ms 的计时器中,T0 和 T64 这两个计时器是保持型接通延时计时器,T32 和 T96 则是接通/断开延时计时器。

对于计时基准时间为 10 ms 的计时器,T1～T4、T65～T68 是保持型接通延时计时器,而 T33～T36、T97～T100 则是接通/断开延时计时器。

对于计时基准时间为 100 ms 的计时器,T5～T31、T69～T95 是保持型接通延时计时器,而 T37～T63、T101～T255 则是接通/断开延时计时器。

西门子 S7 - 200 SMART 系列 PLC 的 CPU 主机上都集成了以太网通信端口和 RS485 通信端口(端口号是 0);预留的 CM01 信号板(SB)上有 RS232/RS485 通信端口,其端口号是 1。CR40 和 CR60 型 CPU 上是没有预留 CM01 信号板插口。

西门子 PLC 的开关量输入 DI 信号电压是 24 VDC,输入＋15－＋30 V 时判断为数字"1",典型的输入电流是 4 mA,输入＜＋5 V 时判断为数字"0"。如果 DI 信号线使用屏蔽线,则最大传输距离是 500 m;如果使用非屏蔽线,则最大传输距离是 150 m。

西门子 PLC 的开关量输出 DO 信号也分为继电器输出 R 型和晶体管 NPN 输出 T 型两类。

对于继电器输出 R 型 PLC 来讲,当负载为电阻性负载时,其允许的最大负载电流是 2 A;如果是灯泡负载,则其 DO 点的负载能力是:直流 24 V 时 30 W,交流 220 V 时 200 W。

对于晶体管 NPN 输出 T 型 PLC 来讲,当负载为电阻性负载时,其允许的最大负载电流是 0.5 A/1 点、2 A/4 点,共 COM。

如果 D0 信号的导线使用屏蔽线,则其传输距离最大 500 m;若使用非屏蔽线,则最大传输距离是 150 m。

西门子 PLC 内部自带有硬件时钟,从而保证误差在 25℃时每月误差小于 120 s。

3.1.2 S7 - 200 SMART PLC 主机的外部接线原理

图 3 - 2 是西门子 S7 - 200 SMART 型主机开关量输入信号接线原理图,可见,西门子 S7 - 200 SMART 型 PLC 的开关量输入 DI 信号采用汇点式接线且只接收高电平信号;如果外部输入的接近开关的动作信号是低电平输出型的信号,则必须进行转化才能接到 PLC 的 I 端口。

图 3 - 3 是 S7 - 200 SMART 继电器输出型主机 DQ 信号接线原理图,其输出信号采用分组式接线,这样的输出接线方式能比较灵活地适应多种电压等级的接线。例如,DQa 输出端的 0～3 号输出端口可以采用直流操作电源输出,而 4～7 输出端口可以采用交流操作电源输出。其他的端口也都可以这样接线和输出。

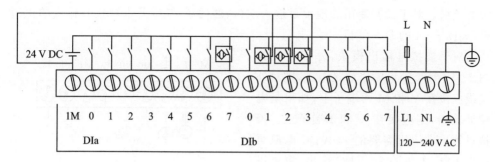

图 3 - 2　S7 - 200 SMART 型主机 DI 信号接线原理图

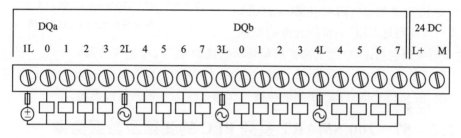

图 3 - 3　S7 - 200 SMART 型主机 DQ 信号接线原理图

对于二极管输出型 PLC,其输出端的操作电源只能采用直流操作电源,输出的公共端究竟是接在直流的正极还是负极,取决于 PLC 是 PNP 型输出还是 NPN 型输出。

西门子 S7 - 200 SMART 型 PLC 配置有模拟量输入模块。可输入的模拟量有电压型、电流型、热电阻型、热电偶型模拟量。对于标准的电压型和电流型模拟量输入模块,其接线原理如图 3 - 4 所示,电压变送器的输出正极接 PLC 的 A+,负极接 A－;对于四线制电流变送器,变送器的电流输出端正极接在 B+,同时短接 B+ 和 RB,负极接 B－;对于二线制电流变送器,24 VDC 电源的正极接在变送器的＋极接线柱,变送器的负极输出接在 PLC 的 C+并短接 C+和 RC,C－则接在 24 VDC 电

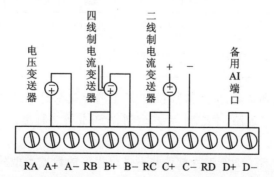

图 3 - 4　S7 - 200 SMART 型 PLC 的模拟量输入信号接线原理

源的负极。对于没有使用的模拟量输入端口,西门子 PLC 要求短接其输入的正、负极(如图 3 - 4 的 D＋和 D－)。

对于模拟量输出模块,外部接线如图 3 - 5 所示,如果输出的是电压,则对外接线应接在 V 和 M 两端子上;如果是电流型输出,则应接在 V 和 I 端子上。模拟量输出模块所需要的 24 VDC 电源可取自 PLC 主机的 24 VDC 输出,也可以使用外接的 24 VDC 电源。不过在使用 PLC 主机提供的 24 VDC 电源时注意,不要使负载超过 PLC 主机所允许的容量

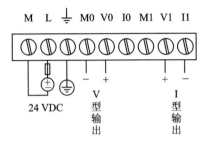

图 3 - 5 S7 - 200 SMART 型 PLC 的
模拟量输出信号接线原理

(这个容量还包括 PLC 的全部扩展模块所消耗的 24 VDC 电源容量)。

西门子 S7 - 200 系列的 PLC 接线原理与 S7 - 200 SMART 系列的 PLC 接线基本一致,S7 - 200 SMART 系列的接线可作为 S7 - 200 系列接线参考。

3.1.3 S7 - 200 SMART 系列 PLC 的变量及数据类型

1. 基本数据类型

西门子 S7 - 200 型 PLC 的指令参数所用的数据类型有 1 位布尔型(BOOL)、8 位字节型(BYTE)、16 位无符号整数(WORD)、16 位有符号整数(INT)、32 位无符号双字整数(DWORD)、32 位有符号双字整数(DINT)、32 位实数型(REAL)。8 位以上的数据类型所能表述的数值范围如表 3 - 4 所列。

表 3 - 4 不同长度整数能表示的数值范围

整数类型	无符号整数表示范围		有符号整数表示范围	
	十进制表示	十六进制表示	十进制表示	十六进制表示
字节 B(8 位)	0～255	0～FF	－128～＋127	80～7F
字 W(16 位)	0～65 535	0～FFFF	－32 768～＋32 767	8000～7FFF
双字 D(32 位)	0～4 294 967 295	0～FFFFFFFF	－2 147 483 648～＋2 147 483 647	80000000～7FFFFFFF

编程时经常用到常数,虽然常数在 PLC 中的存储都是二进制存储,但编程时其输入的格式可以是二进制、十进制、十六进制、ASCⅡ等多种形式。表 3 - 5 是各种进制常数书写对照表。

由于西门子的 S7 - 200 编程软件并不进行程序的数据类型的完全检查,如果发生数据类型输入错误,在程序编译时是检查不出来的,这需要编程人员认真核对来避免此错误的发生。

表 3 - 5　各种进制常数书写对照表

进制类型	书写格式	示　例
二进制	2♯二进制数值	2♯1010 0011 1101 0001
十进制	十进制数值	1024
十六进制	16♯十六进制数值	16♯3F6A7
ASCⅡ	ASCⅡ码文本	show

2. 西门子的数据存储器

西门子 S7 - 200 的内部存储器分为系统区、用户程序区、数据区。系统区存储 PLC 系统的操作系统程序;用户程序区存储工程人员编制的 PLC 应用程序;数据区是应用程序的工作区域,存放输入信号、运算的输出结果、计数值、计时值、模拟量以及程序运行的中间值等,其硬件构成部分是 RAM、部分是 EEPROM。这样设计的目的是确保应用程序在运行过程中发生意外断电时,重新来电后系统能够继续执行未完成的程序步骤,而不至于因重要的节点数据的丢失而出现程序执行混乱或错误。

西门子的数据区域包括外部开关量输入映像寄存器 I、对外开关量输出映像寄存器 Q、PLC 内部开关量存储器 M、顺序控制存储器 S、特殊标志位存储器 SM、局部存储器 L、定时器存储器 T、计数器存储器 C、变量存储器 V、模拟量输入映像存储器 AI、模拟量输出映像存储器 AQ、累加器 AC、高速计数器计数中间结果存储器 HC。

3. 西门子数据存储区的变量地址表达格式

与国产 Haiwell PLC 的变量地址表达方式不同,西门子的数据存储器变量地址的表达形式有自己的特点,其数据存储区的地址表达格式有位、字节、字、双字。

位地址表达格式是:变量名＋字节地址. 位号。例如,I2.6、Q0.5、M3.4、V100.2。位地址在数据存储区的排列如图 3 - 6 所示。

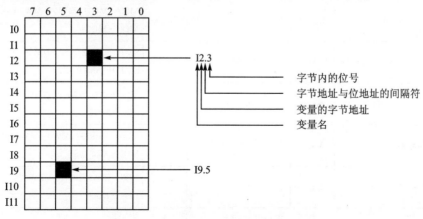

图 3 - 6　位变量在存储器区域的地址排列

字节、字、双字变量的地址表达格式是:变量名＋数据长度符＋该字节、字、双字的起始地址。例如,IB9、VW2010、VD100。字节、字、双字变量的地址介绍如图 3－7 所示。可见,字节变量是字变量和双字变量的基本单元,VW0＝VB0＋VB1,VD0＝VW0＋VW1＝VB0＋VB1＋VB2＋VB3。

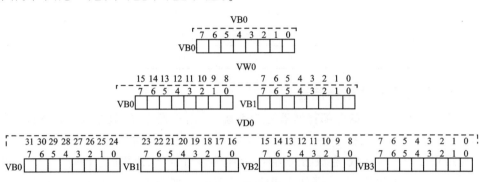

图 3－7 字节、字、双字变量的地址表达格式

定时器 T、计数器 C、累加器 AC、高速计数器 HC 等的地址表达格式为:变量名＋变量顺序号。例如,T12、C3、AC8。

西门子 PLC 的变量地址表达格式如表 3－6 所列。

表 3－6 CPU SR20 变量地址

变量名	位寻址格式	地址范围	其他寻址格式	地址范围
开关量输入映像寄存器 (I)	Ix. y	I0.0～I31.7	ITx	IB0～IB31、IW0～IW30、ID0～ID28
开关量输出映像寄存器 (Q)	Qx. y	Q0.0～Q31.7	QTx	QB0～QB31、QW0～QB30、QD0～QD28
内部继电器(M)	Mx. y	M0.0～M31.7	MTx	MB0～MB31、MW0～MW30、MD0～MD28
特殊标志位存储器(SM)	SMx. y	SM0.0～SM1535.7	SMTx	SMB0～SMB1535、SMW0～SM1534、SMD0～SMD1532
顺序控制继电器(S)	Sx. y	S0.0～S31.7	STx	SB0～SB31、SW0～SW30、SD0～SD28
变量存储器(V)	Vx. y	V0.0～V8191.7	VTx	VB0～VB8191、VW0～VW8190、VD0～VD8188
局部存储器(L)	Lx. y	L0.0～L63.7	LTx	LB0～LB63、LBW0～LW62、LD0～LD60
定时器(T)	Ty	T0～T255	无	

变量名	位寻址格式	地址范围	其他寻址格式	地址范围
计数器（C）	Cy	C0～C255	无	
累加器寄存器（AC）	ACy	AC0～AC3	无	
高速计数器（HC）	HCy	HC0～HC3	无	
模拟量输入（AIW）	无		AIWy	AIW0～AIW110
模拟量输出（AQW）	无		AQWy	AQW0～AQW110

注：T 为数据类型，取值字节 B、字 W、双字 D；x 为起始字节地址；y 为字节内地址；西门子各型 PLC 的各种变量在主机内的最大地址根据主机类型有差异，具体可用范围应参考相应主机技术性能指标表。

4. 西门子 PLC 编程元件说明

（1）开关量输入映像寄存器（I）

开关量输入映像寄存器 I 是 PLC 对于外部硬连接开关量信号的输入端口，每一个输入端口都与一个输入映像寄存器对应。I 点的状态由外部开关的闭合或断开确定。西门子的编程软件允许工程人员在 PLC 运行状态在线对 I 点进行强制操作。

一个工程所有可接线的开关量输入端口由硬件确定，其地址也由硬件模块的安装位置确定，S7 - 200 SMART 系列的 PLC 系统自动分配地址而无须编程人员干预。编程人员要做的就是选择输入信号的最低有效保持时间或称滤波时间。对于上升沿比较窄的脉冲，还应该在系统块的 AI 选项中选中"脉冲捕捉"。另外，I 信号默认的二次滤波时间是 6.4 ms，折合为脉冲频率就是 78 Hz，如果预计输入的脉冲频率高于 PLC 的扫描周期和二次滤波限制频率中的低值，则要在系统块中修改二次滤波时间。

（2）开关量输出映像寄存器（Q）

开关量输出映像寄存器 Q 是 PLC 对外输出开关量信号的端口，每一个输出端口都与一个输出映像寄存器对应，其地址也是由 CPU 根据模块的安装顺序位置自动确定的，可用的接线端口由硬件端口的数量确定。对于工程应用，一个开关量输出映像寄存器 Q 如果没有硬件输出端口相对应，则可以把这个 Q 端口作为一个内部继电器 M 来使用。

西门子 PLC 的 DQ 输出还有一项特殊输出选项，就是当 PLC 处于 STOP 状态时，其 Q 端可以自动选择为 NO 状态；这项操作是在系统块的数字量输出选项中选择，选中的 DQ 点就是 PLC 处于 STOP 状态时仍保持输出的点。

（3）内部继电器（M）

内部继电器 M 模拟了继电器控制系统的中间继电器，其编程使用方法也与继电器系统的中间继电器相类似。

（4）特殊标志位存储器（SM）

特殊标志位存储器 SM 是很多系统参数的标志，为用户程序提供一些特殊的控制功能和系统信息。用户操作的一些特殊信息也可以通过特殊标志位存储器 SM 来反馈给 PLC 自身的操作系统。SM 各点的详细信息如表 3 - 7 所列。

表 3 - 7　SM 标志含义

SM 位号	功　能
SM0.0	PLC 在 RUN 状态保持闭合，在 STOP 状态断开
SM0.1	在 PLC 由 STOP 转为 RUN 状态的第一个扫描周期闭合，其他周期断开
SM0.2	如果永久保持的数据丢失，则在由 STOP 转为 RUN 状态的第一个扫描周期闭合
SM0.3	在 PLC 上电并转 RUN 状态的第一个扫描周期闭合
SM0.4	长定时脉冲，脉冲周期 1 min，30 s 闭合，30 s 断开
SM0.5	短定时脉冲，脉冲周期 1 s，0.5 s 闭合，0.5 s 断开
SM0.6	程序扫描周期脉冲，本轮扫描闭合，下轮扫描断开，循环变化
SM0.7	如果系统时间在上电时丢失，则该位将接通一个扫描周期
SM1.0～SM1.7	各种错误提示
SMB2	包含在自由端口通信过程中从端口 0 或端口 1 接收的各字符
SM3.0	当端口 0 或端口 1 接收到的字符中有奇偶校验错误时，针对端口 0 或端口 1 进行置位
SM4.0～SM4.7	标志中断队列溢出和通信接口使用状态
SM5.0～SM5.2	标志 I/O 系统错误
SMB6～SMB7	CPU 型号识别及 I/O 类型识别
SMB8～SMB19	I/O 模块识别和错误寄存器
SMW22～SMW26	系统扫描时间记录
SMB28～SMB29	信号板 ID 和信号板错误
SMB30	组态端口 0 通信：奇偶校验、每个字符的数据位数、波特率和协议
SM30.0	为端口 0 选择自由口或系统协议
SMB130	组态端口 1 通信：奇偶校验、每个字符的数据位数、波特率和协议
SM130.0	为端口 1 选择自由口或系统协议
SMB34	指定中断 0 的时间间隔（从 5～255，以 1 ms 递增）
SMB35	指定中断 1 的时间间隔（从 5～255，以 1 ms 递增）
SMB36～SMD42	HSC0 计数器状态等相关信息
SMB46～SMD52	HSC1 计数器状态等相关信息
SMB56～SMD62	HSC2 计数器状态等相关信息

SM 位号	功　能
SMB136～SMD142	HSC3 计数器状态等相关信息
SMB66	PTO0 状态
SM66.6	PTO0 管道溢出(使用外部包络时,由系统清除,否则必须由用户复位):0=无溢出,1=管道溢出
SM66.7	PTO0 空闲:0=PTO 正在执行;1=PTO 空闲
SMB67	监视和控制 Q0.0 的 PTO0(脉冲串输出)和 PWM0(脉冲宽度调制)
SM67.0	PTO0/PWM0 更新周期值:1=写入新周期
SM67.1	PTO0/PWM0 更新脉冲宽度值:1=写入新脉冲宽度
SM67.2	PTO0 更新脉冲计数值:1=写入新脉冲计数
SM67.3	PTO0/PWM0 时基:0=1 μs/刻度,1=1 ms/刻度
SM67.6	PTO0/PWM0 模式选择:0=PTO;1=PWM
SM67.7	PTO0/PWM0 使能:1=启用
SMW68	字数据类型:PTO0/PWM0 周期值(2～65 535 个单位时基)
SMW70	字数据类型:PWM0 脉冲宽度值(0～65 535 个单位时基)
SMD72	双字数据类型:PTO0 脉冲计数值(1～$2^{32}-1$)
SMB76	PTO1 状态
SM76.6	PTO1 管道溢出(使用外部包络时,由系统清除,否则必须由用户复位):0=无溢出,1=管道溢出
SM76.7	PTO1 空闲:0=PTO 正在执行;1=PTO 空闲
SMB77	监视和控制 Q0.1 的 PTO1(脉冲串输出)和 PWM1(脉冲宽度调制)
SM77.0	PTO1/PWM1 更新周期值:1=写入新周期
SM77.1	PTO1/PWM1 更新脉冲宽度值:1=写入新脉冲宽度
SM77.2	PTO1 更新脉冲计数值:1=写入新脉冲计数
SM77.3	PTO1/PWM1 时基:0=1μs/刻度,1=1 ms/刻度
SM77.6	PTO1/PWM1 模式选择:0=PTO;1=PWM
SM77.7	PTO1/PWM1 使能:1=启用
SMW78	字数据类型:PTO1/PWM1 周期值(2～65 535 个单位时基)
SMW80	字数据类型字:PWM1 脉冲宽度值(0～65 535 个单位时基)
SMD82	双字数据类型:PTO1 脉冲计数值(1～$2^{32}-1$)
SMB566	PTO2 状态

续表 3－7

SM 位号	功　能
SM566.6	PTO2 管道溢出(使用外部包络时,由系统清除,否则必须由用户复位):0＝无溢出,1＝管道溢出
SM566.7	PTO2 空闲:0＝PTO 正在执行;1＝PTO 空闲
SMB567	监视和控制 Q0.0 的 PTO2(脉冲串输出)和 PWM0(脉冲宽度调制)
SM567.0	PTO2/PWM2 更新周期值:1＝写入新周期
SM567.1	PTO2/PWM2 更新脉冲宽度值:1＝写入新脉冲宽度
SM567.2	PTO2 更新脉冲计数值:1＝写入新脉冲计数
SM567.3	PTO2/PWM2 时基:0＝1 μs/刻度,1＝1 ms/刻度
SM567.6	PTO2/PWM2 模式选择:0＝PTO;1＝PWM
SM567.7	PTO2/PWM2 使能:1＝启用
SMW568	字数据类型:PTO2/PWM2 周期值(2～65 535 个单位时基)
SMW570	字数据类型:PWM2 脉冲宽度值(0～65 535 个单位时基)
SMD572	双字数据类型:PTO2 脉冲计数值($1\sim 2^{32}-1$)
SMB86～SMB194	自由通信时通信口 0、1 的接收信息状态寄存器
SMW98	每次检测到扩展 I/O 总线发生奇偶校验错误时,该字的值将加 1。上电和用户写入零时,该字将清零
SMW100～SMW114	CPU、信号板、扩展模块总线插槽配置信息
SMB480～SMW510	数据日志 0 的初始化结果代码

（5）顺序控制继电器（S）

顺序控制继电器 S 是基于顺序功能图 SFC 编程方式,用于将逻辑程序分段,从而实现分段顺序控制。

（6）变量存储器（V）

变量存储器 V 存放全局性变量,可以被主程序、子程序、中断程序寻址使用,西门子的变量存储器 V 既可以存储整数、字符、实数等数据,也可以存放逻辑操作的中间结果。

（7）局部变量存储器（L）

局部变量存储器 L 用于存储局部变量,这些变量仅可被局部程序段(主程序或子程序或中断程序)使用,其他程序段不能寻址使用。西门子 S7－200 SMART 提供了 64 字节的局部变量存储器,这些变量存储器一般用于向子程序传递参数。

（8）定时器（T）

定时器 T 是模拟继电器控制系统中的时间继电器,其工作过程与时间继电器相同,有带电延时闭合型、断电延时断开型及累计定时器。定时器的计时时基(也就是最小计时单位)有 1 ms、10 ms、100 ms 这 3 种。西门子 S7 - 200 PLC 的定时器范围及时基类型见表 3 - 1。

(9) 计数器(C)

计数器 C 用于计数从 I 端输入信号由低变高的个数,它有 3 种计数类型,即加计数器、减计数器、加减计数器。计数器的设定值可以是常数,也可以是变量存储器 V 的值。西门子 S7 - 200 PLC 的计数器地址范围是从 C0～C255。

(10) 累加器寄存器(AC)

累加器 AC 用于暂时存储计算的中间结果,也可以向子程序传递参数或返回参数。西门子 S7 - 200 PLC 有 4 个 32 位累加器,它们分别是 AC0、AC1、AC2、AC3。

(11) 高速计数器(HC)

高速计数器 HC 用于累计高速输入脉冲信号。计数器 C 只能用于计数脉冲频率低于扫描周期的脉冲数,对于输入脉冲频率高于扫描周期的信号的计数只能使用高速计数器 HC。高速计数器当前值的寄存器是 32 位寄存器,读取操作都应以双字方式寻址,高速计数器的当前值是只读寄存器。

(12) 模拟量输入寄存器

模拟量输入寄存器 AI 用于将外部输入的模拟量进行 A/D 转换后形成的 16 位数据存储在 AI 映像寄存器内,以供 CPU 读取,AI 映像寄存器为只读型寄存器。由于 A/D 转换后的数据是 16 位的数据,所以其读取只能以字节 AIWy(如 AIW12、AIW110)的形式整体去读,不能使用其他地址格式来读取。西门子 S7 - 200 SMART PLC 中的 AI 模拟量输入的信号范围是电压输入范围:±10 V、±5 V、±2.5 V;电流输入范围是 0～20 mA。其对应的数字量在 -27 648～+27 648。

(13) 模拟量输出寄存器

模拟量输出寄存器 AQ 可以存放对外输出用于 D/A 转换的 16 位数字量,其地址也采用字节地址 AQWy 形式进行读/写操作,模拟量输出寄存器为可读、写寄存器。西门子 S7 - 200 SMART PLC 中的 AQ 模拟量输出的信号范围是电压:±10 V;电流:0～20 mA,其对应的数字量在 -27 648～+27 648。

西门子 S7 - 200 SMART PLC 中的 AI、AQ 起始地址也是系统自动分配,不是从 0 开始。

3.2　S7 - 200 SMART PLC 编程的基本操作技术

3.2.1　编程界面

启动 STEP 7 - Micro/WIN SMART 编程软件,进入编程软件操作界面如图 3 - 8 所示,其主要分成几个区域:项目树(快捷操作窗口)、菜单栏(有 7 个主菜单)、程序编辑区、快捷工具栏等。

项目树 菜单栏　　　　　　　　　　　　程序编辑区　　　　快捷工具栏

图 3 - 8　西门子 STEP 7 - Micro/WIN SMART 编程软件操作界面

1. 项目树

项目树主要有两部分,一部分是程序项目相关的操作,另外一部分则是编程指令。

西门子的 PLC 编程软件在进入 STEP 7 - Micro/WIN SMART 编程界面后并不要求编程人员选择主机型号、编程语言等相关信息,而是直接进入默认的新建项目编程界面(编程语言默认为梯形图 LAD 语言);尽管这时我们可以进行编程,但这样的编程存在着 CPU 与指令的兼容隐患,也就是说编写的程序可能与硬件不匹配,部分指令硬件不能执行。为避免这类问题,编程人员在新建项目时应首先打开指令树中的 CPU 模块,并在此界面指定 PLC 主机选用 IP 地址,选择新建项目所用主机模块和各种扩展模块。

西门子的 PLC 程序块中有默认的主程序块、子程序块与中断程序块,但是也可以右击程序块,并在弹出的对话框中选择插入的方式、插入更多子程序或中断程序块来满足程序设计要求。

符号表:包含系统定义的变量表、程序组织单元 POU(Program Organizational Unit)表、I/O 点表定义以及用户自定义的变量表。编程人员只有在符号表中对各变量点进行定义,再在编程中使用时才会自动显示其所代表点的含义。对于系统符号,PLC 系统内部已经对其进行了定义,编程人员不需要定义和修改,可以直接引用。

状态图表:由于西门子的 PLC 没有模拟仿真功能来对编程人员所编程序进行验证,只能通过下装到 PLC 后在线实际运行检查。存储器、输入、输出映像寄存器、特殊寄存器、累加寄存器等变量在某一时刻的状态可以通过在状态表中输入其地址的办法来进行实时监控,从而判断程序运行情况。

2. 菜单栏

菜单栏包含有文件菜单、编辑菜单、视图菜单、PLC 菜单、调试菜单、工具菜单及帮助菜单。

文件菜单:文件菜单包括与文件操作相关的新建、打开、关闭、保存、导入、导出(导出、导入命令仅对项目的主程序有效,对子程序、中断程序无效)等命令,与文件传输相关的上传、下载命令,与打印相关的命令以及与保护和库相关的命令。(西门子 S7 - 200 SMART 可以打开大部分 S7 - 200 编辑的程序,但其 DI、DQ 地址与 S7 - 200 的不一致。)

编辑菜单:编辑菜单提供与编辑程序相关的各种命令工具,如插入、删除、复制、粘贴、查找、替换等操作工具。这些命令的功能、用法与 WORD 中的命令类似。

视图菜单:它包含有程序编辑语言选择、开发环境的风格选择、其他辅助窗口的打开与关闭、符号、注释、书签等。

PLC 菜单:PLC 菜单包括与 PLC 的运行状态相关的 RUN、STOP 操作命令,与程序传输相关的上传、下载命令,与外加存储卡相关的命令,与 PLC 寻找及程序比较(主要用于比较 PLC 中存储的程序与上位机编程软件界面中打开的程序是否一致)相关命令、清除用户程序命令、设置时钟命令以及其他辅助命令。

调试菜单:调试菜单用于联机调试,如单个变量的读、写、程序状态、强制变量、撤销强制、运行中编辑、STOP 状态下强制等。

工具菜单:用于调用常用的复杂的指令向导,简化编程操作,

帮助菜单:与国产 PLC 相似,所有 PLC 的帮助内容均可在帮助菜单的帮助索引中找到,可帮助编程人员了解、掌握 PLC 各种编程指令的应用方法、指令的详细解释以及编程流程。

3. 快捷工具栏

快捷工具栏主要显示编程人员常用的工具,如插入分支、插入水平线、插入触点、插入输出线圈、插入指令盒、启动 PLC 运行、停止 PLC 运行、编译程序等操作。

3.2.2　编程界面的操作技术

西门子 S7 - 200 系列的 PLC 型号比较繁杂,各种系列的编程软件有一定的差异,这里以 S7 - 200 SMART 系列的编程界面为例进行讲解。

图 3 - 9 是用 S7 - 200 SMART 编程软件编制的梯形图程序,下面就以此图为例进行讲解。

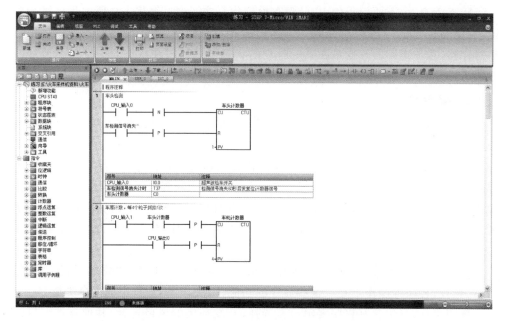

图 3 - 9　西门子 S7 - 200 SMART PLC 梯形图

1. 输入编程元件

在图 3-9 中输入编程元件的方法有 3 种：

方法一：选中将要在梯形图中加入元件的位置（单击要添加元件的位置），点击快捷工具栏（如图 3-10 所示）中的相应元件，如画线、加入触点、输出线圈、指令盒等。如果是本行的第一个开关，则西门子的编程程序也不会自动将开关放置在最左边，而是放在编程人员选择的位置，只是自动插入一个水平线与第一个元件相连。

图 3 - 10　工具栏编程命令快捷按钮

方法二：选中将要在梯形图中加入元件的位置，再选中项目树下指令树中相应的指令并单击"打开"，选择需要的指令加入梯形图，这种操作可以添加 PLC 中所有操作指令。

方法三：选中将要在梯形图中加入元件的位置并右击，在弹出的对话框中选择要添加的元件符号，也可以完成添加节点、画线和添加输出线圈、指令盒。这种输入元件方法还可以插入行、列以及子程序、中断程序等。操作如图 3-11 所示。

2. 修改输入梯形图中的元件属性

如果要修改图 3-11 的 PLC 梯形图中 CPU 输入 1 开关由常闭节点变为常开节点，则选中 CPU 输入 1 节点，双击鼠标并在弹出的对话框中选择常开节点再重新输

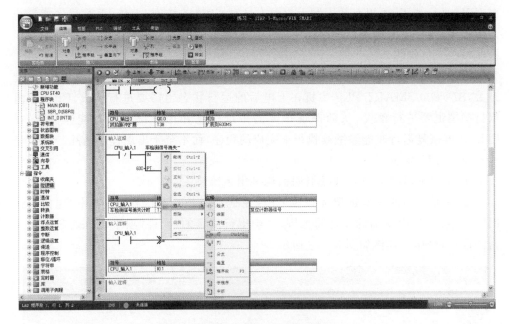

图 3-11　输入编程元件的操作方法之一

入节点参数。如果要改"车检测信号消失"定时器为其他运算指令盒,则右击并在弹出的如图 3-12 所示的级联菜单中选择"插入→方框",则就可以更改运算指令盒。

　　如果要删除某个节点、指令盒,则直接选中该节点、指令盒,按 Delete 键删除即可。

　　在梯形图中复制元件、粘贴元件都采用类似的方法完成。

　　如果要删除一个网络,则先单击网络号选中网路,然后按 Delete 键删除。复制网路、粘贴网络也是采用类似的操作方法实现的。

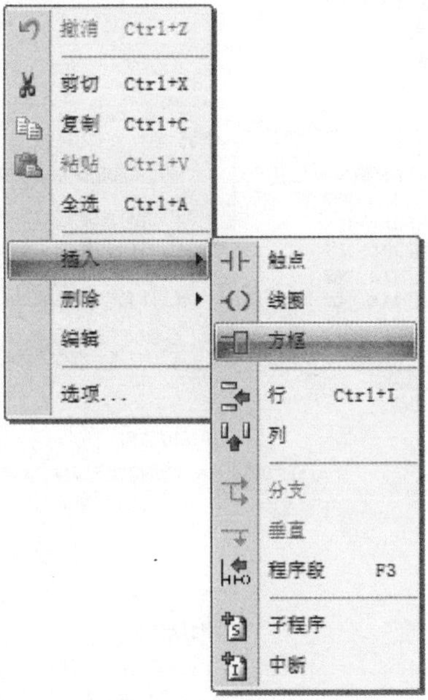

3. 程序加密与解密、停电保持范围及上电时 CPU 的工作方式

图 3-12　梯形图指令更改

　　为防止 PLC 程序被未授权的人员意外改动,从而造成控制系统运行失常,编程人员应该在 PLC 程序下装调试好后对程序进行加密。西门子 S7-200 SMART 程序的加密分 CPU 加密和项目加密。通过

对 CPU 进行加密,可以有效限制无权限人员对 CPU 的访问、上传、下载程序或禁止上传程序,还可以限制通信程序访问的 V 存储区域;通过对项目加密,防止项目程序被非授权人员修改。

由于西门子 S7 – 200 SMART 主机(也称 CPU)没有硬件的“RUN、STOP”拨动开关,S7 – 200 SMART PLC 主机在上电后的运行状态也需要进行预设,CPU 停电保持范围也要进行预设,从而保证重要的系统信息和用户设备状态能够保存,在 CUP 送电恢复运行时能够继续执行未完成的程序,而不至于出现程序错乱。

(1) CPU 加密

① 单击项目树中的 CPU ▦ 图标,则弹出系统块。

② 在系统块的安全选项下设置 CPU 密码,同时也在此选项下选中“通信写访问”项来限制 V 存储器的允许写范围;选中串行端口的“允许”项来允许通过串口无密码读/写操作。具体如图 3 – 13 所示。

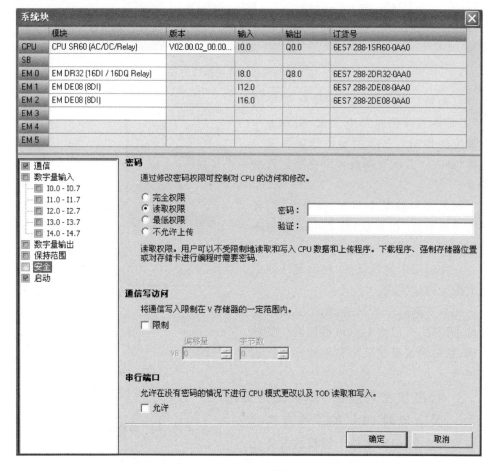

图 3 – 13   系统块

（2）项目加密

西门子 S7-200 SMART 不仅允许编程人员对 CPU 进行加密来限制非授权人员对 CPU 中程序、数据的改动，还可以对已经编辑的程序项目进行加密，防止项目程序的意外修改。

打开需要加密的项目程序，选择"文件→保护项→项目"菜单项，在弹出的对话框中选中"对此项目设置密码保护"项并输入密码（验证：与密码相同）。

西门子 S7-200 SMART 除了允许对程序项目整体加密外，还允许对程序项目中的程序单元 POU 加密：打开需要加密的程序项目，选择"文件→保护项中→POU"菜单项，并在弹出的对话框选中"密码保护此程序块"项并输入密码，还可以选中"使用此密码保护所有 POU"项来保护所有 POU 程序。

（3）对于已经加密的 CPU 或项目解密

对于已经加密的 CPU 或项目，再次读写、上传、下载、编辑等操作时都需要输入正确的密码才能进行操作。如果要对加密的项目解密、删除密码，选择"保护项→项目"菜单项，并在弹出的对话框中取消"对此项目进行密码保护"项，并"确认"即可。

对于已经加密的 POU 程序，打开程序时是不显示加密程序的，如果要显示和编辑当前活动状态的加密程序，则需要再次选择"保护项→POU"菜单项，并在弹出的对话框中输入密码，单击"授权"按钮并确定。也可以在此处删除密码。

对于加密的 CPU 解密，只需要打开需要解密的 CPU，并在设置密码的系统块的安全选项中取消相关的选项即可实现 CPU 的解密。

如果一个 CPU 在设置了密码保护后忘记或遗失了密码，需要更改其程序或数据时，只有使用复位为出厂默认设置的存储卡来清除 PLC 存储器。不过这也就同时清除了 PLC 内的程序、数据块，需要重新为 PLC 下载完整的项目程序。注意，为防止清除和下装程序过程中出现设备误动，应在操作前将 PLC 转 STOP 停止状态，并将 PLC 所控设备的动力电源全部断开，仅保留 PLC 的 CUP 主机工作电源即可；新安装的程序也必须经过调试验证后才能恢复正常运行。

用 SD 存储卡清除 PLC 密码，复位为出厂设置的操作步骤是：

① CPU 切换到 STOP 模式并且 STOP LED 闪烁，断开 CPU 电源，插入复位为出厂默认存储卡。

② 对 CPU 上电。使 CPU RUN/STOP LED 闪烁，直到复位完成（大约 1 s），然后 STOP LED 闪烁，表示复位结束。

③ 断开 CPU 电源，卸下存储卡。

CPU 复位为出厂默认设置的操作对之前的 IP 地址和波特率设置都已清除，但 PLC 内部时钟不受影响。

（4）上位编程计算机与 PLC 主机联机及程序运行情况的在线监视与退出监视

西门子 S7-200 SMART 型 PLC 有 RS485 通信口和网络通信口。如果使用网络通信口与 PLC 连接，则应将上位编程机的 IP 地址设置为与 PLC 同一个网段的地址。西门子 S7-200 SMART 型 PLC 的出厂默认 IP 地址是 192.168.2.1,默认的串口地址是 2,上位机的 IP 地址可以设置为 192.168.2.254。如果一个工程中使用了多台 PLC 主机,各主机应设置为同一网段但不同的 IP 地址、串口地址,以避免通信时的地址冲突。

如果要连接一个未知 IP 地址的 PLC 主机,则应单击项目树中的 ![通信图标],并在弹出界面的网路接口卡选项中选择 TCP/IP(Auto)→Intel(R)82567LM Gigab,再单击"查找 CPU"按钮,于是就可以实现跨网段搜索,找到所有连接的 PLC 主机。

在 PLC 与上位编程机联网的情况下单击 ![图标] 图标,则切换程序为在线监控状态。如果要退出在线监控状态,再次单击 ![图标] 则退出监控状态。单击 ![图标] 按钮,可以暂停 PLC 程序监控。

(5) PLC 程序的启动运行与停止运行

在 PLC 与上位编程机联网的情况下单击 ![图标] 按钮即可将 PLC 由 STOP 状态转 RUN 运行用户程序状态,单击 ![图标] 按钮可停止 PLC 的用户程序运行。

(6) PLC 程序运行中的 I/O 点强制与取消强制

在正常 PLC、DCS 系统中,输入点的变化是根据外部测量信号的变化而变化的,输出点的信号也随内部逻辑的变化而变化;如果因故需要外部点的信号变化不影响内部程序的运行,则需要将输入点人为设置为编程工程人员希望的固定值,这种操作就是强制。不过需要说明的是,一旦输入信号点被强制,则强制点的信号就不再随外部实测信号的变化而变化,这会对 PLC、DCS 下位机程序运行产生不可预测的影响,编程人员需要特别小心使用此功能。强制功能一般用于 PLC、DCS 程序的在线调试或设备检查维护时的短时使用。DCS、PLC 的输出点也可以进行强制,其他内部变量是不能被强制的。

不同厂家的 PLC、DCS 强制功能不尽相同。西门子 S7-200 SMART 型 PLC 的强制操作是在 PLC 在线监视状态下先选中要强制的输入或输出点并右击,在弹出如图 3-14 所示的对话框中选择 ![强制菜单],然后将其设置为 ON 或 OFF,如图 3-15 所示。

图 3-14　强制选择

图 3-15　"强制"对话框

如果要取消点的强制,可以单击快捷工具栏中的全部取消 ![按钮]按钮,解除强制信号。也可以单击需要解除强制的节点再右击鼠标,在弹出的对话框中选择 取消强制,取消单个节点的强制信号。具体如图 3 - 15 所示。

(7) 程序的上传与下载

程序编辑完成后在下载到 PLC 前应进行一次编译,编译结果会显示在输出窗口中,编程人员可以检查程序是否存在语法错误。例如,某程序编译后显示"程序段 6,行 1,列 2:错误 33:(操作数 1)指令操作数的全局符号或局部变量未定义",则表示本程序的网路 6 或称程序段 6 的 1 行 2 列出现一个未定义的变量错误,需要更改。

程序的上传、下载可以单击菜单栏中的上传、下载图标实现,也可以单击快捷工具栏中的 图标来传输程序。需要注意的是,上传或下载指令可以上传、下载全部程序,也可以选择只上传、下载程序块、系统块、数据块等部分程序或数据。

(8) SD 卡的使用

西门子 S7 - 200 SMART PLC 使用的 SD 卡就是普通的存储卡,无须向西门子厂家购买。SD 卡的拔出或插入都必须在 PLC 停电状态操作。如果 PLC 已经连接了设备,则还需要将设备动力系统停电,防止意外事件发生。SD 卡操作完毕,则必须将 SD 卡拔出,PLC 不能带 SD 卡在线运行。

1) 制作复位为出厂设置卡的操作要点

① 把 SD 卡插到读卡器,并把读卡器连接到计算机。

② 用记事本打开 ST_TOD. SYS。

③ 在记事本中输入 RESET_TO_FACTORY 并保存,这样复位为出厂设置卡就制作完成了。

2) PLC 内部操作系统升级操作要点

① 把 SD 卡插到读卡器,并把读卡器连接到计算机,清除 SD 卡的内容。

② 把要升级的文件复制到 SD 卡。

③ 将 SD 卡插入 PLC 的 SD 卡插孔并将 PLC 上电,则 PLC 内部操作系统将自动完成升级文件的读取与安装,完成升级。STOP 灯闪烁时就表示操作系统升级操作已经完成了。

3) 程序文件的传输

程序文件的传输就是把 SD 卡连接到计算机上,打开编辑好的 PLC 程序,用 PLC 菜单下的"设定"指令将程序复制到 SD 卡,然后像操作系统升级一样复制到 PLC 中即可完成程序的传输。

3.2.3　编程步骤

西门子 S7 - 200 PLC 程序文件的编辑与国产 PLC 的类似,也有新建一个程序项目、打开一个程序项目和联机 PLC 从 PLC 中上传程序文件。但其新建一个程序项目的操作与国产 PLC 不同,PLC 编程软件启动后系统自动进入默认的新建项目编程界面,这个新建的程序项目中自动包含一个子程序和一个中断程序。

① 新建项目的硬件配置。

和西门子 S7 - 200 其他系列的 PLC 进行硬件配置不同,S7 - 200 SMART 可以通过在系统块中进行硬件组态来配置程序项目所需要的硬件。PLC 硬件组态可以选择 PLC 的主机 CPU 型号、信号板的类型、展模块的型号和类型。同时,PLC 内部操作系统也通过这个硬件配置来为新建程序项目的各 I/O 端口自动分配地址,无须编程人员干预。

在系统块中,还可以对 PLC 主机的 IP 地址进行修改,以保持与上位机以及网络中的其他设备在同一个网段。同时,也在此设置 RS485 通信口的端口地址和通信波特率。

对于 PLC 主机的 I/O 端口二次滤波参数进行调整,这主要是为适应外部信号的要求。具体操作界面如图 3 - 16 所示。

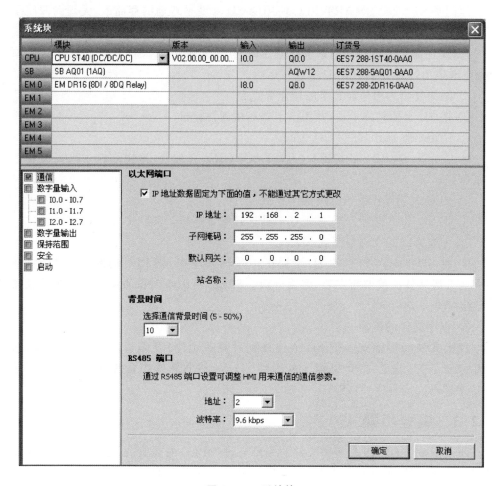

图 3 - 16　系统块

② 编程语言的选择。

PLC 一般默认编程语言为 LAD 梯形图语言,如果要改变项目编程语言,则可以选择菜单栏的"视图"菜单项,并在弹出的对话框中选择编程语言为 STL 语句表语言或 FBD 功能块图语言。不过西门子编辑好的程序可以很方便地在这 3 种语言间进行来回转化。

③ 程序块的定义。

西门子 PLC 新建项目默认的程序块有主程序 MAIN、子程序 SBR_0 和中断程序 INT_0。如果系统自定义的子程序和中断程序不够用,则可以通过单击程序块图标、右击鼠标的办法来插入更多子程序或中断程序。如果对程序块的英文名称显示不满意,则可以在程序块的相应程序块名处像 Windows 改文件名的方法一样修改这些程序块的名称(程序块的属性不可改),从而方便编程人员分类编写程序。

④ 符号表中变量的定义。

符号表中各变量表的名称定义操作与程序块的更改操作类似。变量表中的系统变量(也就是编程界面的系统符号)和 POU 符号已经由编程系统自动定义好了,不能修改;I/O 符号、地址也已经由硬件的连接顺序确定,也不能修改,编程人员只能添加其注释;表格 1 为编程人员自定义变量表,编程人员可以在其符号栏中输入变量的中文名称,在地址栏中输入 PLC 内部变量的地址(如 V1900.1、T38、M0.1),注释栏中填入注释。图 3-17 所示的符号表为某工程实际应用的自定义变量表。

图 3-17　自定义变量表

⑤ PLC 控制逻辑程序的编制。

⑥ PLC 程序的检查。

由于西门子 PLC 的编程软件没有仿真功能,只能通过第三方的仿真软件来仿真运行,而第三方的仿真软件与西门子软件的指令兼容性存在差异,部分 PLC 程序功能在仿真程序上不能被正确演示,所以,西门子的 PLC 程序软件只能通过下载到 PLC 实际运行来进行调试和验证。为保证我们下载到 PLC 中的程序没有语法错误,在 PLC 程序编好后应先进行编译操作,任何一个程序块都正确,无错误和报警后再下载到 PLC 中。

⑦ PLC 程序的现场调试。

3.3　西门子 PLC 的编程指令

由于西门子 S7 - 200 SMART 编辑好的程序可以很方便地在 LAD 梯形图语言、STL 语句表语言和 FBD 功能块图语言间来回转换,这里就以 LAD 梯形图语言编程为例进行重点讲解。

和国产海为的 PLC 相同,西门子的大部分功能块指令中设计有使能输入 En 和使能输出 Eno 端口。对于一个带输入使能 En 端口和使能输出 Eno 端口的 PLC 指令,当 En 的输入端为 ON 时,该功能指令块被执行,否则就不执行;当功能指令块指令被正确执行时,其使能输出端 Eno 变为 ON,如果指令块的执行有错误,则 Eno 为 OFF 状态;当 En 为 OFF 状态,则 Eno 也为 OFF 状态。西门子的使能输出 Eno 端在梯形图程序中可以接在其他指令块的使能输入 En 端口。

3.3.1　编程节点

西门子的编程节点也称为"位逻辑指令",相当于普通继电器逻辑电路的节点、触点,包含:

① -||- 节点在 LAD、STL 指令中用作常开节点,其输入参数可选。在 FBD 指令中用作使能位,其输入参数可选 I、Q、M、SM、T、C、V、S、L。

② -|/|- 节点在 LAD、STL 指令中用作常闭节点,其输入参数可选 I、Q、M、SM、T、C、V、S、L。在 FBD 指令中用作使能位,其输入参数可选 I、Q、M、SM、T、C、V、S、L。

③ -|I|- 节点是即时常开指令。即时指令执行时,指令直接获取实际输入值,但不更新其进程映象寄存器。即时节点不依赖 S7 - 200 SMART 的扫描周期进行更新,而会立即更新。

在 LAD 梯形图编程语言中,即时打开和即时关闭指令用触点表示。

在 FBD 功能块图中,即时打开指令先用常开节点代替,操作如图 3 - 18 所示,右击要修改的点,则在弹出的界面中选择"切换立即",即可将常开节点转换为立即节点。

在 STL 中,即时打开触点用立即载入、立即 AND(与)和立即 OR(或)指令表示。这些指令立即将实际输入值载入、AND(与)或 OR(或)至堆栈顶部。

④ -|/I|- 节点是即时常闭指令,使用、操作方法与立即常开相似。

⑤ P 上升沿有效指令,本指令前面的逻辑总体运算结果取上升沿有效,无参数。

⑥ N 下降沿有效指令,无参数。对于在 RUN(运行)模式中编辑程序,必须为"正向转换"和"负向转换"指令输入一个参数。

⑦ NOT 指令,本节点前面的逻辑运算结果取反。

⑧ <=B、==B、<B、<>B、>=B、>B:无符号字节比较指令,其输入参数可

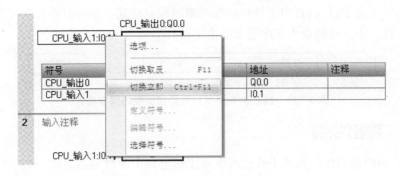

图 3-18　功能块图中的即时指令输入

选 IB、QB、MB、SMB、VB、SB、LB、AC，常数。若 IN1 与 IN2 比较结果符合条件，则指令输出结果为真，在梯形图指令中常开节点接通；在 FBD 中，比较为真实时，输出打开；在 STL 中，比较为真实时，1 位于堆栈顶端，指令执行载入、AND（与）或 OR（或）操作。如果本指令填入非法间接地址或非法实数，则会使 PLC 立即停止执行程序。

⑨　<=D、==D、<D、<>D、>=D、>D：带符号双字节整数比较指令，其输入参数可选 ID、QD、MD、SD、SMD、VD、LD、HC、AC、常数。如果本指令填入非法间接地址，则会使 PLC 立即停止执行程序。

⑩　<=R、==R、<R、<>R、>=R、>R：带符实数比较指令，其输入参数可选 ID、QD、MD、SD、SMD、VD、LD、AC、常数。

⑪　<=I、==I、<I、<>I、>=I、>I：带符号整数比较指令，其输入参数可选 IW、QW、MW、SW、SMW、T、C、VW、LW、AIW、AC、常数、* VD、* LD、* AC。如果本指令填入非法间接地址或非法实数（如 NAN，比较实数指令），则会使 S7-200 SMART 立即停止执行程序。

⑫　==S、<>S：字符串比较指令，比较 IN1、IN2 两个输入的 ASCII 字符串；如果比较为真，则输出常开节点接通。其中，IN1 输入可选参数是 VB、常数字符串、LB、* VD、* LD、* AC；IN2 输入可选参数是 VB、LB、* VD、* LD、* AC。如果输入地址错误或字符串长度超过 254 个字符，则字符串的起始地址和长度无法放入一个指定的内存区（比较字符串指令），于是会使 S7-200 SMART 立即停止执行程序。为了防止出现此类条件，须务必在执行使用此类数值的比较指令之前以适当的方式核实为 ASCII 字符串保留的缓冲区，于是可完全放置在指定的内存区中。无论使能位状态如何，比较指令均会执行。

ASCII 常数字符串数据类型的格式：字符串是一系列字符和对应的内存地址，每个字符作为一个字节存储。字符串的第一个字节是定义字符串长度（即字符数）的整数。如果常数字符串被直接输入程序编辑器或数据块，那么该字符串必须用双引号表示字符起始和结束，如字符串常数。

图 3-19 是 PLC 内存中字符串数据类型的保存格式。字符串的长度可以是 0～254 个字符。字符串的最大长度是 255 个字节(254 个字符加上长度字节)

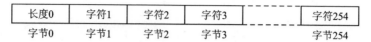

长度0	字符1	字符2	字符3		字符254
字节0	字节1	字节2	字节3		字节254

图 3-19   PLC 内存中字符串数据类型的保存格式

3.3.2   输出线圈

PLC 中的输出线圈相当于普通继电器逻辑电路中的继电器线圈,其只能接在逻辑电路的最右侧,且其后不能再接任何元件。

(1) 一( )输出指令

一( )输出指令将输出的位的新数值写入过程映像寄存器,其可选参数是 Q、M、SM、I、T、C、V、S、L。在 LAD 和 FBD 中,当输出指令被执行时,S7-200 将过程映像寄存器中输出的位打开或关闭。对于 LAD 和 FBD,指定的位被设为等于使能位。在 STL,位于堆栈顶端的数值被复制至指定的位。(虽然西门子的 PLC 输出线圈的可选参数中有 I、T、C,但为防止程序出现错误,这 3 个参数不要在此处使用。)

(2) 一(I)立即输出指令

一(I)立即输出指令,将新值写入实际输出和对应的过程映像寄存器位置。执行立即输出指令时,实际输出点(位)被立即设为等于使能位。I 表示立即引用;执行指令时,新值被写入实际输出端口和对应的过程映像寄存器。这与非立即输出指令不同,非立即输出指令仅将新值写入过程映像寄存器。对于 STL,指令立即将位于堆栈顶端的数值复制至指定的实际输出位(STL)。

(3) 一(R)复位指令

一(R)复位指令从指定的位地址开始,复位(也就是置 0)N 个点,N 的大小在 1～255,其可选的指定地址是 I、Q、M、SM、T、C、V、S、L(I 参数在此尽量不要用,除非能够确定此 I 端口没有对外接线使用),其可选的复位数量参数可以是 VB、IB、QB、MB、SMB、SB、LB、AC、常数、*VD、*AC、*LD。如果复位指令指定一个定时器位(T)或计数器位(C),则指令复位定时器或计数器位输出线圈,并清除定时器或计数器的当前值。

(4) 一(S)置位指令

一(S)置位指令从指定的位地址开始,置位(就是置 1)N 个点。其指定地址可选 I、Q、M、SM、T、C、V、S、L(I 参数在此尽量不要用,除非能够确定此 I 端口没有对外接线使用或确实需要强制此 I 点);其可选的置位数量参数可以是 VB、IB、QB、MB、SMB、SB、LB、AC、常数、*VD、*AC、*LD。如果置位指令指定一个定时器位(T)或计数器位(C),则指令复原定时器或计数器开关量输出位,并清除定时器或计数器的当前值。

例如,图 3-20 的梯形图所表达的意义就是当 I0.2 节点闭合后将 Q0.0 开始的 8 位输出全部置 1,也就是 Q0.0～Q0.7 都置位成 1 闭合状态。

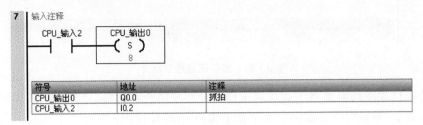

图 3-20　梯形图示范 1

(5) —$\left(\begin{smallmatrix}\text{bit}\\ \text{SI}\\ N\end{smallmatrix}\right)$、—$\left(\begin{smallmatrix}\text{bit}\\ \text{RI}\\ N\end{smallmatrix}\right)$ 立即置位(SI)和立即复位(RI)指令

立即置位或立即复位从指定地址开始的 N 个点,N 的大小在 1～255。I 表示立即引用,执行指令时,新值被写入实际输出点和相应的过程映象寄存器位置。这与非立即指令不同,非立即指令只将新值写入过程映象寄存器。其指定的起始目标地址是 Q,其可选的置位、复位数量参数可以是 VB、IB、QB、MB、SMB、SB、LB、AC、常数、*VD、*AC、*LD。

(6) —(DISI)禁止中断指令

即全局性禁止所有中断事件进程。转换至 RUN(运行)模式时,中断开始时被禁止。一旦进入 RUN(运行)模式,则可以通过执行全局中断允许指令来启用所有中断进程。执行中断禁止指令会禁止处理中断,但是现有中断事件将继续列队等候。

(7) —(ENI)中断允许指令

也就是开放中断指令,全局性启用所有中断事件进程。

(8) —(END)程序有条件结束指令

有条件 END 指令基于前一逻辑条件终止当前扫描,可在主程序中使用有条件 END 指令,但不能在子例程或中断例程中使用。

(9) —(STOP)有条件停止运行指令

当本指令被执行后,PLC 将由运行状态转为停止状态。如果在中断程序中执行 STOP 指令,则中断程序将立即终止,所有挂起的中断将被忽略。当前扫描周期中的剩余操作已完成,包括执行主用户程序。从 RUN 到 STOP 模式的转换是在当前扫描周期结束时进行的。

例如,图 3-21 所示梯形图程序中,当检测到有 I/O 故障时停止 PLC 程序执行。

(10) —(JMP)跳转指令

即程序跳转至指定标签(n)处执行。跳转接受时,堆栈顶值始终为逻辑 1。标签指令标记跳转目的地(n)的位置。可选参数 N 是常数,取值范围 0～255。跳转指令不允许从主程序跳转至子程序或中断例行程序中的标签;与此相似,也不能从子程序

图 3 - 21　梯形图程序示例 2

或中断例行程序跳转至该子程序或中断例行程序之外的标签。可以在 SCR 段中使用跳转指令,但对应的标签指令必须位于相同的 SCR 段内。

—(JMP)指令必须与 LBL 标号指令同时使用,否则 JMP 指令将找不到跳转的目标地址。

—(JMP)指令示例如图 3 - 22 所示。当 CPU 的输入 I0.2 闭合时,则不再执行网路 2 的程序指令,而是去执行网路 3 后的程序。

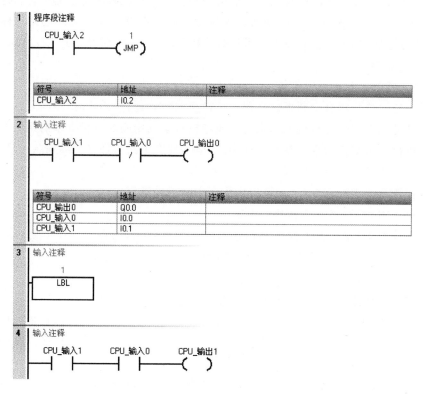

图 3 - 22　示例程序 3

(11) —(NEXT)FOR 指令循环结束标记

执行本指令将堆栈顶值设为 1。FOR 指令与 NEXT 指令成对使用。

（12）—(WDR)看门狗复位指令

重新触发 S7 - 200 SMART CPU 的系统监视程序定时器,扩展扫描允许使用的时间而不会出现看门狗错误报警。

西门子 PLC 的 CPU 处于 RUN 模式时,默认状态下,用户程序扫描的持续时间限制为 500 ms。如果主扫描的持续时间超过 500 ms,则 CPU 自动切换为 STOP 模式,并发出非致命错误 001AH(扫描看门狗超时)报警。编程人员可以在程序中设置看门狗复位(WDR)指令来延长主扫描的持续时间。每执行一次 WDR 指令,则看门狗定时器都会清一次零,从而延长用户程序扫描周期 500 ms。但是,用户程序扫描的最大绝对持续时间为 5 s,如果当前扫描持续时间达到 5 s,则 CPU 无条件地切换为 STOP 模式。

使用看门狗复位指令时应当小心。如果使用循环指令阻止扫描完成或严重延迟扫描完成,则下列程序只有在扫描周期完成后才能执行:

➢ 通信(自由端口模式除外);

➢ I/O 更新(立即 I/O 除外);

➢ 强制值更新;

➢ SM 位更新(不更新 SM0、SM5～SM29);

➢ 运行时间诊断程序;

➢ 10 ms 和 100 ms 定时器对于超过 25 s 的扫描不能正确地累计时间。

➢ 用于中断例行程序时的 STOP(停止)指令。配备离散输出的扩充模块还包括看门狗定时器,如果模块未被 S7 - 200 SMART 写入,则监视程序定时器会关闭输出。对每个配备离散输出的扩充模块使用立即写入,在扩展扫描时间期间使正确的输出保持打开。

（13）—(RET)从子程序有条件返回主程序指令,无参数

该指令根据前一个逻辑终止子程序,从子程序有条件返回主程序。

Micro/WIN 自动为每个子程序增加从子程序无条件返回指令,且不在程序编辑器的子程序 POU 标记显示的程序逻辑中显示。

（14）—(RETI)从中断指令有条件返回指令

其可根据先前逻辑条件有条件从中断返回。

Micro/WIN 自动为每个中断例行程序增加一个无条件返回,所以,只有在有条件不必执行完成全部中断程序,并允许提前返回主程序的中断程序中才使用—(RE-TI)指令。

（15）—(NOP)空操作指令

没有任何实际操作,只是徒然增加 PLC 程序扫描时间,此指令有时也可以用作短时非精确延时指令。空操作指令的可选参数是 0～255 之间的一个常数。

3.3.3 计数器指令

计数器是对由外部输入的脉冲进行计数,当计数器检测到的输入脉冲数达到计数器的设定值时,计数器的输出节点动作,从而完成相应的控制。西门子 S7－200 PLC 提供了 4 种类型的计数器,分别是 CTU(Counter UP)加计数器、CTD(Counter Down)减计数器、CTUD(Counter Up/Down)加减计数器以及高速计数器。

1. CTD 减计数器

本指令从当前值向下计数。当计数的前值 Cxxx 等于 0 时,计数器将停止计数且计数器的输出开关位(Cxxx)常开节点闭合。

当计数器的(LD)复位位接通时,计数器复位,计数器的输出开关位(Cxxx)断开,且用预设值(PV)载入当前值。

计数器的地址范围是 Cxxx＝C0～C255。

计数器的 CD 计数信号输入端可选输入是 I、Q、M、SM、T、C、V、S、L。

LD 是计数器复位信号输入端,本端脉冲信号有效。LD 信号有效后清除计数器的当前计数值,允许新一轮计数开始。其可选输入是 I、Q、M、SM、T、C、V、S、L。

PV 是计数器的设定值,其可选输入是 VW、IW、QW、MW、LW、SMW、AC、T、C、AIW、常数(整数),CTD 是计数器的当前值。图 3－23 是减计数器的梯形图指令程序,图 3－24 是减计数器指令执行的时序图。

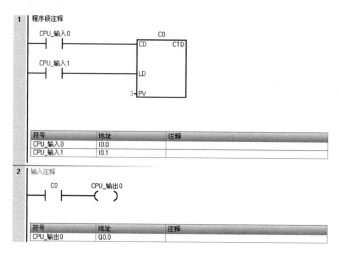

图 3－23 减计数器的梯形图指令程序

2. CTU 加计数器指令

CTU 加计数器指令从当前值向上计数。CU 是其计数脉冲输入端,R 是计数器当前值复位输入端,PV 是计数设定值。这 3 个输入的可选参数同减计数器的相应参数。CTU 是计数器的当前值。

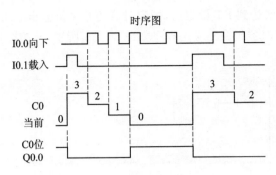

图 3 - 24　减计数器指令执行的时序图

3. CTUD 加、减计数器

本计数器指令有 4 个输入端,CU 加计数信号输入端,当加信号输入端有上升沿信号时,则计数指令向上计数;CD 减计数信号输入端,当减信号计数端有上升沿信号输入时,则计数器向下计数。加计数达到最大值(32 767)时,则位于向上计数输入位置的下一个上升沿,将使当前值返转为最小值(-32 768)。在减计数达到最小值(-32 768)时,位于向下计数输入位置的下一个脉冲的上升沿,使当前计数返转为最大值(32 767)。当计数器的计数值 Cxx 大于或等于预设值 PV 时,计数器的开关量输出位 Cxx 常开节点闭合,否则,计数器的开关量输出位关闭。当复位端 R 输入接通时执行复位指令,计数器被复原。

计数器的地址范围是 Cxxx=C0～C255。

CU、CD 输入的可选参数是 I、Q、M、SM、T、C、V、S、L(开关量);

R 复位指令输入参数是 I、Q、M、SM、T、C、V、S、L(开关量);

PV 设定参数可以是 VW、IW、QW、MW、LW、SMW、AC、T、C、AIW、常数(整数)。

西门子 S7 - 200 SMART PLC 低速计数器的计数上限频率是 PLC 的扫描周期和二次滤波限制频率中的低值,超过这个值就出现脉冲扑捉不全,从而导致计数器漏计和计数不准。

西门子高速计数器控制指令及其编程参见 S7 - 200 SMART 帮助文件及海为 PLC 的高速计数指令编程。

3.3.4　定时器指令

定时器指令有 TON、TOF、TONR。

1. TON 指令

TON 指令是得电延时闭合,断电瞬时断开指令。当 TON 指令的 IN 输入端为 1 时。定时器开始计时,如果计时值没有达到 PT 设定计时值时 IN 端就变为 0,则立即复位当前计时值为 0,并保持定时器的输出开关为断开状态。如果在 IN 输入端为

1时定时器的计时值达到 PT 设定值,则定时器的开关量输出端闭合。

通电延时型定时器指令的应用程序如图 3-25 所示,其指令应用程序的时序图如图 3-26 所示。

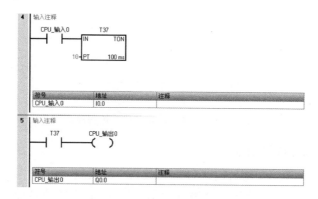

图 3-25 TON 指令应用程序

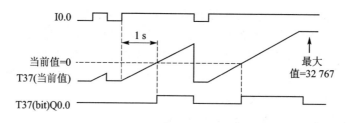

图 3-26 TON 指令应用程序时序图

2. TOF 指令

TOF 指令是得电瞬时闭合,断电延时断开指令。当 TOF 指令的 IN 输入端由 1 变为 0 时,定时器开始计时。如果计时值没有达到 PT 设定值时 IN 输入端就变为 1,则立即复位当前计时值为 0,并保持定时器的输出开关为接通状态。如果在 IN 输入端为 0 后定时器的计时值达到 PT 设定值,则定时器的开关量输出端断开。

3. TONR 指令

TONR 指令是保持性或称为累计型得电延时闭合指令。当 TONR 指令的 IN 输入端由 0 变为 1 时,定时器开始计时。如果计时值没有达到 PT 设定值时 IN 端就变为 0,则计数器的当前计时值保持不变;当 IN 端再次变为 1 时,定时器再次继续计时,直到计时值达到 PT 设定值,其输出开关转变为接通状态。TONR 指令的输出端接通变为 1 后,只有用复位指令复位 TONR 后其指令才能再次进行计时。累计型定时器的应用程序如图 3-27 所示,其时序图如图 3-28 所示。

西门子的定时器号与时基的对应关系如表 3-8 所列。

注意,不同分辨率定时器的当前计时值的刷新周期是不同的。

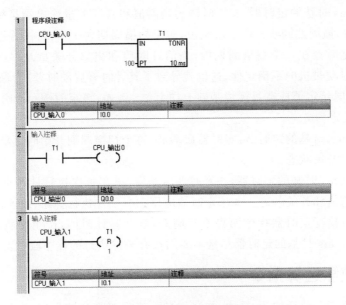

图 3 - 27　TONR 指令应用程序

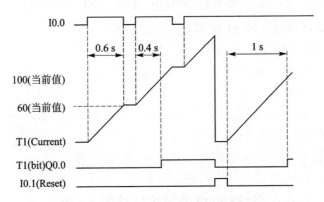

图 3 - 28　TONR 指令应用程序时序图

表 3 - 8　西门子的定时器号与时基的对应关系表

定时器类型	分辨率(计时时基)	最大计时值/s	定时器号
TON、TOF	1	32.767	T32、T96
	10	327.67	T33~T36、T97~T100
	100	3 276.7	T37~T63、T101~T255
TONR	1	32.767	T0、T64
	10	327.67	T1~T4、T65~T68
	100	3 276.7	T5~T31、T69~T95

对于 1 ms 时基的定时器,其定时器的当前值和其开关量输出端是每 1 ms 刷新 1 次,并不和扫描周期同步。这也就是说,对于扫描周期大于 1 ms 的程序来讲,1 ms 计时时基的定时器在一个扫描周期内,当前计时值和出口开关量是多次刷新了的。由于定时器启动时机的不确定性,这也就导致了其计时有启动时差;为保证定时器的定时精度,定时给定值应在目标值基础上加上 1。例如,想定时 5 ms,则定时器的设定值 PT 应设定为 6。

对于 10 ms 时基的定时器,定时器启动后,每个扫描周期开始时更新一次计时的当前值和出口开关状态。

对于 100 ms 时基的定时器,在定时器启动后,只在每次执行计时指令时才刷新定时器的当前值和开关状态。如果定时器应用在有条件执行程序(或子程序)段内就有可能因没有执行定时器指令而得不到刷新,就会漏计时间,产生比较大的计时误差。所以,100 ms 时基的定时器尽量不要用在有条件执行的程序段中。

3.3.5 数学运算指令

数学运算指令包括加法、减法、乘法、除法、产生双整数的乘法、产生余数的整数除法、三角函数、自然对数、自然指数、平方根、递增、递减、PID 运算。

1. 整数加法指令(16 位整数加法)(见图 3-29)

EN:使能输入信号,EN=ON 时执行指令块。

ENO:开关量,使能输出信号。指令块被正确无误地执行后 ENO=1,否则,ENO=0。

IN1、IN2:16 位整数,可选参数有 IW、QW、VW、MW、SMW、SW、T、C、LW、AC、AIW、常数。

图 3-29 整数加法指令

OUT:16 位整数,可选参数有 IW、QW、VW、MW、SMW、SW、LW、T、C、AC、*VD、*AC、*LD。

2. 双整数加法指令(32 位整数加法)(见图 3-30)

EN:使能输入信号,EN=ON 时执行指令块。

ENO:开关量,使能输出信号。指令块被正确无误地执行后 ENO=1,否则,ENO=0。

IN1、IN2:32 位整数,可选参数有 ID、QD、VD、MD、SMD、SD、LD、AC、HC、常数。

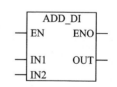

图 3-30 双整数加法指令

OUT:32 位整数,可选参数有 ID、QD、VD、MD、SMD、SD、LD、AC、*VD、*LD、*AC。

3. 实数加法(32 位实数加法)(见图 3-31)

IN1、IN2:32 位实数,可选参数有 ID、QD、VD、MD、SMD、SD、LD、AC、HC、*VD、*LD、*AC、常数。

OUT:32 位实数,可选参数有 ID、QD、VD、MD、SMD、SD、LD、AC、HC、* VD、* LD、* AC。

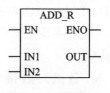

图 3 - 31　实数加法

【例 3 - 1】　图 3 - 32 是个加法程序。程序首次运行时清空 VB0、VB1 存储器,当 I0.0 闭合时,则将 VW0 中的数据加 5 并保存在 VW0 中,这样就实现了对 I0.0 闭合次数的成比例累计计数。

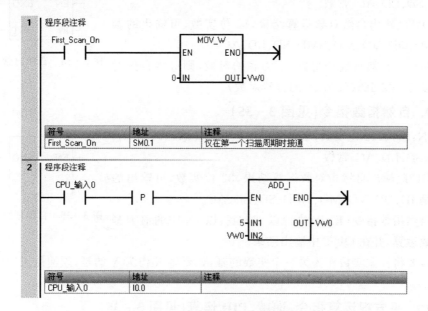

图 3 - 32　ADD_I 加法指令的应用程序

4. 减法指令

其包含有整数减法、双整数减法及实数减法 3 种。

5. 乘法指令

其包含有整数成法、双整数乘法及实数乘法 3 种。

6. 除法指令

其包含有整数除法、双整数除法及实数除法 3 种。

减法、乘法、除法指令的使用与加法指令的应用条件及方法相似。

7. 三角函数(见图 3 - 33)

三角函数指令与数学的三角函数相同,有正弦(SIN)、余弦(COS)和正切(TAN)指令。PLC 中计算输入角度值均以弧度为单位,如果不是弧度,则需要自行编程将角度转换为弧度。

IN:输入,32 位实数,可输入的参数是 ID、QD、VD、MD、

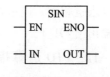

图 3 - 33　三角函数

SMD、SD、LD、AC、常数。

OUT:输出正弦运算结果,32 位实数,可输出的参数是 ID、QD、VD、MD、SMD、SD、LD、AC。

8. 自然对数指令(见图 3 - 34)

IN:输入,32 位实数,可输入的参数是 ID、QD、VD、MD、SMD、SD、LD、AC、常数。

OUT:输出自然对数运算结果,32 位实数,可输出的参数是 ID、QD、VD、MD、SMD、SD、LD、AC。

要想从自然对数获得以 10 为底的对数,则应将自然对数除以 2.302 585(约为 10 的自然对数)。

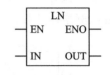

图 3 - 34　自然对数指令

9. 自然指数指令(见图 3 - 35)

IN:输入,32 位实数,可输入的参数是 ID、QD、VD、MD、SMD、SD、LD、AC、常数。

OUT:输出自然指对数运算结果,32 位实数,可输出的参数是 ID、QD、VD、MD、SMD、SD、LD、AC。

自然指数指令(EXP)执行以 e 为底,以 IN 中的值为幂的指数运算,并在 OUT 中输出结果。

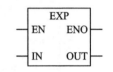

图 3 - 35　自然指数指令

若要将任意实数作为另一个实数的幂,如要将 X 作为 Y 的幂,须使用 EXP(Y * LN(X))。

10. 平方根运算指令、递减、PID 运算(见图 3 - 36)

IN:输入,32 位实数,可输入的参数是 ID、QD、VD、MD、SMD、SD、LD、AC、常数。

OUT:输出平方根运算结果,32 位实数,可输出的参数是 ID、QD、VD、MD、SMD、SD、LD、AC。

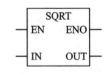

图 3 - 36　平方根运算指令

11. 递增指令(见图 3 - 37)

IN:输入,8 位整数,可选的输入参数是 IB、QB、VB、MB、SMB、SB、LB、AC。

OUT:输出,8 位整数,可选的输入参数是 IB、QB、VB、MB、SMB、SB、LB、AC。

递增、递减指令有字节、字、双字递增、递减指令,应用参数要求也相同。递增指令就是在 EN 有效时将 IN 输入加 1 后输出给 OUT。

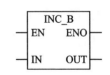

图 3 - 37　递增指令

12. PID 运算指令(见图 3 - 38)

TBL:回路表起始地址,可选的地址是 VB。

LOOP：回路号，可填入的数据是 0～7。

与国产海为 PLC 的 PID 编程指令不同，西门子 PLC 的 PID 运算指令有两个输入参数，分别是回路表起始地址 TBL 和回路号 LOOP。这个指令仅仅是个 PID 运算的启动指令，PID 运算、参数整定、信号输入、输出均在回路表 TBL 中进行；同时，为了保证 PID 运算和输出的连贯平稳

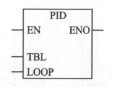

图 3 - 38　PID 运算指令

性，必须将 PID 指令安排在由定时器控制的主程序或中断程序中，这个定时时间是西门子回路表 TBL 中的采样时间。回路表中初始参数的导入则在子程序中完成。

西门子 PLC 中 PID 指令回路表起始地址是 VB，可用的回路号是 0～7，共 8 个；超过 8 个回路的 PID 控制只能通过增加 CPU 和 PLC 主机的形式来满足应用设计。

如果 PID 运算回路不需要积分运算，则应使积分时间 $T_i = \infty$，则这时的积分系数 $K_i = K_p T_s / T_i = 0.0$。注意，由于积分和 MX 存在厂家的制造初始值，即使没有积分运算，积分项的数值也不为 0。

如果 PID 运算回路不需要微分运算，则应使微分求导时间 $T_d = 0$，微分系数 $K_d = K_p T_d / T_s = 0.0$。

如果在 PID 运算中不需要比例运算，则必须进行积分 I 控制或积分、微分 ID 控制，这时应将回路增益系数 K_c 设定为 0.0，这时的比例系数 $K_p = 0.0$。这个回路增益系数也是计算积分、微分的公式内的系数，这将影响积分和微分的正常运算，因而，K_c 取 0.0 时 PLC 的 PID 系统算法中将自动把积分、微分运算回路的回路增益 K_p 取为 1.0，这时 $K_i = T_S / T_i$、$K_d = T_d / T_s$。

如果增益为正，则 PID 的输出为正作用；增益为负，则是反作用输出。对于增益为 0 的积分或积分微分控制，将积分及求导时间设定为正值，则输出为正作用；将其设置为负值，则产生反作用输出。

对于西门子 PLC 的 PID 运算，其给定值、反馈输入值（过程变量）、PID 运算的输出值均是在 0.0～1.0 之间的实数值；而来自现场的给定值、反馈值以及到现场的控制信号均是 16 位带符号的整数工程值。PID 运算并不对这些实数值与工程值之间的比例关系进行转换，这需要编程人员在 PID 程序之外进行相应的编程转换，从而使来自现场实测的 AIW 符合 PID 运算要求。对于由 PID 输出到 AQW 的信号也必须另外设计程序进行线性变换，转换成符合 AQW 输入数字的要求。

将来自现场的整数形式的给定、反馈值转换为 PID 能够接收的实数值需要分两步进行：

第一步，将来自 AIW 模拟量单元 A/D 转换的实际的工程值转化为实数值，其程序如图 3 - 39 所示。

第二步，将转化后的实数缩小为 PID 允许的标准值 0.0～1.0。转换公式是：$R_{norm} = (R_{raw} / S_{pan}) + \text{Offset}$。式中，$R_{norm}$ 是转化为 PID 标准值的工程输入值；R_{raw} 是第一步工程值转化的实数值；S_{pan} 是 AIW 的满量程值，对于单极性测量值，其为

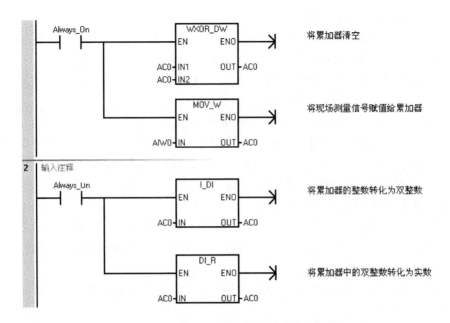

图 3 – 39　将 AIW 的工程值转化为实数值

32 000,对于双极性测量值,其为 64 000;Offset 是标度变换偏移量,单极性测量值为 0.0,双极性测量值为 0.5。第一步转化后的实数值标准化程序如图 3 – 40 所示。

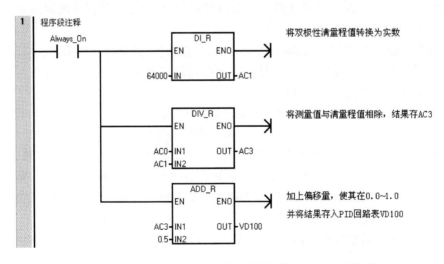

图 3 – 40　实数转化为 PID 指令时能接收的 0.0～1.0 实数值

　　PID 回路输出的标准值是 0.0～1.0 的实数,要转化为 AQW 能接收的 16 位整数值,这个过程是 PID 给定值和反馈值转化的逆向转换过程。其转换程序如图 3 – 41 所示。

　　西门子 PLC 的 PID 控制参数回路表的起始地址 VB 并不固定,而是由编程人员

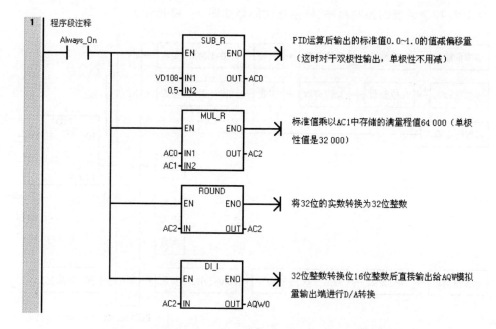

图 3 - 41　PID 输出的标准值转换为 AQW 接收的整数值程序

指定的,但控制参数回路表中各参数的排列顺序却是固定和明确的。只有按正确的排列顺序设置各参数,PID 才能够正确运算和输出。PID 控制参数回路表中各参数的定义如表 3 - 9 所列。

表 3 - 9　PID 控制参数回路表

偏　移	变量名	格　式	类　型	变量说明
0	过程变量 PVn	REAL	输入	过程变量也就是反馈值,其值必须标定在 0.0~1.0 之间
4	设定值 SPn	REAL	输入	设定值就是 PID 的目标值,其值必须标定在 0.0~1.0 之间
8	输出 Mn	REAL	输入/输出	PID 运算后对外的输出,手动时的输出也要填入此单元中,其值在 0.0~1.0 之间
12	增益 K_c	REAL	输入	比例常数,可以是正数或负数
16	采样时间 T_s	REAL	输入	采样时间就是 PLC 进行 PID 运算控制时刷新输入、输出的时间,单位为 s;一般为反馈信号变化周期的 0.2 倍,必须是正数
20	积分时间 T_i	REAL	输入	积分时间,单位为 min
24	微分时间 T_d	REAL	输入	微分时间,单位为 min
28	积分项前值 MX	REAL	输入/输出	偏置,介于 0.0~1.0 之间
32	前一过程变量 PVn-1	REAL	输入/输出	上次执行 PID 指令时存储的当时的过程变量值

PID 控制系统的控制程序、数据连接原理如图 3-42 所示。

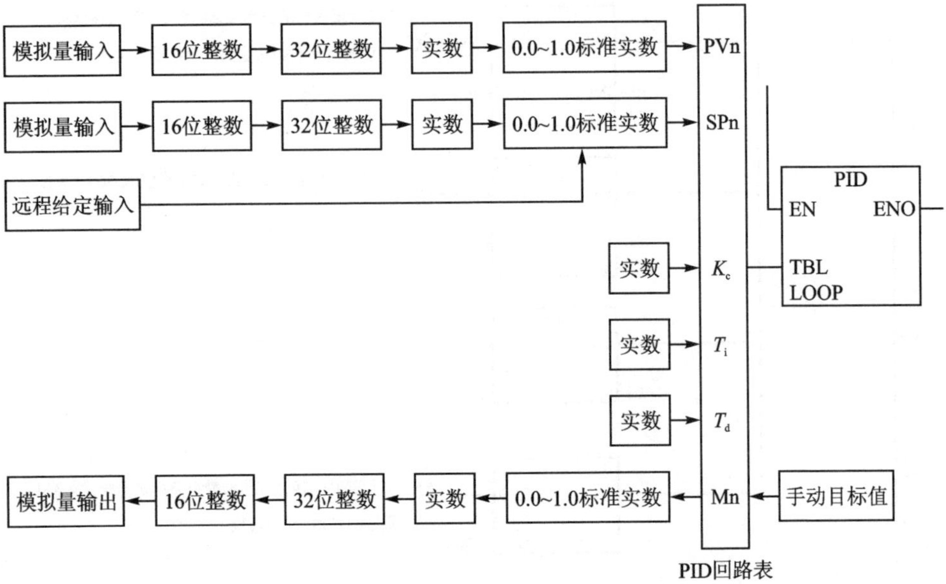

图 3-42　PID 控制系统的控制与程序、数据连接原理

可见，PID 控制系统中的给定值 SPn 输入有两路，一路是经过 AIW 端口输入的模拟给定值，这个值与反馈 PVn 来源处理相同，也必须经过转换后变成 0.0~1.0 的标准值输入到回路表中；另外一路是可以通过上位机或设备的智能控制操作面板来输入的标准值，这个值限制在 0.0~1.0 的范围，不需要进行转换就可以直接输入回路表。这两种给定方式只能选一种使用，不可混用。为了保持 PID 自动与手动的无扰切换，在切换为自动前应将手动的目标值输入到回路表的输出 Mn 位置，而自动切为手动前也应将自动输出 Mn 值输入手动目标值存储单元。

PID 指令的编程分成三部分：

第一部分在主程序中，其任务是调用 PID 初始化子程序。

第二部分是子程序部分，这部分就是给 PID 回路表中的 K_c、T_s、T_i、T_d 参数赋值，给 PID 运算设定中断定时器，并开放中断以及在手动状态时控制 PID 的输出。

第三部分是中断程序，这部分的任务是把模拟输入端口输入的 16 位整数给定和反馈进行标准化转化、启动 PID 运算、将 PID 的标准化输出再转换成模拟量输出端口能接收的 16 位整数。

手动状态的输出可以放在子程序中，也可以放在中断程序中。

【例 3-2】　某水箱有一根进水管、数根出水管，分别有调节阀控制，出水的流量由其各自用户控制，进水阀负责保持水箱的水位稳定在水箱的大约 60% 高的位置。系统采用西门子 PLC 的 EM AM06 模拟量模块进行水位信号检测及控制信号输出，采用 PI 调节，系统的控制参数分别是 $K_c=-0.3$、$T_s=2$ s、$T_i=10$ min、$T_d=0$ min、

SPn＝0.6；V3.0 作为手动/自动开关，V3.0＝1 时是自动，否则为手动。

　　手动由上位机通过通信的方式给定进水调节阀门的开度，手动给定的进水调节阀门开度值存放在 VD50 单元中；自动时的目标值也由上位机给定，存储在 VD54 单元中；PID 的回路地址由 VB100 开始。

　　在工程上，水位的测量一般用差压式或压力变送器测量，其输出是 4～20 mA；调节阀也是电流控制，控制信号的电流范围也是 4～20 mA，这两个都是单极性值。这个水箱是用进水阀控制水位，水位高时须关小进水调节阀，所以其控制作用是反作用。这样我们设计的 PID 主程序如图 3‐43 所示，其主要任务就是调用 PID 子程序。

图 3‐43　PID 主程序

子程序如图 3‐44 所示，其主要功能分三部分，第一部分就是对 PID 的比例系数

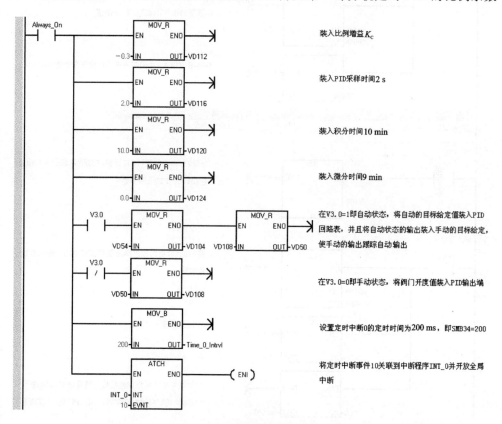

图 3‐44　PID 子程序 SUB_0

（增益）、采样时间、积分时间、微分时间参数进行赋值。第二部分的任务是在自动状态将由远程输入的水位控制的目标值装入回路表，并将 PID 输出填入手动目标给定单元，使自动状态时手动目标值跟踪自动输出值；手动状态时，由远程输入的阀门开度指令直接赋值给 PID 的输出，从而实现 PID 的无扰切换。第三部分是设定定时中断，将定时中断关联 PID 中断处理程序并开放全局中断，保证 PID 运算的连续性和稳定性。

中断程序如图 3 - 45 所示，其功能分三部分，第一部分是把来自现场的水位信号

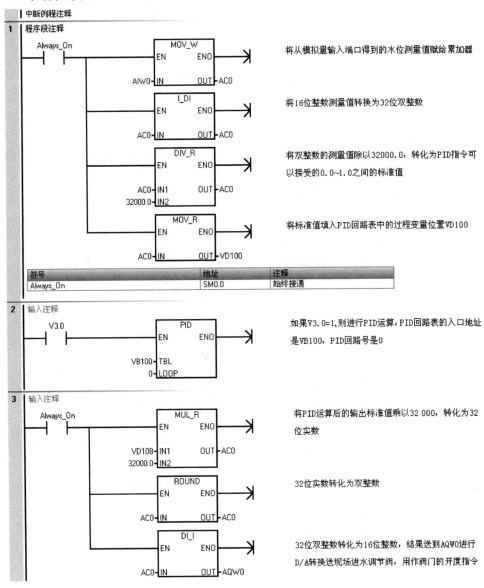

图 3 - 45 PID 中断程序 INT_0

经 AIW0 端口输入并转化为 PID 能接收的 0.0～1.0 的标准值,然后填入 PID 回路表的过程变量 PVn 的位置。第二部分是如果 V3.0＝1,则自动状态下执行 PID 运算指令,否则就不进行 PID 运算。第三部分的任务是把经过 PID 运算的标准输出 0.0～1.0 值转化为 AQW 能接收的 16 位整数值,并输出给 AQW0.0。

通过上面的分析,这个例程中 PID 的自动、手动状态由 V3.0 控制,也就是说,这个自动可以由远程上位机的程序控制自动投入、退出,而手动时阀门的控制信号和自动的目标值也都可以来自远程上位机。所以,这个程序可以很好地适应有操作员站的控制系统使用,如果要改为 PLC 硬接线自动、手动 PID 控制,则还需要增加部分赋值程序。另外,通过定时中断程序可以看出,PLC 的最多 8 个 PID 运算只能使用两个定时中断(定时中断 0 和定时中断 1),换句话就是,涉及 PID 运算的中断处理程序都必须放在最多两个中断程序内完成。

西门子 S7 - 200 SMART 除提供 PID 指令允许编程人员进行 PID 编程外,还可通过单击工具栏的 PID 快捷编程向导来完成 PID 编程。这个编程相比上述 PID 指令编程要简单许多,其编程操作步骤如下:

① 单击工具栏的 图标。

② 在 PID 回路向导中完成回路号、回路表中相关参数(包括 PID 调节参数、过程变量输入、调节器输出、PID 子程序和中断程序名定义、存储器分配)的设置。需要说明的是,报警模块 报警中设置的是 PID 反馈值(也就是过程变量 PV)的正常允许范围,超过此范围 PID 将自动切换到手动状态,不能进行自动控制,这主要是防止过程变量变送器故障时导致的 PID 误调;存储器分配就是回路参数表起始地址的设定。

③ 完成设定并生成 PID 调节组件块。这其中包括 PIDX_CTRL(用于初始化PID 子程序)、PID_EXE(用于循环执行 PID 功能的中断程序)、PIDX_DATA(用于组态回路表的参数)、PID_SYM(为此 PID 创建的符号表)。

④ 在主程序中使用 SM0.0 调用 PID 调节块中的子程序 PIDX_CTRL,即可像国产 HaiwellHappy 的 PID 编程般简单、方便,只需要在 PIDX_CTRL 模块中填入反馈值的来源、自动状态的目标值来源、自动投/切开关信号、手动状态时的目标输出控制值来源以及 PID 运算结果的输出对象即可。

13. PIDX_CTRL PID 运算调用子程序指令(见图 3 - 46)

EN:使能输入信号。

PV_I:反馈值,16 位整数,可选 VW、IW、QW、MW、SW、SMW、LW、T、C、AIW、AC。

Setpoint_R:目标值,32 位实数,可选 ID、QD、MD、SD、SMD、VD、LD、AC、常数。

Auto_Manual:自动投入/切除开关,开关量输入信号,其信号可来自 I、Q、M、SM、T、C、V、S、L。

ManualOutput：手动状态的目标输出值，32 位实数，信号可选自 ID、QD、MD、SD、SMD、VD、LD、AC、常数。

Output：PID 运算的模拟量输出信号，是 16 位整数，其输出的模拟量可以送到 IW、QW、MW、SW、SMW、T、C、VW、LW、AIW、AC 这些寄存器中。

Output（数字量输出）、HighAlarm、LowAlarm、ModuleErr：主要是 PID 运算的状态信号，高报警、低报警、模式错误，这些信号可输出到 I、Q、M、SM、T、C、V、S、L 中。

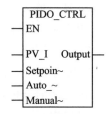

图 3 - 46　PIDX_CTRL PID 运算调用子程序指令

使用 PID 编程向导进行例 3 - 1 的 PID 编程步骤是：

① 单击工具栏的 图标，调出如图 3 - 47 所示的 PID 回路向导，在其参数栏中输入增益、采样时间、积分时间、微分时间；在输入窗口设定过程变量的极性类型、标定上、下限；在输出窗口设定输出类型、标定输出模拟量的极性、上下限；在存储器分配窗口 PID 回路表的起始地址，并最后生成 PID 的 4 个控制组件。

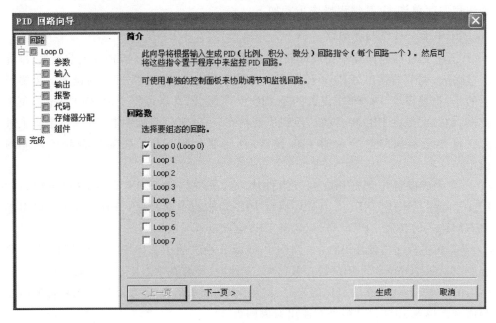

图 3 - 47　PID 回路向导

② 在主程序中使用 SM0.0 调用 PID 调节块中的子程序 PIDX_CTRL，填入反馈值的来源、自动状态的目标值来源、自动投/切开关信号、手动状态时的目标输出控制值来源以及 PID 运算结果的输出对象。其程序如图 3 - 48 所示。

使用 PID 回路向导生成的 PID_EXE 中断程序无须激活，系统基于 PID 采样时间循环调用 PID_EXE 来按时刷新 PID 的输出，从而保持 PID 输出的连续和稳定。

从上面两种 PID 编程程序可以看出，西门子 S7 - 200 SMART 的 PID 编程有

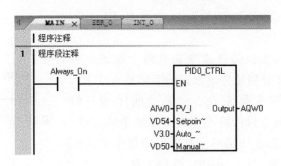

图 3 - 48　PID 向导编程主程序

2 种方法,第一种方法就是基于简单指令继承来的 PID 编程,而第二种编程是相对改进了的编程。两种编程都可以实现 PID 运算与控制,而且控制原理与运算处理过程都一样,只不过第二种编程不用再由编程人员对 PID 运算的输入、输出数据进行过多的编程处理,可直接填在 PID 运算调用子程序 PIDX_CTRL 指令中,相对简单易用。

3.3.6　数据传送指令

数据传送指令包括字节、字、双字和实数传送指令,块传送、交换字节、字节立即传送指令。

1. 字节、字、双字和实数传送指令(见图 3 - 49)

字节、字、双字和实数传送指令比较适合于对控制程序进行参数赋值以及中间数据的暂存。传送指令的输入与输出数据类型完全相同,如字传送指令 MOV_B 的输入是字节,输出的也是字节,只不过数据的表达是按西门子的格式描述;如输入是字节 IB,则输出也只能是字节类的 IB、QB、VB、MB、SMB、SB、LB。如果输入是双字类型的 ID,则输出类型也是 D 型存储器 ID、QD、VD、MD、SMD、SD、LD、AC。

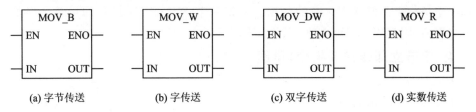

图 3 - 49　传送指令

2. 块传送指令

块传送指令包括字节块传送、字传送、双字传送指令。图 3 - 50 是字节块传送指令。

IN:8 位整数,可选择的输入参数是 IB、QB、VB、MB、SMB、SB、LB。

N:8 位整数,可选择的输入参数是 IB、QB、VB、MB、SMB、SB、LB、AC、常数。

OUT:8 位整数,可选择的输出参数是 IB、QB、VB、MB、SMB、SB、LB。

由于是块传送,所以传送指令就有两个地址和一个参数,这两个地址分别是传送数据的源起始地址 IN,传送的数据块的长度参数 N(在 1～255 之间)以及目的地址 OUT。传送指令执行后不改变源地址中的数据,也就是仅仅复制源地址开始指定长度存储器中的数据

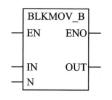

图 3 - 50　字节块传送指令

到目的地址中。例如,图 3 - 51 中,当 I0.0 闭合时,将把 VB10～VB13 中的数据复制到 VB100～VB103 中。如果 I0.0 闭合期间 VB10～VB13 中的数据发生变化,则 VB100～VB103 中的数据也随之变化。

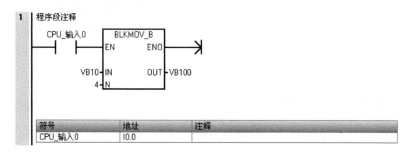

图 3 - 51　BLKMOV_B 指令

对于 BLKMO_W 和 BLKMOV_D 这两个块移动指令,执行的过程与 BLKMO_B 指令块类似,只不过其源、目的地址是以字、双字为移动的基本单位。

3. 交换字节 SWAP 指令

就是将 IN 指定的字分为高低两个字节,并将高低字节进行交换。例如,执行 SWAP VW50 指令,则指令执行后 VB50 中将存储指令执行前 VB51 的数据,而 VB51 中将相应存储 VB50 中的数据。交换字节 SWAP IN 指令的可输入参数是 IW、QW、VW、MW、SMW、SW、T、C、LW、AC。

4. 字节立即传送读指令(见图 3 - 52)

EN:使能输入信号。

ENO:使能输出信号。

IN:输入信号,8 位整数,只允许将 IB 作为其输入参数。

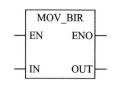

OUT:输出的传送结果,8 位整数,可允许的输出目的地址是 IB、QB、VB、MB、SMB、SB、LB、AC。

图 3 - 52　字节立即传送读指令

MOV_BIR 指令块是立即传送输入(读)指令,就是将由 IB 指定的地址中的输入信号在 EN 有效时立即按 8 位一组读取最新信号状态,并将结果输出到指定的地址

中。这种立即指令虽然读取的是最新 I 端口的信息状态,但其并不改变 I 输入映像寄存器中的状态。I 输入映像寄存器状态的改变仍然是在本轮用户程序扫描结束后一齐进行更新。

5. 字节立即传送写指令(见图 3 - 53)

IN:字节立即传送写指令的输入信号地址,可选 QB、VB、MB、SMB、SB、LB、AC。

OUT:字节立即传送写指令的输出信号地址,只允许选 QB。

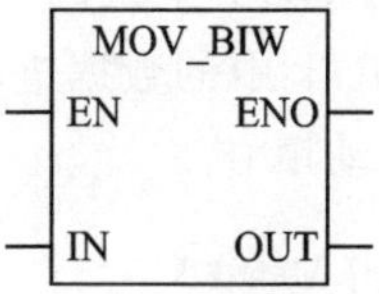

字节立即写入指令在执行时会把输入存储器中的值立即写入指定的 QB 输出锁存器和输出映像寄存器,而不必等到本轮用户程序扫描结束再一起更新。

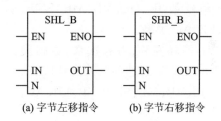

图 3 - 53　字节立即传
送写指令

字节立即读和立即写指令适应于对输入、输出信号要求响应比较快的程序中使用。例如,在设备的联锁程序中使用立即读和立即写指令,可以提高对备用设备紧急启动的响应速度,提高系统可靠性。

3.3.7　移位和循环移位指令

移位指令包括字节、字、双字的左、右移位,循环移位指令包括字节、字、双字的循环左移或右移。

1. 字节移位指令

图 3 - 54 是字节左移指令、字节右移指令。

IN:字节左移指令的输入,可选的输入是 IB、QB、VB、MB、SMB、SB、LB、AC、常数。

N:字节左移位数,最大允许是 8 位,可选的移动次数可选 IB、QB、

VB、MB、SMB、SB、LB、AC、常数。

OUT:左移指令的结果输出,8 位整数,可输出给 IB、QB、VB、MB、SMB、SB、LB、AC。

```
  SHL_B              SHR_B
EN    ENO         EN    ENO

IN    OUT         IN    OUT
N                 N
```

(a) 字节左移指令　　(b) 字节右移指令

图 3 - 54　字节移位指令

字节移位指令将输入值 IN 的位值右移或左移位置 N 位,然后将结果装载到 OUT 的存储单元中。

对于每一位移出后留下的空位,移位指令会补零。如果移位计数 N 大于或等于允许的最大值(字节操作为 8、字操作为 16、双字操作为 32),则按相应操作的最大次数对值进行移位。如果移位计数大于 0,则溢出存储器位 SM1.1 会置位为移出的最后一位的值。如果移位操作的结果为零,则 SM1.0 零存储器位将置位。

字节操作是无符号操作。对于字操作和双字操作,使用有符号数据值时,也对符号位进行移位。

字节、字、双字的左、右移位输方式类似,允许的输入、输出参数也类似。

【例 3 - 3】 图 3 - 55 是个字左移程序及其程序的执行结果,当移位指令的输入 IN 与 OUT 不是同一个地址单元时,移位指令先把 IN 的内容复制到 OUT 中,然后对 OUT 中的数据进行移位,向左移出 OUT 的数据将覆盖到溢出位,而右侧的空位则自动填 0。

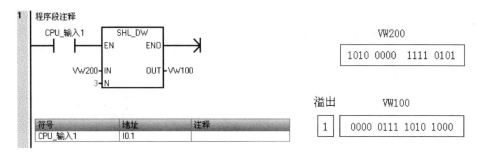

图 3 - 55 字左移程序及其指令的执行结果

2. 循环移位指令

图 3 - 56 是字节循环左移指令、字节循环右移指令。

IN:循环左移、右移字节指令的输入,数据类型是 8 位整数,可选的输入信号是 IB、QB、VB、MB、SMB、SB、LB、AC、常数。

N:循环左移、右移次数,数据类型是 8 位整数,可选的输入信号是 IB、QB、VB、MB、SMB、SB、LB、AC、常数。

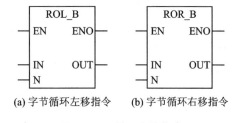

(a) 字节循环左移指令　(b) 字节循环右移指令

图 3 - 56 循环移位指令

OUT:循环左移、右移字节指令的输出,数据类型是 8 位整数,可选的输入信号是 IB、QB、VB、MB、SMB、SB、LB、AC。

循环移位指令将输入值 IN 的位值循环右移或循环左移,循环移位计数 N,然后将结果装载到输出 OUT 的存储单元中。如果循环移位计数大于或等于操作的最大值(字节操作数为 8、字操作数为 16、双字操作数为 32),则 CPU 会在执行循环移位前对移位计数执行求模运算,以获得有效循环移位计数。该结果为移位计数,字节操作数为 0~7,字操作数为 0~15,双字操作数为 0~31。

如果循环移位计数为 0,则不执行循环移位操作;如果执行循环移位操作,则溢出位 SM1.1 将置位为循环移出的最后一位的值。

如果循环移位计数不是 8 的整倍数(对于字节操作)、16 的整倍数(对于字操作)或 32 的整倍数(对于双字操作),则将循环移出的最后一位的值复制到溢出存储器位 SM1.1。如果要循环移位的值为零,则零存储器位将置位 SM1.0。

字节操作是无符号操作。对于字操作和双字操作,如果使用有符号数据类型,则会对符号位进行循环移位。

【例 3-4】　图 3-57 是字循环右移程序及其执行结果。从程序执行情况看,当指令执行时,则 AC0 中的数据向右移动,右侧移出 AC0 的数据不仅存入溢出寄存器 SM1.1 中,还填入最左侧空出来的数据位。如果 IN 和 OUT 指令的地址不是同一个单元地址,则指令执行时先把 IN 中的数据复制到 OUT 单元,然后再对 OUT 单元进行循环移位。

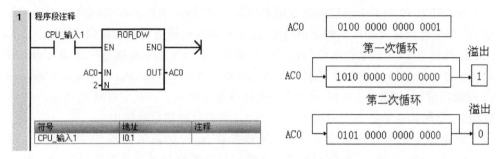

图 3-57　字循环右移程序及其执行结果

3.3.8　逻辑运算指令

西门子 PLC 的逻辑运算指令包括字节、字、双字的取反及与、或、异或指令。

1. 字节、字、双字取反指令

字节、字、双字取反指令就是将输入 IN 的二进制值按位取反后存入 OUT 地址,IN 与 OUT 的地址类型相同。

2. 与、或、异或指令

图 3-58(a)是字节与逻辑运算指令,(b)是或逻辑运算指令,(c)是异或逻辑运算指令。

(a) 字节与逻辑运算指令　　(b) 或逻辑运算指令　　(c) 异或逻辑运算指令

图 3-58　与、或、异或指令

IN1:指令的输入信号 1,可选的输入信号是 IB、QB、VB、MB、SMB、SB、LB、AC、常数。

IN2:指令的输入信号 2,可选的输入信号与输入信号 1 相同。

OUT:逻辑运算结果输出,可输出的地址是 IB、QB、VB、MB、SMB、SB、LB、AC。

字节异或指令的运算是将输入 1 与输入 2 的二进制值按相同位进行异或运算,然后将结果存储到 OUT 指定的地址单元中。字节与、或指令的运算方法结果与电子电路中的相应逻辑相同,都是按位进行,结果的存储地址类型也与异或逻辑运算相同。

3.3.9　脉冲输出指令

脉冲输出 PLS(Pulse)启动指令用于控制 PLC 的高速输出端口(Q0.0、Q0.1 和 Q0.3)产生可调脉宽和周期的输出信号,用于对步进电机类设备的精确控制。

脉冲输出 PLS 启动指令使用边沿信号触发,当 PLS 指令被执行时即调入由 SM 的特殊寄存器存储的控制字和脉冲周期、脉冲宽度对 PWM(Pulse Width Modulation)端口编程,并激活 PWM 端口的高速脉冲信号输出。一旦 PWM 高速输出端口被激活,则在其控制字不变的情况下不会停止高速脉冲的信号输出。

脉冲输出 PLS 启动指令只有一个可选参数 N,N 的其取值是 0(对应 Q0.0 端口)、1(对应 Q0.1 端口)或 2(对应 Q0.3 端口),用于控制要启动高速脉冲输出的端口开始或停止高速脉冲输出。

西门子 S7 - 200 SMART 系列 CPU 有 3 个(SR20/ST20 只有两个通道,即 Q0.0 和 Q0.1)可创建脉宽调制波形的 PWM 发生器,一个发生器分配给数字量输出点 Q0.0,一个发生器分配给数字量输出点 Q0.1,一个发生器分配给数字量输出点 Q0.3。

PWM 脉宽调制发生器和过程映像寄存器共用 Q0.0、Q0.1 和 Q0.3 输出端口。当 PWM 功能在 Q0.0、Q0.1 或 Q0.3 上激活时,PWM 发生器会控制输出,并禁止输出点的正常使用。输出波形不受过程映像寄存器、相应点的强制值或立即输出指令执行的影响。当 PWM 发生器未激活时,输出的控制会恢复为过程映像寄存器。过程映像寄存器的输出确定 PWM 输出波形的初始状态和最终状态,使波形在高电平或低电平处开始和结束,所以,编程使用 PWM 前应将准备使用的 Q0.0、Q0.1、Q0.3 的输出映象寄存器置 0。

PTO(Pulse Train Output)脉冲串输出,这个信号被 S7 - 200 其他型号的 PLC 支持,它提供一个占空比固定为 50%、周期可调的脉冲;但 SMART 系列不支持这种脉冲串输出,仅支持 PWM 脉冲输出。

在 PWM 脉冲发生器被激活前还需要对控制 PWM 的相关参数进行设置,这个设置是在指定的特殊存储器 SM 位,这里存储着每个 PWM 高频信号发生器的以下数据:控制字节(8 位值)、周期时间(无符号 16 位值)以及脉冲宽度值(无符号 16 位值）。表 3 - 10 是 PWM 脉冲控字，表 3 - 11 可作为快速设置参考。

表 3 - 10　与 PWM 脉冲控制相关的 SM

PWM 控制地址			PWM 控制功能字节
Q0.0	Q0.1	Q0.3	PWM 输出通道标识符
SM67.0	SM77.0	SM567.0	PWM 更新周期时间；0＝不更新　1＝更新周期时间
SM67.1	SM77.1	SM567.1	PWM 更新脉冲宽度时间；0＝不更新　1＝更新脉冲宽度
SM67.2	SM77.2	SM567.2	保留（设置时可设置为 0）
SM67.3	SM77.3	SM567.3	PWM 时基：0＝1 μs/刻度　1＝1 ms/刻度
SM67.4	SM77.4	SM567.4	保留（设置时设置为 0）
SM67.5	SM77.5	SM567.5	保留（设置时设置为 0）
SM67.6	SM77.6	SM567.6	保留（设置时设置为 0）
SM67.7	SM77.7	SM567.7	PWM 使能：0＝禁用 PWM 脉冲输出　1＝使能，允许 PWM 脉冲输出
控制字 SMB67 如果是 16＃8A，则其二进制值就是 1000 1010			
Q0.0	Q0.1	Q0.3	其他 PWM 寄存器
SMW68	SMW78	SMW568	PWM 周期时间值范围：2～65 535
SMW70	SMW80	SMW570	PWM 脉冲宽度值范围：0～65 535

表 3 - 11　快速设置参考

PWM 控制字节格式（快速参考）				
控制寄存器（十六进制值）	启用	时　基	脉冲宽度	周期时间
16＃80	是	1 μs/周期	不更新	不更新
16＃81	是	1 μs/周期	不更新	更新
16＃82	是	1 μs/周期	更新	不更新
16＃83	是	1 μs/周期	更新	更新
16＃88	是	1 ms/周期	不更新	不更新
16＃89	是	1 ms/周期	不更新	更新
16＃8A	是	1 ms/周期	更新	不更新
16＃8B	是	1 ms/周期	更新	更新

　　PWM 输出的最小负载必须至少为额定负载的 10％以上，这样才能快速从断开转换为接通、从接通转换为断开，否则就会出现脉冲上升沿和下降沿畸变。

　　PWM 的脉冲宽度与周期时间的定义如图 3 - 59 所示，其周期和脉冲宽度都是以时基为基本单位来定义的：

　　➢ 周期时间允许的范围是 10～65 535 μs 或 2～65 535 ms；

➤ 脉冲宽度时间允许的范围是 $0 \sim$ 65 535 μs 或 $0 \sim 65$ 535 ms。

如果脉冲宽度时间≥周期时间值,则占空比为 100%,输出一直接通。

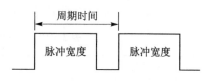

图 3 - 59 脉冲宽度及周期时间定义

脉冲宽度时间=0,则占空比为 0%,连续关闭输出。

周期时间≤2 个时间单位时,则使用默认周期时间下限值,为两个时间单位。

改变 PWM 波形特性的方法有同步更新和异步更新:

① 同步更新:就是保持 PWM 脉冲的周期时间和时基不变,仅改变脉冲宽度给定值,这样波形发生变化的起点在周期的边沿,从而实现 PWM 脉冲的平顺变化。

② 异步更新:就是改变周期时间或时基来改变 PWM 输出脉冲特性,这种改变会引起 PWM 功能瞬间被禁止,从而导致输出波形不连续和被驱动设备的跳动。

西门子 S7 - 200 SMART 推荐的 PWM 更新方式是同步更新,也就是在一个连续的脉冲输出过程中更新时只更新脉冲宽度值,而不更新脉冲周期时间和时基。

PWM 脉冲信号的编程步骤是:

① 使用置位指令将准备进行高速脉冲信号输出的 Q0.0、Q0.1、Q0.3 端口的输出映象寄存器置 0。

② 对 PWM 脉冲控制字、脉冲周期、脉冲宽度参数进行赋值。

③ 使用 PLS 指令启动 PWM 高速脉冲输出。

④ 如果在高速脉冲信号输出期间需要改变脉冲宽度或周期,则修改脉冲宽度的 SM 特定值后须使用 PLS 指令来更新相应 PWM 信号发生器的设置,从而按新设置输出高频信号;否则,新设置的参数是无法让 PWM 信号发生器接收的。

⑤ 如果需要停止 PWM 脉冲输出,则更改 PWM 的脉冲控制字的值为 16♯00,并再次使用 PLS 指令来刷新 PWM 相应高频信号发生器的设置参数,停止 PWM 高速脉冲输出。

3.3.10 数据转换指令

数据转换指令包括标准转换指令、ASCII 字符数组转换、数值转换为 ASCII 字符串及编码和解码指令。

1. 标准转换指令

其包括字符与整数的相互转换、整数与双精度整数之间的相互转换、双整数转换为实数、BCD 码与整数之间的相互转换、将 32 位的实数转换为整数以及字节转换为段码指令。

(1) 图 3 - 60 是字节转换为整数指令

EN:使能输入信号。

ENO:使能输出开关量信号。

IN:8 位无符号整数,可选的输入是 IB、QB、VB、MB、SMB、SB、LB、AC、常数。

OUT:8 位无符号整数转换为 16 位整数的转换结果输出,可以接收输出的存储器或寄存器是 IW、QW、VW、MW、SMW、SW、T、C、LW、AC。

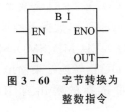

图 3-60 字节转换为整数指令

字节转换为整数的运算就是给字节再添加一个数值为 0 的高字节位,使其变为 16 位整数。

(2) 图 3-61 是整数转换为字节指令

IN:输入,数据类型是 16 位整数,可选择的输入是 IW、QW、VW、MW、SMW、SW、T、C、LW、AIW、AC、常数。

OUT:整数转换为字节指令的输出,输出数据类型是 8 位字节,可选择的输出存储单元或寄存器是 IB、QB、VB、MB、SMB、SB、LB、AC。

图 3-61 整数转换为字节指令

整数转换为字节指令的输入值不能大于 255,如果大于 255,则指令在执行时产生溢出错误,指令的结果保持执行前的结果。

(3) 图 3-62 是整数转换为双精度整数指令

IN:输入,数据类型是 16 位整数,可选的输入有 IW、QW、VW、MW、SMW、SW、T、C、LW、AIW、AC、常数。

OUT:整数转换为双精度整数的结果输出,输出数据类型是 32 位双整数,可选择的输出存储单元或寄存器是 ID、QD、VD、MD、SMD、SD、LD、AC。

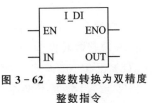

图 3-62 整数转换为双精度整数指令

整数转换为双精度整数的运算过程是将整数值 IN 转换为双精度整数值,并将结果存入指定的 OUT 的地址中,整数的符号位扩展到高字节中。

(4) 图 3-63 是双精度整数转换为整数指令

IN:输入数据,数据类型是 32 位整数,可选择的输入可来自 ID、QD、VD、MD、SMD、SD、LD、HC、AC、常数。

OUT:转换结果输出,输出的数据类型是 16 位整数,可选择的输出存储单元或寄存器是 IW、QW、VW、MW、SMW、SW、T、C、LW、AC、AQW。

图 3-63 双精度整数转换为整数指令

双精度整数转换为整数指令就是将 32 位双精度整数值 IN 转换为 16 位整数值,并将结果存入 OUT 地址处。如果转换的 IN 值大于 16 位整数的表达范围,则溢出位将被置位,并且输出保持上次的输出结果不变。

（5）图3-64是双精度整数转换为实数指令

IN：输入，数据类型是32位整数，可选择的输入有ID、QD、VD、MD、SMD、SD、LD、HC、AC、常数。

OUT：转换结果输出，输出的数据类型是32位实数，可选择的输出有 ID、QD、VD、MD、SMD、SD、LD、AC。

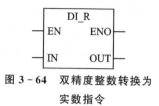

图3-64　双精度整数转换为实数指令

双精度（32位）整数转换为实数指令是将32位有符号整数IN转换为32位实数并将结果存入OUT中。

（6）图3-65是BCD码转换为整数指令

IN：BCD码输入，数据类型是16位整数，输入可以是IW、QW、VW、MW、SMW、SW、T、C、LW、AIW、AC、常数。

OUT：转换结果输出，输出的数据类型是是16位整数，可以输出给IW、QW、VW、MW、SMW、SW、T、C、LW、AC。

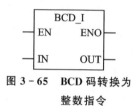

图3-65　BCD码转换为整数指令

BCD码又称8421码，也称为二进制编码的十进制数，BCD码转换为整数指令就是将BDC码数据格式的IN转换为整数，并将结果输出给OUT的地址中。IN的有效范围为0～9 999的BCD码。

（7）整数转换为BCD码指令块

整数转换为BCD码指令块的功能是BCD码转换为整数的逆操作，它的功能就是将16位整数转换为16位整数表达形式的BDC码。

（8）图3-66是取整指令

IN：输入，数据类型是32位实数，可选的输入有ID、QD、VD、MD、SMD、SD、LD、AC、常数。

OUT：输出，数据类型是32位实数，可选的输出有ID、QD、VD、MD、SMD、SD、LD、AC。

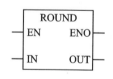

图3-66　取整指令

取整指令是将32位实数值IN转换为双精度整数值，并将取整后的结果存入OUT地址中。对输入的32位实数的小数部分进行四舍五入处理。

（9）截断指令的输入与输出的参数

截断指令的输入与输出的参数与取整指令一样，唯一的区别是截断指令只对输入的32位实数的小数点前的数据进行转换，而不转换小数点后的数据，其对小数点后的数据直接丢弃。

（10）图3-67是段码转换指令

IN：输入，数据类型是8位字节，可选的输入有IB、QB、VB、MB、SMB、SB、LB、AC、常数。

OUT:输出,数据类型是 8 位字节,可选的输出有
IB、QB、VB、MB、SMB、SB、LB、AC。

段码转换指令将 IN 指定地址的字节的低 4 位转
换生成"位模式"字节,并将其存入 OUT 地址中。
LED 数码显示管的段编码如表 3 - 12 所列。

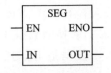

图 3 - 67　段码转换指令

表 3 - 12　LED 数码管段编码

LED 数码显示管	显示	编码 gfe dcba	显示	编码 gfe dcba	显示	编码 gfe dcba	显示	编码 gfe dcba
a f g b e c d	0	0011 1111	4	0110 0110	8	0111 1111	C	0011 1001
	1	0000 0110	5	0110 1101	9	0110 0111	d	0101 1110
	2	0101 1011	6	0111 1101	A	0111 0111	E	0111 1001
	3	0100 1111	7	0000 0111	b	0111 1100	F	0111 0001

如果一个 PLC 控制系统没有上位机而又必须要对外显示一些必要的设备状态
参数,则可以用其 DO 端口的输出作为驱动 7 段数码显示管信号源,再配置以段码转
换指令,就可以实现简单的状态信号输出。只是用这种显示方法显示的数据量小且
占用的 PLC 的 DO 端口多,非不得已,不使用这种方式对外显示信息。

例如,将 Q0.1~Q0.7 分别接在一个 7 段式数码管上,用 C0 来计数一个最高为
8 的数据,则使用 SEG C0 QB0 指令,就能够显示出计数器中的当前计数值。

2. ASCII 转换为十六进制和十六进制转换为 ASCII

ASCII(American Standard Code for Information Interchange,美国信息交换标
准代码)是 1967 年美国制定的,供不同计算机在相互通信时用作共同遵守的西文字
符编码标准,是美国的国家标准,主要用于显示现代英语和其他西欧语言。标准
ASCII 码也叫基础 ASCII 码,使用 7 位二进制数(剩下的 1 位二进制为 0)来表示所
有的大写和小写字母,数字 0~9,标点符号以及在美式英语中使用的特殊控制字符。
其中,0~31 及 127(共 33 个)是控制字符或通信专用字符(其余为可显示字符),如控
制符 LF(换行)、CR(回车)、FF(换页)、DEL(删除)、BS(退格)、BEL(响铃)等;通信
专用字符 SOH(文头)、EOT(文尾)、ACK(确认)等;ASCII 值为 8、9、10 和 13 时分
别转换为退格、制表、换行和回车字符。它们并没有特定的图形显示,但会依不同的
应用程序而对文本显示有不同的影响。

32~126(共 95 个)是字符(32 是空格),其中 48~57 为 0~9 的阿拉伯数字。

65~90 为 26 个大写英文字母,97~122 号为 26 个小写英文字母,其余为一些标
点符号、运算符号等。

注意,在标准 ASCII 中,其最高位(b7)用作奇偶校验位。

(1) 图 3 - 68 是 ASCII 码转换为十六进制数指令

IN:是 ASCII 码转换为十六进制数指令输入起始地址,数据类型是 8 位字节,可

用的输入有 IB、QB、VB、MB、SMB、SB、LB。

LEN:转换的数据长度,数据类型是 8 位字节,可用的长度数据是 IB、QB、VB、MB、SMB、SB、LB、AC、常数。

OUT,转换结果输出起始地址,其数据类型是 8

图 3 - 68 ASCII 码转换为十六

位字节,可以接收输出结果的变量是 IB、QB、VB、MB、

进制数指令

SMB、SB、LB。

ATH 可以将长度为 LEN、从 IN 地址开始的 ASCII 字符转换为十六进制数输出到 OUT 开始的地址。可转换的最大 ASCII 字符数为 255 个字符。

(2) 图 3 - 69 是十六进制数转换为 ASCII 码指令

IN:是十六进制数转换为 ASCII 码指令输入起始

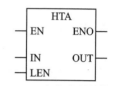

地址,数据类型是 8 位字节,可用的输入有 IB、QB、VB、MB、SMB、SB、LB。

LEN:转换的数据长度,数据类型是 8 位字节,可

用的长度数据是 IB、QB、VB、MB、SMB、SB、LB、AC、

图 3 - 69 十六进制数转换为

常数。

ASCII 码指令

OUT,转换结果输出起始地址,其数据类型是 8 位字节,可以接收输出结果的变量是 IB、QB、VB、MB、SMB、SB、LB。

HTA 可以将从输入字节 IN 开始的十六进制数转换为 ASCII 字符从 OUT 开始的地址输出。

对于西门子 S7 - 200 系列的 PLC 而言,有效的 ASCII 输入字符为字母数字字符 0～9(十六进制代码值为 30～39)以及大写字符 A～F(十六进制代码值为 41～46)。

3. 整数转换为 ASCII

图 3 - 70 是整数转换为 ASCII 码指令。

IN:整数转换为 ASCII 码指令的输入,其数据格

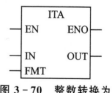

式为 16 位整数,可选的输入有 IW、QW、VW、MW、SMW、SW、T、C、LW、AC、AIW、常数。

FMT:整数转换为 ASCII 指令的格式参数,其数

据类型是 8 位字节,可选的参数是 IB、QB、VB、MB、

图 3 - 70 整数转换为

SMB、SB、LB、AC、常数。

ASCII 码指令

OUT:整数转换为 ASCII 指令的结果输出,其可以输出到 IB、QB、VB、MB、SMB、SB、LB 中。

整数转换为 ASCII 指令可以将整数值 IN 转换为 ASCII 字符码串,得出的转换结果将存入以 OUT 分配的地址开始的 8 个连续字节中。格式参数 FMT 将分配小数点右侧的转换精度,并指定小数点显示为逗号还是句点。

整数转换为 ASCII 指令的格式参数 FMT 的定义如图 3－71 所示。

FMT

MSB 7	6	5	4	3	2	1	LSB 0
0	0	0	0	C	n	n	n

图 3－71　FMT 参数定义

整数转换为 ASCII 指令的输出缓冲区始终是 8 字节，nnn 区指定输出缓冲区中的十进制对位右边的小数位数，nnn 的有效取值在 0～5，也就是二进制的最大值 nnn＝101。如果 nnn 的有效值大于 5，则指令执行时将用 ASCII 码的空格符填入输出缓冲区。指定十进制右对位为 0，则表示没有小数位。C 是小数点的代表符号形式，C＝0 则表示用点号“.”表示小数与整数的分界位；C＝1 则表示用逗号“，”表示整数与小数的分界点。格式参数 FMT 的 4 个最高有效位必须始终为零。

【例 3－5】 表 3－13 是执行“ITA IN，OUT，FMT”指令，不同输入时输出的指令执行结果。

表 3－13　ITA IN，OUT，FMT 指令执行情况

IN	OUT	OUT＋1	OUT＋2	OUT＋3	OUT＋4	OUT＋5	OUT＋6	OUT＋7
IN＝12					.	0	1	2
IN＝－123				—	.	1	2	3
IN＝12345			1	2	.	3	4	5
IN＝－1234			—	1	.	2	3	4
－1234 的 ASCII 值	20	20	2D	31	2E	32	33	34

注：FMT＝3＝00000011（二进制）。

对于整数转换为 ASCII 指令，其在执行前应对输出缓冲区进行格式化清零。指令执行时按照以下原则输出：

- 正值不带符号直接写入输出缓冲区；
- 负值带符号写入输出缓冲区；
- 小数点前面的 0 除靠进小数点的第一个外都删除；
- 在缓冲区中数字采用右对齐。

4. 双整数转换为 ASCII

图 3－72 是双整数转换为 ASCII 码指令块。

IN：输入，数据类型是 32 位整数，可选的输入有 ID、QD、VD、MD、SMD、SD、LD、AC、HC、常数。

FMT：格式参数，数据类型是 8 位字节，可选的参数来自 IB、QB、VB、MB、SMB、

SB、LB、AC、常数。

OUT:转换结果的起始输出地址,可选的输出是
IB、QB、VB、MB、SMB、SB、LB。

FMT 控制字的格式与整数转 ASCII 相同。

双整数转换为 ASCII 的输出格式与整数相似,只
是输出缓冲区的字节数为 12 个。

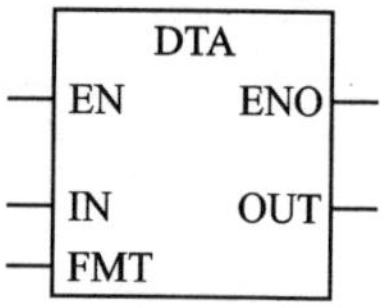

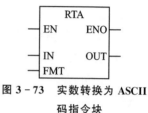

图 3 - 72　双整数转换为 ASCII
码指令块

5. 实数转换为 ASCII

图 3 - 73 是实数转换为 ASCII 码指令块。

IN:转换指令的输入,输入的数据格式是 32 位实
数,可转换的数据是 ID、QD、VD、MD、SMD、SD、LD、
AC、常数。

FMT:格式参数,数据类型是 8 位字节,可选的参
数来自 IB、QB、VB、MB、SMB、SB、LB、AC、常数。

OUT:转换结果的起始输出地址,可选的输出是
IB、QB、VB、MB、SMB、SB、LB。

图 3 - 73　实数转换为 ASCII
码指令块

实数转换为 ASCII 码得出的 ASCII 字符数(或长度)就是输出缓冲区的大小,它
的值在 3～15 字节或字符之间。

实数格式最多支持 7 位有效数字,超过 7 位的有效数字将导致舍入错误。

图 3 - 74 是 RTA 指令的格式参数 FMT 的定义。通过 ssss 字段分配输出缓冲
区的大小,其中,0、1 或 2 个字节大小无效。

```
         RTA指令的格式参数FMT
MSB                              LSB
 7    6    5    4    3    2    1    0
 S    S    S    S    C    n    n    n
```

图 3 - 74　RTA 指令的格式参数 FMT 定义

输出缓冲区中小数点右侧的位数由 nnn 字段分配。nnn 字段的有效范围为 0～
5。如果为小数点右侧分配 0 位,则转换后的值不带小数点。如果 nnn 的值大于 5 或
者分配的输出缓冲区太小而导致无法存储转换后的值,则使用 ASCII 空格填充输出
缓冲区。

C 位用于指定使用逗号(C=1)还是小数点号(C=0)作为整数部分与小数部分
之间的分隔符。

表 3 - 14 给出了一个数值作为示例,其格式为使用小数点(C=0)、小数点右侧有
一位(nnn=001)、缓冲区的大小为 8 字节(SSS=1000)。

【例 3 - 6】　表 3 - 14 是执行 RTA IN,OUT,FMT 指令在不同输入时输出的指
令执行结果,其中,FMT=10000001(二进制)。

表 3-14　执行 RTA IN,OUT,FMT 指令示例

IN	OUT	OUT+1	OUT+2	OUT+3	OUT+4	OUT+5	OUT+6	OUT+7
IN=1234.5			1	2	3	4	.	5
IN=-1.23					-	1	.	2
IN=1.23						1	.	2
IN=-12345.6	-	1	2	3	4	5	.	6
-12345.6 的 ASCII 值	2D	31	32	33	34	35	2E	36

6. ASCII 码子字符串转换为数值

ASCII 码子字符串转换为数值指令包括 ASCII 码子字符串转换为整数值、ASCII 子字符串转换为双整数值、ASCII 子字符串转换为实数值。

图 3-75 是 ASCII 码转换为整数值指令。

IN:输入的要转换的 ASCII 码字符串,数据格式是字符串,可选择输入有 VB、LB、* VD、* LD、* AC、常数字符串。

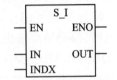

图 3-75　ASCII 码转换为整数值指令

INDX:转换的字符串的起始位置,数据类型是 8 位字节,可选的起始位置可来自 VB、IB、QB、MB、SMB、SB、LB、AC、常数。

OUT:ASCII 码转换为整数后的结果输出地址,其数据格式是 16 位整数,可选择的输出变量地址有 VW、IW、QW、MW、SMW、SW、T、C、LW、AC、AQW。

S_I(整数)和 S_DI(双整数)指令块的字符串输入格式是:[空格][+ 或 -][数字 0-9]。

S_R(实数)的字符串输入格式是:[空格][+ 或 -][数字 0-9][. 或 ,][数字 0-9]。

这也就是说,西门子的 PLC 能够转换的 ASCII 字符串只能由"空格+正负号+(小数点号,只在转换为实数时才有小数点)0~9 的数字"组成,不能将其他 ASCII 码转换为整数或双整数。为了克服这个缺点,它采用了 INDX 参数来进行规避。

INDX 值通常设为 1,也就是从字符串的第一个字符开始转换,这只适合于输入的字符串符合整数、实数要求的字符串。对于输入字符串中含有不可转换部分的字符串,INDX 值可设置为其他值,以在字符串中的不同点处开始转换。

例如,输入字符串为"Temperature:77.8",则将 INDX 的值设置为 13 即可跳过字符串开头的字"Temperature:"。

子字符串转换为实数的指令不会转换以科学记数法或指数形式表示实数的字符串。该指令不会产生溢出错误(SM1.1),但会将字符串转换为指数之前的实数,然后终止转换。例如,字符串"1.234E6"会转换为实数值 1.234,而不会出现错误。

达到字符串结尾或遇到第一个无效字符时,转换将终止。无效字符为非数字(0～9)的字符或以下字符之一:加号(＋)、减号(—)、逗号(,)或句号(.)。

当转换产生的整数值对于输出值来说过大时,则会置位溢出错误(SM1.1)。例如,当输入字符串产生的值大于 32 767 或小于—32 768 时,子字符串转换为整数的指令会置位溢出错误。

当输入字符串不包含有效值而无法进行转换时,也会置位溢出错误(SM1.1)。例如,如果输入字符串包含"A123",则转换指令会置位 SM1.1(溢出),输出值保持不变。

7. 编码和解码

图 3 - 76 是编码指令。

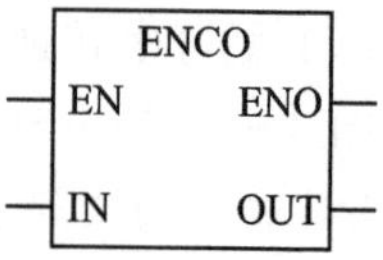

IN:编码指令的输入信号,其数据类型是 16 位整数,可选的输入是 IW、QW、VW、MW、SMW、SW、T、C、LW、AC、AIW、* VD、* LD、* AC、常数。

OUT:编码结果输出,其数据格式是字节,可选的输出是 IB、QB、VB、MB、SMB、SB、LB、AC、* VD、* LD、* AC。

图 3 - 76　编码指令

编码指令将输入字 IN 中数值的最低有效位的位置号写入输出字节 OUT 的最低有效"半字节"(4 位)中。编码指令一般用于将 SM 存储器中存储的报警或故障代码转换为位置号,以供其他程序或指令使用。

"DECO IN,OUT"解码指令的作用刚好与编码指令相反,它是置位输出字 OUT 中与输入字节 IN 的最低有效"半字节"(4 位)表示的位号对应的位为 1,输出字的所有其他位都被设置为 0。

3.4　特殊指令

3.4.1　中断指令

中断指令包括中断连接指令 ATCH、中断解除指令 DTCH、中断清除指令 CLR_EVNT、开放中断 ENI、关闭中断 DISI 和有条件从中断程序中提前返回指令 RETI。

① 中断连接指令 ATCH(见图 3 - 77)就是将 PLC 主机中发生的规定可引发中断的事件与指定中断程序关联起来,当指定的事件发生时便产生中断信号,由指定的中断程序来处理中断事务。

INT:中断程序名称,常数,中断程序名称编号在 INT_0～INT_127。

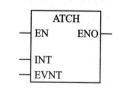

图 3 - 77　ATCH 指令

EVNT:中断事件号,常数,可用范围因 CPU 不同而不同。

对于 CPU CR40、CR60:中断事件号在 0～13、16～18、21～23、27、28 和 32;

对于 CPU SR20/ST20、SR30/ST30、SR40/ST40、SR60/ST60:中断号在 0～13、16～18、21～28、32 和 35～38。

② 中断解除指令 DTCH(见图 3-78)将解除指定的中断事件号 EVNT 与其中断程序的关联,并禁用该号中断事件。

EVNT:中断事件号,常数,可用范围因 CPU 不同而不同。这个参数与中断连接指令中的中断事件号相同。

图 3-78　DTCH 指令

对于 CPU CR40、CR60:中断号是 0～13、16～18、21～23、27、28 和 32。

对 于 CPU SR20/ST20、SR30/ST30、SR40/ST40、SR60/ST60:中断号是 0～13、16～18、21～28、32 和 35～38。

③ 中断清除指令 CLR_EVNT 是清除中断事件指令号,并从中断队列中移除该号所有的 EVNT 中断事件。使用该指令可将不需要的中断事件从中断队列中清除。如果该指令用于清除假中断事件,则应在从队列中清除事件之前分离事件;否则,在执行清除事件指令后,将向队列中添加新事件。

在调用中断程序之前,必须将中断事件和该事件发生时希望执行的中断事务处理程序段之间分配关联。也就是,使用中断连接指令将中断事件(由中断事件编号指定)与中断程序段(由中断子程序编号指定)相关联。允许将多个中断事件连接到一个中断程序,但一个事件不能同时连接到多个中断程序号。

连接事件和中断程序时,仅当全局 ENI(中断启用)指令已执行且中断事件处理处于激活状态时,新出现此事件才会执行所连接的中断例程;否则,该事件将添加到中断事件队列中。如果使用全局 DISI(中断禁止)指令禁止所有中断,每次发生中断事件都会排队,直至使用全局 ENI(中断启用)指令重新启用中断或从中断队列溢出。

可以使用中断分离指令取消中断事件与中断程序之间的关联,从而禁用单独的中断事件。分离中断指令使中断返回未激活或被忽略状态。

对于西门子 S7-200 SMART 系列的 PLC 来讲,其允许产生中断的事件类型及适用范围如表 3-15 所列。

表 3-15　西门子 S7-200 SMART 系列的 PLC 允许产生中断的事件类型及适用范围

中断事件号	产生中断的信号类型	适用的 CPU 类型	
		CR40/CR60	SR20/ST20、SR30/ST30、SR40/ST40、SR60/ST60
0	上升沿 I0.0	√	√
1	下降沿 I0.0	√	√
2	上升沿 I0.1	√	√
3	下降沿 I0.1	√	√

中断事件号	产生中断的信号类型	适用的 CPU 类型	
		CR40/CR60	SR20/ST20、SR30/ST30、SR40/ST40、SR60/ST60
4	上升沿 I0.2	√	√
5	下降沿 I0.2	√	√
6	上升沿 I0.3	√	√
7	下降沿 I0.3	√	√
8	端口 0 接收字符	√	√
9	端口 0 发送完成	√	√
10	定时中断 0(SMB34 控制时间间隔)	√	√
11	定时中断 1(SMB35 控制时间间隔)	√	√
12	HSC0 CV＝PV(当前值＝预设值)	√	√
13	HSC1 CV＝PV(当前值＝预设值)	√	√
14～15	保留	×	×
16	HSC2 CV＝PV(当前值＝预设值)	√	√
17	HSC2 方向改变	√	√
18	HSC2 外部复位	√	√
19～20	保留	×	×
21	定时器 T32 CT＝PT(当前时间＝预设时间)	√	√
22	定时器 T96 CT＝PT(当前时间＝预设时间)	√	√
23	端口 0 接收消息完成	√	√
24	端口 1 接收消息完成	√	√
25	端口 1 接收字符	√	√
26	端口 1 发送完成	√	√
27	HSC0 方向改变	√	√
28	HSC0 外部复位	√	√
29～31	保留	×	×
32	HSC3 CV＝PV(当前值＝预设值)	√	√
33～34	保留	×	×
35	上升沿,信号板输入 0 端口	×	√
36	下降沿,信号板输入 0 端口	×	√
37	上升沿,信号板输入 1 端口	×	√
38	下降沿,信号板输入 1 端口	×	√

【例 3-7】　用 I0.0 的输入确定累加器 AC0 的计数方向,当 I0.0 为 1 时是加计数累计,是 0 时则为减计数,计数的结果由 Q0.0~Q0.7 输出。主程序如图 3-79 所示。

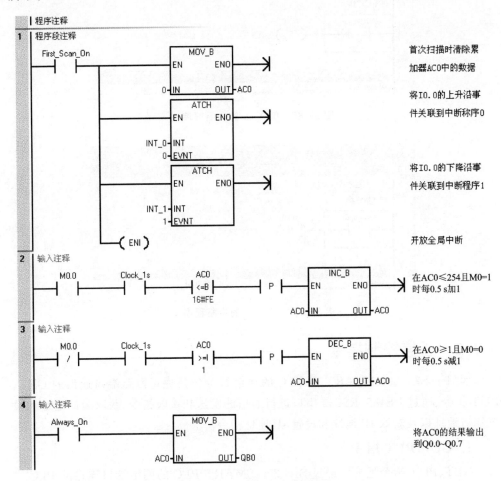

图 3-79　例 3-7 的主程序

其主程序中网路 1 的作用就是在首次扫描时清除累加器 AC0 中的数据,然后将 I0.0 的上升沿事件关联到中断程序 0,I0.0 的下降沿事件关联到中断程序 1 并开放全局中断。

网络 2 的作用就是在 M0.0 为 1 且 AC0≤254 时每 0.5 s 加 1。

网路 3 的作用就是在 M0.0 为 0 且 AC0≥1 时每 0.5 s 减 1。

网路 4 的作用时将 AC0 的结果由 Q0.0~Q0.7 端口输出。

中断程序 0 如图 3-80 所示,其作用就是将 M0.0 置位为 1。

中断程序 1 如图 3-81 所示,其作用就是将 M0.0 复位为 0。

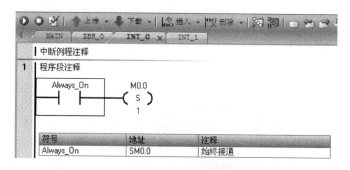

图 3 - 80　例 3 - 5 的中断程序 0

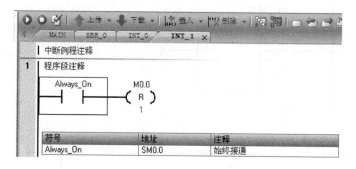

图 3 - 81　例 3 - 5 的中断程序 1

3.4.2　通信控制指令

西门子 S7 - 200 SMART 型 PLC 的通信指令包括通过网路端口通信的 GET、PUT 指令、通过 RS485/RS232 串口进行通信的发送和接收指令、获取端口地址和设置端口地址以及获取 IP 地址和设置 IP 地址指令。

1. GET、PUT 指令

GET、PUT 指令适应于通过 S7 - 200 SMART PLC 的网络端口连接的 PLC 之间通信使用。

图 3 - 82(a)是通过网络端口读取远程站的数据指令,(b)是通过网络端口向远程站写数据指令。

EN:使能输入信号。

ENO:使能输出信号。

TABLE:通信地址表的起始地址,数据类型是 8 位字节,起始地址可选 IB、QB、VB、MB、SMB、SB。

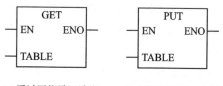

(a) 通过网络端口读取　　(b) 通过网络端口向远
　　远程站的数据指令　　　　程站写数据指令

图 3 - 82　GET、PUT 指令

程序中可以使用任意数量的 GET 和 PUT 指令,但同一时间最多只能激活总共

8 个 GET 和 PUT 指令。例如,在给定 CPU 中,可同时激活 4 个 GET 指令和 4 个 PUT 指令,或者同时激活 2 个 GET 指令和 6 个 PUT 指令。如果尝试创建第 9 个 IP 地址连接,则 CPU 将在所有连接中搜索,查找处于未激活状态时间最长的一个连接,然后 CPU 将断开该连接,再与新的 IP 地址创建连接。

当执行 GET 或 PUT 指令时,CPU 与 GET 或 PUT 表中的远程 IP 地址建立以太网连接。该 CPU 可同时保持最多 8 个连接。连接建立后,该连接将一直保持到 CPU 进入 STOP 模式为止。

针对所有与同一 IP 地址直接相连的 GET/PUT 指令,CPU 采用单一连接。例如,远程 IP 地址为 192.168.2.10,如果同时启用 3 个 GET 指令,则会在 IP 地址为 192.168.2.10 的以太网连接上按顺序执行这些 GET 指令。

GET 和 PUT 指令在使用时要先定义好通信地址表,通信地址表 TABLE 的详细定义如表 3-16 所列。

表 3-16　GET/PUT 指令通信地址表

字节偏移量	位 7	位 6	位 5	位 4	位 3	位 2	位 1	位 0
0	D	A	E	0	错误代码			
1	这 4 字节的单元存储的是要进行通信的远程 PLC 的 IP 地址 例如,要远程访问的 IP 地址是 192.168.1.8, 则其所在位置如右边所示						192	
2							168	
3							1	
4							8	
5	保留=0(必须设置为零)							
6	保留=0(必须设置为零)							
7	这 4 字节的单元存储的是要访问的远程 PLC 的变量的间接地址, 也就是说,这里数据指向要访问的变量的地址。例如,要访问远程 PLC 的 V100 开始的变量区域,则其表述如右边 如果要访问 IB8 开关量输入区,则应填入 &IB8					&VB100		
8								
9								
10								
11	本单元存放要访问的字节数量,如果是要访问 5 个字节,则此单元填 5。 对于 GET 指令,此处最大允许填 222;对于 PUT 指令,此处最大允许填 212,超过会报错							
12	这 4 字节的单元存储远程访问获得的数据信息在本地的存储器 的间接地址。例如,远程访问获得的信息要保存在本站的 VB300 开始的地址,则此处应填写如右侧所示 不过一般习惯上还是把这个地址选择在本地表后的第一个单元开始					&VB300		
13								
15								
16								

其中,D 表示完成(函数已完成,即通信指令已经完成一次收发),A 表示激活(函数已排队),E 表示错误(函数返回错误,即通信收发出现错误)。

【例 3-8】　在如图 3-83 所示的两台 PLC 通过交换机与工控机连接组成的网

络控制系统中,我们要用 PLC A 机来读取 PLC B 机的 I8.0～I8.7 端口的开关量输入状态,则仅需要在 PLC A 机中使用 GET 指令编程即可获得所需要的信息。GET 指令编程应用程序如图 3-84 所示。

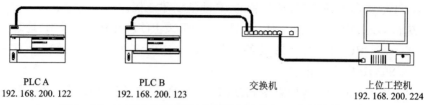

图 3-83 由两台 PLC 通过交换机与工控机组成的控制系统

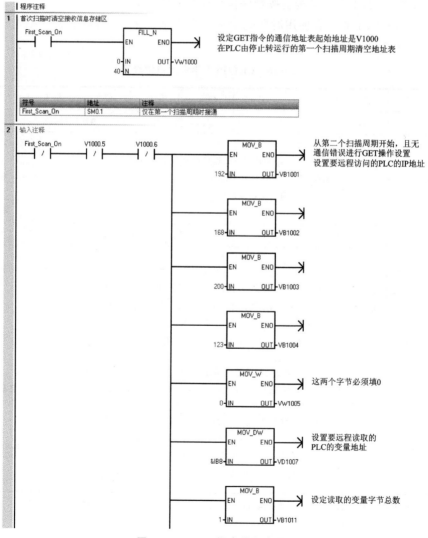

图 3-84 GET 指令编程应用

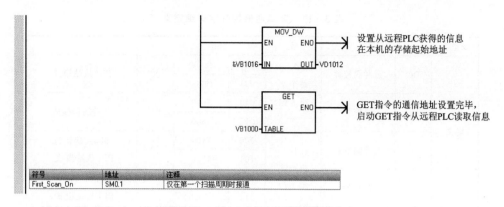

符号	地址	注释
First_Scan_On	SM0.1	仅在第一个扫描周期时接通

图 3 - 84　GET 指令编程应用(续)

2. 发送 XMT 和接收 RCV 指令

发送 XMT 和接收 RCV 指令适应于以自由协议模式通过 S7 - 200 SMART CPU 上的串行 COM 端口和其他第三方设备之间进行通信。

西门子 S7 - 200 SMART PLC 的集成 RS485 端口为端口 0,支持 4 个 HMI 设备的连接;信号板上的 RS232/RS485 端口为端口 1,也支持 4 个 HMI 设备的连接。

(1) 自由协议通信方式发送信息指令 XMT

TBL:发送数据的起始存储地址,可选择的发送起始地址是 IB、QB、VB、MB、SMB、SB。

PORT:发送信息的端口号,常数 0 或 1。0 是 CPU 上的集成 RS485 通信端口,1 是信号板上的 RS485/RS232 通信端口。

发送指令 XMT(见图 3 - 85)用于在自由协议模式下通过 COM 通信端口发送数据。

SIEMENS 提供的 MicroWin 软件采用的是 PPI 点对点通信协议,仅可以用来进行 PLC 的编程软件与 PLC 之间的通信,未向外界公布源代码,所以编程人员无法按照西门子的 PPI 协议来编写通信程序以实现外设与西门子 PLC 之间的通信。但西门子提供了一个允许编程人员自定义通信协议的自由协议模式,使编程人员可以按照外设的通信协议来设定西门子 PLC 的通信协议,控制 PLC 的 COM 端口来实现 PLC 与外设的正常通信。

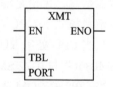

图 3 - 85　发送指令 XMT

选择自由协议模式后,程序通过使用接收中断、发送中断、发送指令和接收指令来控制通信端口的操作。

串口通信控制字 SMB30 和 SMB130 用于选择西门子 PLC 与外设间通信时的波特率和奇偶校验。其中,SMB30 被分配给集成 RS485 端口使用,而 SMB130 则分配给信号板上的 RS232/RS485 串口使用。

SMB30 和 SMB130 的各位定义如表 3 - 17 所列。

表 3-17 串口通信控制字详细定义

变量名	PP		d	bbb		mm	
定义	00	无奇偶校验	0：每个字符8位	000	38400	00	PPI 从站模式
				001	19200		
	01	偶校验		010	9600	01	自由端口模式
				011	4800		
	10	无奇偶校验	1：每个字符7位	100	2400	10	保留（默认为 PPI 从站模式）
				101	1200		
	11	奇校验		110	115200	11	保留（默认为 PPI 从站模式）
				111	57600		

其中，

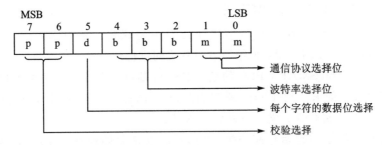

当 CPU 处于 STOP 模式时，则禁用自由协议模式，并会重新建立正常通信（如 HMI 设备访问）。在最简单的情况下，可以只使用发送 XMT 指令向打印机或显示器发送消息。当然，也可以使用 RCV 接收指令来读取来自像条形码阅读器、电子秤的数据信息。无论是哪种情况，PLC 编程人员都必须自己动手编写程序，以支持在自由端口模式下 CPU 与外设进行通信时所使用的满足设备通信的协议。

仅当 CPU 处于 RUN 模式时，才能进行自由协议通信。要启用自由协议模式，则在 SMB30（端口 0）或 SMB130（端口 1）的协议选择字段中设置值 01，即采用自由协议模式。当 CPU 的 COM 通信口处于自由协议模式时，无法与同一端口上的 HMI 通信。

发送指令用于对指定数量的发送缓冲区中的字符（最多 255 个字符）执行发送操作。发送缓冲期的数据存储格式如图 3-86 所示。

图 3-86 发送指令 XMT 发送数据存储格式

从图 3-86 可以看出，发送指令并没有发送"发送结束"标志信号，发送结束信号是后续的操作完成。如果中断例程连接到发送完成事件，则 CPU 将在发送完缓冲区的最后一个字符后生成中断（对于端口 0 为中断事件 9，对于端口 1 为中断事件 26），并由中断程序完成"发送结束"标志信号。也可以不使用中断，而通过监视 SM4.5（端口 0）或 SM4.6（端口 1）状态，用信号表示完成发送。然后程序将发送的字符数设为零，再次执行发送指令，这样可产生

BREAK 数据发送结束标志。BREAK 信号会在线上持续以当前波特率发送 16 位数据所需的时间。发送 BREAK 的操作与发送任何其他消息的操作是相同的。BREAK 发送完成时会生成发送中断,并且 SM4.5 或 SM4.6 会指示发送操作的当前状态。

可以看出,PLC 在自由协议模式发送信息时并未检测端口对应信号传输线上是否有信号正在传输,所以,这种信号只适合于串口上连接的是单台设备。如果要以自由协议模式发给由多台设备连接组成的网路,其要发送数据中还应该加入检测空闲线的程序以及目的地址信息,这样对方在接收到信息后通过解读其中的地址信息即可知道此信息是否是发给自己的。

发送指令的编程步骤:在串口通信控制字 SMB30 和 SMB130 中设置好通信协议、频率、通信字符格式、校验方式,再指定发送表 TBL 地址和通信端口,最后编写发送指令 XMT 进行发送。

【例 3 - 9】　用自由协议通信方式向打印机发送"S7 - 200"这 6 个 ASCII 码字符的编程,如图 3 - 87 所示。

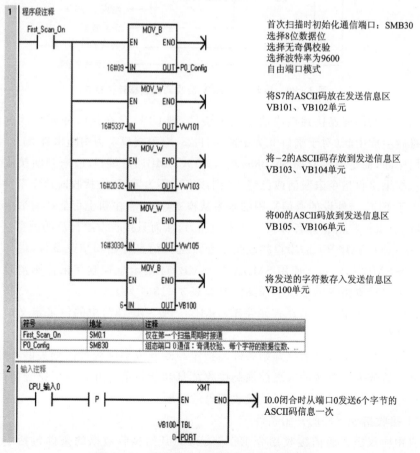

图 3 - 87　自由协议通信方式发送信息编程

(2) 自由协议通信方式 RCV 接收指令(见图 3-88)

TBL:接收地址,也就是接收数据的起始存储地址, 可用的地址是 IB、QB、VB、MB、SMB、SB。

PORT:通信端口号,常数 0 或 1,端口定义同 XMT 指令。

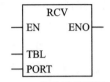

图 3-88　自由协议通信方式 RCV 接收指令

接收指令 RCV 可启动或终止接收消息功能。必须 为要操作的接收功能块指定开始和结束条件。通过指定 端口 PORT 接收的消息存储在数据缓冲区 TBL 中。

接收指令 RCV 用于从 COM 端口接收由外设发送来的字符(最多 255 个字符), 并将接收到的数据存储到接收缓冲区。图 3-89 显示了接收缓冲区中数据的存储 格式。

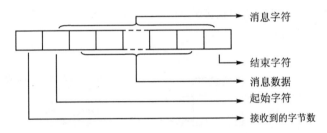

图 3-89　接收指令 RCV 接收到的数据存储格式

如果中断例程连接到接收消息完成事件,则 CPU 会在接收完缓冲区的最后一 个字符后生成中断(对于端口 0 为中断事件 23,对于端口 1 为中断事件 24)。也可以 不使用中断,而是通过监视 SMB86(端口 0)或 SMB186(端口 1)来判断接收消息的 状态。如果接收指令未激活或已终止,则该字节不为零,正在接收时该字节为零。

由于 PLC 与外设的通信采用的是主从模式,且一台主机上可能接有数个串口设 备,这就要求接收信息方有自我信息辨别能力,从而只接收发给自己的消息。所以西 门子 S7-200 SMART 的串口接收指令允许选择消息开始和结束条件,端口 0 使用 SMB86~SMB94,端口 1 使用 SMB186~SMB194 的消息控制字来控制消息的正确 接收。串口接收指令的控制字详细情况如表 3-18 所列。

接收指令使用接收消息控制字节(SMB87 或 SMB187)中的位来定义消息开始 和结束条件。

接收指令支持多种消息开始条件。指定与断开或空闲线检测相关的开始条件, 并在将字符放入消息缓冲区之前强制接收消息功能将消息开始与字符开始同步,这 样可避免出现从字符的中间开始接收消息的问题。

1) 接收指令支持的开始条件

自由协议模式通信接收指令 RCV 支持的开始接收数据的条件包括空闲线检 测、起始字符检测、空闲线和起始字符、断开检测、断开和起始字符、任意字符检测。

表 3 - 18 RCV 指令接收控制字

SMB86	SMB186		MSB LSB 7 6 5 4 3 2 1 0 n r e e 0 0 f c p 接收状态字
		n	1=接收消息功能终止;用户发出禁用命令
		r	1=接收消息功能终止;输入参数错误或缺少开始或结束条件
		e	1=收到结束字符
		f	1=接收消息功能终止;定时器时间到
		c	1=接收消息功能终止;达到最大字符计数
		p	1=接收消息功能终止;奇偶校验错误
SMB87	SMB187		MSB LSB 7 6 5 4 3 2 1 0 en sc ec il c/m tmr bk 0 RCV 指令接收控制字
		en	0=禁用接收消息功能。1=启用接收消息功能 每次执行 RCV 指令时,都会检查启用/禁用接收消息位
		sc	0=忽略 SMB88 或 SMB188。 1=使用 SMB88 或 SMB188 的值检测消息的起始
		ec	0=忽略 SMB89 或 SMB189。 1=使用 SMB89 或 SMB189 的值检测消息的结束
		il	0=忽略 SMB90 或 SMB190。 1=使用 SMB90 或 SMB190 的值检测消息的起始
		c/m	0=定时器为字符间定时器。 1=定时器为消息定时器
		tmr	0=忽略 SMW92 或 SMW192。 1=如果超出 SMW92 或 SMW192 中的时间段,则终止接收
		bk	0=忽略断开条件。 1=使用断开条件作为消息检测的起始
SMB88	SMB188		消息字符开始
SMB89	SMB189		消息字符结束
SMW90	SMW190		空闲线时间段以毫秒为单位指定。空闲线时间过后接收到的第一个字符为新消息的开始
SMW92	SMW192		字符间/消息定时器超时值以毫秒为单位指定。如果超出该时间段,则接收消息功能将终止
SMW94	SMW194		要接收的最大字符数(1~255 字节)。即使没有使用字符计数消息终止,此范围也必须设置为预期的最大缓冲区大小

ⓐ 空闲线检测

空闲线条件定义为传输线路上的安静或空闲时间。当通信线的安静或空闲时间达到在 SMW90 或 SMW190 中指定的毫秒数时,便会开始接收。执行程序中的接收指令时,接收消息功能将开始搜索空闲线条件。如果在空闲线时间过期之前接收到任何字符,则接收消息功能会忽略这些字符,并按照 SMW90 或 SMW190 中指定的时间重新启动空闲线定时器。空闲线时间过期后,接收消息功能会将接收到的所有后续字符存入消息缓冲区。具体如图 3-90 所示。

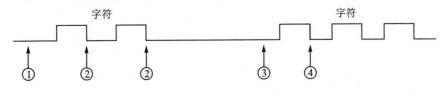

图 3-90　空闲线检测

① 执行接收指令:启动空闲时间。

② 重新启动空闲时间。

③ 检测到空闲时间:启动接收消息功能。

④ 第一个字符放入消息缓冲区中。

空闲线时间应始终大于以指定波特率传送一个字符(包括起始位、数据位、奇偶校验位和停止位)所需的时间。空闲线时间的典型值为以指定波特率传送 3 个字符所需要的时间。空闲线检测之所以这样设计就是因为,启动接收指令的时间不确定。为避免 PLC 在多设备网路中从中间开始接收传输的字符而出现消息不完整或错位不同步问题,这里设计为必须检测到一个足够长的空闲线时间,进而确保 PLC 接收的是一个完整的数据包。

对于二进制协议、没有特定起始字符的协议或指定了消息之间最小时间间隔的协议,可以将空闲线检测用作开始条件。

设置 il=1,sc=0,bk=0,SMW90/SMW190=空闲线超时(毫秒)。

ⓑ 起始字符检测

起始字符是用作消息第一个字符的任意字符。当收到 SMB88 或 SMB188 中指定的起始字符时,启动消息。接收消息功能会将起始字符作为消息的第一个字符存入接收缓冲区,忽略在起始字符之前收到的任何字符。起始字符以及在起始字符之后收到的所有字符都存储在消息缓冲区中。

通常情况下,所有消息均以同一字符开始的 ASCII 协议可以使用起始字符检测。

设置:il=0,sc=1,bk=0,SMW90/SMW190=不相关,SMB88/SMB188=起始字符。

ⓒ 空闲线和起始字符

接收指令可启动组合了空闲线和起始字符的消息。执行接收指令时,接收消息功能会搜索空闲线条件。找到空闲线条件后,接收消息功能将查找指定的起始字符(这个字符一般是发送指令 XMT 中的目的地址)。如果接收到的字符不是起始字符,则接收消息功能开始重新搜索空闲线条件。所有在满足空闲线条件之前接收到以及在收到起始字符之前接收到的字符都将被忽略。

如果接收到的字符是起始字符,则将接收到的起始字符与所有后续字符一起存入消息缓冲区。

空闲线时间应始终大于以指定波特率传送一个字符(包括起始位、数据位、奇偶校验位和停止位)所需的时间。空闲线时间的典型值为以指定波特率传送 3 个字符所需要的时间。

设置:$il=1,sc=1,bk=0,SMW90/SMW190>0,SMB88/SMB188=$ 起始字符。

空闲时间和起始字符的接收判断条件适合于一个 COM 口上接有多台设备的情况,只有检测到发送的起始字符符合自身设定时,才可以认为此消息是发给自己的,可以接收;否则,只是监听而不进行接收。通常情况下,这种通信的起始字符为特定地址或其他信息的协议。

ⓓ 断开检测

当接收到的数据保持为零的时间大于完整字符传输的时间时,则指示断开。完整字符传输时间定义为传输起始、数据位、奇偶校验位和停止位的时间总和。如果接收指令组态为接收到断开条件后启动消息,则断开条件之后接收到的任意字符都会存储在消息缓冲区中。断开条件之前接收到的任何字符都会被忽略。

通常,仅当协议需要时才将断开检测用作开始条件。

设置:$il=0,sc=0,bk=1,SMW90/SMW190=$ 不相关,$SMB88/SMB188=$ 不相关。

ⓔ 断开和起始字符

接收指令可组态为在接收到断开条件开始接收字符,然后按顺序接收特定起始字符。满足断开条件后,接收消息功能将查找指定的起始字符。如果接收到的字符不是起始字符,接收消息功能将重新搜索断开条件。所有在断开条件满足之前以及在接收到起始字符之前接收的字符都会被忽略。

如果接收到的字符是起始字符,则起始字符与所有后续字符一起存入消息缓冲区。

设置:$il=0,sc=1,bk=1,SMW90/SMW190=$ 不相关,$SMB88/SMB188=$ 起始字符。

ⓕ 任意字符

接收指令可组态为立即开始接收任意字符和所有字符,并将其存入消息缓冲区。

这是空闲线检测的一种特殊情况。在这种情况下,空闲线时间(SMW90 或 SMW190)设为零,这样会强制接收指令一经执行便开始接收字符。

设置:il＝1,sc＝0,bk＝0,SMW90/SMW190＝0,SMB88/SMB188＝不相关。

以任意字符开始一条消息允许使用消息定时器监视消息接收是否超时。如果使用自由协议的主站或主机部分在指定时间段内没有从从站收到任何响应,则采用超时处理。由于空闲线时间设为零,接收指令执行时,消息定时器将启动。如果未满足其他结束条件,则消息定时器超时,并终止接收消息功能。

设置:il＝1,sc＝0,bk＝0,SMW90/SMW190＝0,SMB88/SMB188＝不相关,c/m＝1,tmr＝1,SMW92＝消息超时(毫秒)。

2) 接收指令支持多种终止消息的方式

终止消息的方式可以采用结束字符检测、字符间隔定时器、消息定时器、最大字符计数、奇偶校验错误或用户终止中的任何一种方式,也可以是几种方式的组合。

ⓐ 结束字符检测

结束字符是用于指示消息结束的任意字符。找到开始条件之后,接收指令将检查接收到的每一个字符,并判断其是否与结束字符匹配。接收到结束字符时,则将其存入消息缓冲区,接收终止。

通常情况下,对于所有消息均以特定字符结束的 ASCII 协议,可以使用结束字符检测。可以将结束字符检测与字符间隔定时器、消息定时器或最大字符计数相结合,以终止消息。

设置:ec＝1,SMB89/SMB189＝结束字符。

ⓑ 字符间隔定时器

字符间隔时间是指从一个字符结束(停止位)到下一个字符结束(停止位)测得的时间。如果字符间隔时间(包括第二个字符)超出 SMW92 或 SMW192 中指定的毫秒数,则接收消息功能将终止。接收到每个字符后,字符间隔定时器重新启动。具体如图 3-91 所示。

图 3-91 字符间隔时间检测

① 重新启动字符间隔定时器。

② 字符间定时器时间到,终止消息并生成接收消息中断。

如果协议没有特定的消息结束字符,则可以使用字符间隔定时器终止消息。由于定时器总是包含接收一个完整字符(起始位、数据位、奇偶校验位和停止位)的时间,定时器的值必须设为大于以选定波特率传输一个字符所需的时间。可以将字符间隔定时器与结束字符检测和最大字符计数结合使用,以终止消息。

设置：c/m＝0,tmr＝1,SMW92/SMW192＝超时(毫秒)。

ⓒ 消息定时器

消息定时器在消息开始后的指定时间终止消息,并在接收消息功能的开始条件得到满足后立即启动。经过 SMW92 或 SMW192 中指定的毫秒数后,消息定时器时间到。消息定时器的结束接收原理如图 3 - 92 所示。

字符　　　　　　　　　　　　　　　　　　　　　　字符

①　　　　　　　　　　　　　　②

图 3 - 92　消息定时器动作结束接收信息

通常,当通信设备不能保证字符之间无时间间隔或使用调制解调器进行通信时可以使用消息定时器。对于调制解调器,可以使用消息定时器指定一个从消息开始算起的允许接收消息的最大时间。消息定时器的典型值约为在选定波特率下接收最长消息所需时间值的 1.5 倍。

可以将消息定时器与结束字符检测和最大字符计数相结合,以终止消息。

设置：c/m＝1,tmr＝1,SMW92/SMW192＝超时(毫秒)。

ⓓ 最大字符计数

接收指令必须获知要接收的最大字符数(SMB94 或 SMB194)。达到或超出该值后,接收消息功能将终止。即使最大字符计数不被专门用作结束条件,接收指令仍要求用户指定最大字符计数。这是因为接收指令需要知道接收消息的最大长度,这样才能保证消息缓冲区之后的用户数据不被覆盖。

对于消息长度已知并且恒定的协议,可以使用最大字符计数终止消息。最大字符计数总是与结束字符检测、字符间定时器或消息定时器结合在一起使用。

ⓔ 奇偶校验错误

当硬件发出信号指示奇偶校验错误、组帧错误或超限错误,或在消息开始后检测到断开条件时,接收指令自动终止。仅当在 SMB30 或 SMB130 中启用了奇偶校验后,才会出现奇偶校验错误。仅当停止位不正确时,才会出现组帧错误。仅当字符进入速度过快以致硬件无法处理时,才会出现超限错误。断开条件因与硬件的奇偶校验错误或组帧错误类似的错误而终止消息。无法禁用此功能。

ⓕ 用户终止

用户程序可以通过执行另一个 SMB87 或 SMB187 中的使能位(EN)设置为零的接收指令终止接收消息功能,这样可以立即终止接收消息功能。

如果出现组帧错误、奇偶校验错误、超限错误或断开错误,则接收消息功能将自动终止。必须定义开始条件和结束条件(最大字符数),这样接收消息功能才能运行。

为了完全适应对各种协议的支持,S7 - 200 SMART 还可以使用字符中断控制来接收数据。接收每个字符时都会产生中断。执行连接到接收字符事件的中断例程之前,接收到的字符存入 SMB2,奇偶校验状态(若已启用)存入 SM3.0。SMB2 是自由协议接收字符缓冲区。自由协议模式下接收到的每一个字符都会存入这一位置,便于用户程序访问。SMB3 用于自由协议模式,包含一个奇偶校验错误位;如果在接收到的字符中检测到奇偶校验错误、组帧错误、超限错误或断开错误,则该位将置位,保留该字节的所有其他位。可使用奇偶校验位丢弃消息或向该消息发送否定确认。

以较高波特率(38.4~115.2K)使用字符中断时,中断之间的时间间隔会非常短。例如,波特率为 38.4K 时的字符中断为 260 μs,57.6K 时为 173 μs,115.2K 时为 86 μs。确保中断例程足够短,以避免字符丢失,否则只能使用接收指令。

S7-200 SMART 自由协议通信是基于 RS485 通信模式的半双工通信,在任何一个时刻,在同一端口及网路线上发送和接收指令中只能二选一,不能同时执行。

接收指令 RCV 的编程顺序是:

① 初始化通信端口,设置串口通信控制字 SMB30 和 SMB130。

② 设置接收开始和结束的控制条件的消息控制字。端口 0 使用 SMB87~SMB94,端口 1 使用 SMB187~SMB194 的消息控制字。

③ 建立通信中断连接,启动 RCV 接收指令。

【例 3-10】 用接收指令接收字符串,以换行符作为字符串的结束符,然后将接收到的字符串原路发回。其接收数据编程如图 3-93 所示。

3.4.3 程序控制指令

程序控制指令有子程序调用指令及子程序有条件返回指令、循环指令 FOR-NEXT、跳转指令 JMP、顺序控制继电器指令 SCR、END、STOP、WDR 及获取非致命错误代码指令 GET_ERROR。

1. 子程序调用和返回指令

子程序调用和返回指令有子程序调用指令 CALL SBR_X 和从子程序有条件返回指令 RET。

西门子 S7-200 SMART 系列的 PLC 调用子程序指令无任何参数传递,都使用全局变量。

西门子 S7-200 SMART 系列的 PLC 子程序都在最后自动增加返回指令,无须编程人员编写,如果需要有条件提前返回调用程序,可以使用有条件返回指令 RET。当在子程序中使用有条件返回指令 RET 时,RET 指令前的节点闭合,则执行 RET 指令提前结束子程序的执行,返回调用子程序的主程序,并执行主程序的下一条指令。

西门子 S7-200 SMART 系列的 PLC 子程序允许嵌套,主程序中调用子程序最多允许 8 层嵌套,中断程序中调用子程序最多允许 4 层嵌套。另外,子程序中还允许递归调用,也就是子程序自己调用自己,但为防止程序进入死循环,不建议使用递归调用。

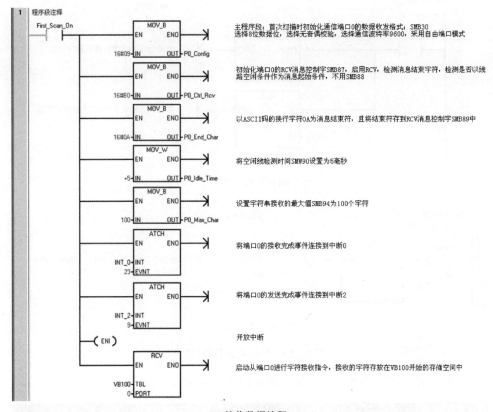

(a) 接收数据编程

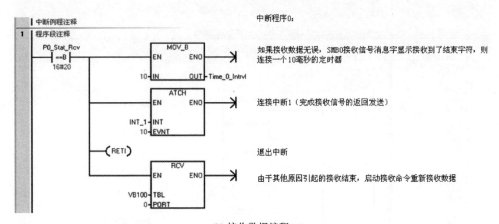

(b) 接收数据编程

图 3 - 93　接收数据编程

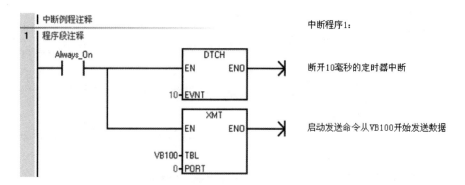

(c) 接收数据编程

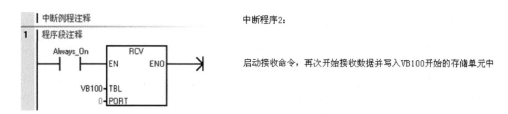

(d) 接收数据编程

图 3 - 93　接收数据编程(续)

某工程实际使用的子程序调用程序如图 3 - 94 所示。

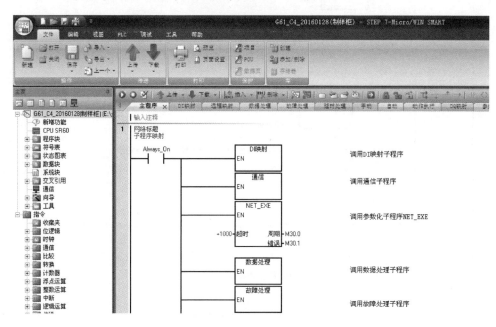

图 3 - 94　某工程实际使用的子程序调用程序

2. 循环指令 FOR – NEXT

循环指令 FOR – NEXT 如图 3 – 95 所示。

INDX:循环变量,数据类型是 16 位整数,可选的循环变量有 IW、QW、VW、MW、SMW、SW、T、C、LW、AC。

INIT:循环变量起始值,数据类型是 16 位整数,可选的循环变量有 IW、QW、VW、MW、SMW、SW、T、C、LW、AC、AIW、常数。

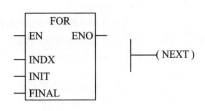

图 3 – 95　FOR – NEXT 指令

FINAL:循环变量终止值,数据类型是 16 位整数,可选的循环变量有 IW、QW、VW、MW、SMW、SW、T、C、LW、AC、AIW、常数。

当循环指令的使能端 EN 有效时,循环指令被执行。以循环变量 INDX 中给定的初始值 INIT 为基础,每执行循环体(循环指令 FOR 与 NEXT 之间的程序是循环体)一次,循环变量 INDX 的值就 +1(也就是循环变量的步长为 1),并将其值与终止值进行比较;如果 INDX 的当前值等于或大于终止值 FINAL,则结束循环,继续执行循环体 NEXT 的下一个网络段程序。如果在循环指令在执行过程中使能端信号消失,则终止执行循环指令;当循环指令 FOR 的使能端再次有效时,循环指令自动复位循环计数变量的当前值、起始值、终止值为程序的起始设计值。

FOR – NEXT 循环指令允许嵌套,最多允许嵌套 8 层。西门子 S7 – 200 SMART PLC 允许在执行循环指令 FOR – NEXT 的过程中通过其他方式改变循环变量终止给定值 FINAL。

3. 顺序控制

顺序功能图(Sequential Function Chart,SFC)语言是基于工艺流程的编程语言。它依据被控对象的顺序功能图进行编程,将控制程序逻辑分段,从而实现分段顺序控制。对于西门子 S7 – 200 系列的 PLC,要实现顺序控制,则必须结合顺序控制继电器 S 才能实现按顺序功能图 SFC 的方法编制逻辑分段控制程序。对于这种控制程序,当这种程序的顺序控制继电器 S 被激活时(顺序控制继电器被激活就是使 S 变 1 或置 1,如 S0.0 激活就是使 S0.0 = 1),其 S 对应的控制段内的程序被执行;否则,其程序段内的程序将被跳过而不执行,同时不被执行的程序段内的所有输出、定时器、计数器都被复位。不过,在执行激活的控制段内如果执行了步转移指令 SCRT,虽然新的顺序控制继电器被激活,当前的顺序控制继电器被复位,但当前步在没有执行 SCRE 步结束指令时仍将继续得到执行。

SCR 指令包括 SCR 程序段开始、SCRT 程序段转换、SCRE 程序段结束指令共 3 个指令。从 SCR 指令开始至 SCRE 结束的这个指令段称为顺序控制指令段,也称为一个顺序控制步。顺序控制指令的参数如表 3 – 19 所列。

表 3 - 19   顺序控制指令

梯形图指令符号	指令说明
S_bit SCR	SCR 顺序控制功能步开始指令,只有其给定的顺序控制继电器 Sm. n(m 是 S 变量的字节地址,n 是字节内的位号)有效或被激活时本顺序功能步才会被执行,否则,程序将跳过本顺序控制步
S_bit ——(SCRT)	顺序控制功能步转移指令,其将复位前一个步的顺序控制继电器 Sm. n,并激活本指令指定的顺序控制继电器 Sm. n
——(SCRE)	顺序控制功能段或步结束指令。在 SCR 指令与 SCRE 指令之间的程序段称为一个顺序控制步

使用顺序控制 SCR 指令的限制:同一地址的 S 位不能用于不同的程序分区,例如,不能把 S0.2 同时用于主程序和子程序中;在顺序控制 SCR 指令段内,不能使用 JMP、LBL、FOR、NEXT、END 指令。

顺序控制 SCR 指令可以用于单支流程、分支流程、选择性分支流程、合并流程控制。这 3 种流程的控制原理如图 3 - 96 所示。对于顺序控制流程,无论是哪种控制流程,都只有激活的顺序控制继电器对应的控制步得到执行,而没有激活的顺序控制步将被忽略,所以,顺序控制的核心有时也就是顺序控制继电器的激活与复位。

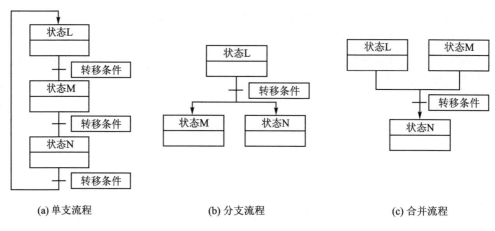

(a) 单支流程   (b) 分支流程   (c) 合并流程

图 3 - 96   3 种流程的控制原理图

(1) 单支流程控制

单支流程就是程序步之间没有分支,从上到下一步接一步顺序执行,同一时刻只有一个步是激活的。

【例 3 - 11】 某道闸口的红绿灯控制就采用单流程顺序控制程序,其中,步 1 控制绿灯亮 28.5 s,时间到后激活步 2 顺序控制继电器,结束步 1 后进入步 2。第 2 步黄灯亮 3 s,时间到后激活步 3 顺序控制继电器 S0.2,并结束步 2 进入步 3。第三步红灯亮 28.5 s,时间到后再次激活步 1 顺序控制继电器 S0.0 并结束步 3。程序再次从步 1 开始,如此循环执行。其程序如图 3 - 97 所示。

(2)分支流程及选择性分支流程

分支流程及选择性分支流程就是将一个顺序控制流程有条件地分成两个或多个不同的分支控制状态流。当一个控制状态流分成几个分支流时,所有分支控制状态流对应的顺序控制继电器必须同时被激活。在同一个转移允许条件下,同时使用多条步转移指令 SCRT 即可在一个顺序控制步 SCR 完成后实现控制流的分支。分支流顺序控制的编程如图 3 - 98 所示。

(3)合并流程控制

合并流程控制就是多个分支流均完成自己的控制步任务后将这些分支流合并成一个控制流。状态流合并时,在执行下一个状态之前,必须完成所有输入流。

为了保证分支流的正确完成,合并流需要使用一个中间状态顺序控制继电器。通过监视这些中间状态顺序控制继电器的状态,确认要合并的分支流都已完成。

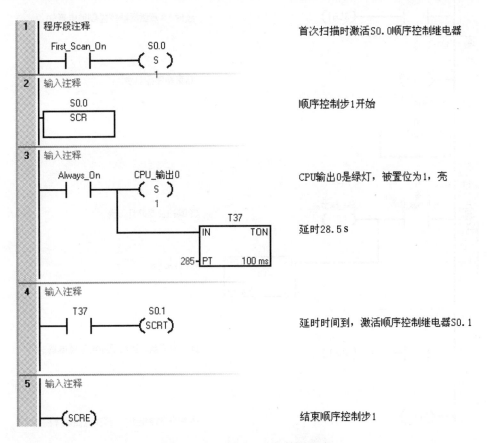

图 3 - 97 路口红、绿灯控制程序

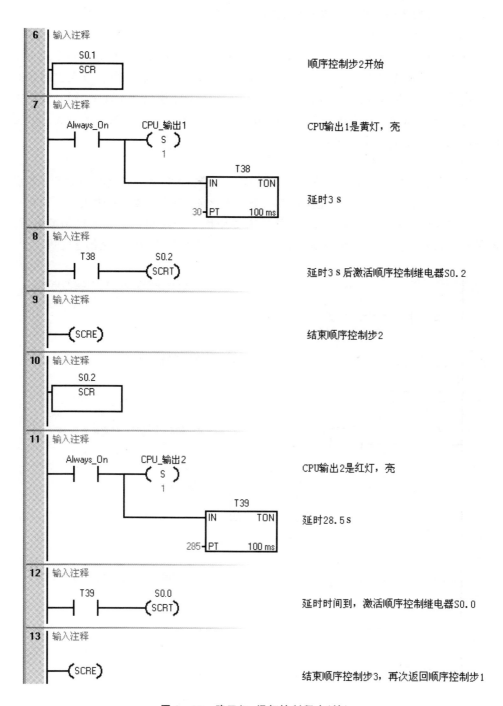

图 3-97　路口红、绿灯控制程序(续)

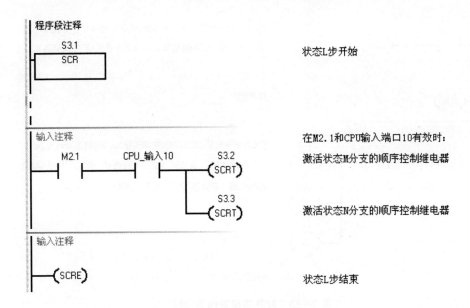

图 3 - 98　分支流编程

合并流控制编程如图 3 - 99 所示。其中,S2.2 与 S3.2 就是中间状态顺序控制继电器,只有这两个都被激活时才认为分支流均已完成,可以合并分支流进行下步的执行了。

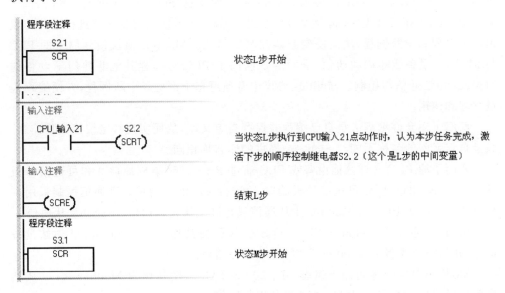

(a) 1~6网络段程序

图 3 - 99　合并流控制编程

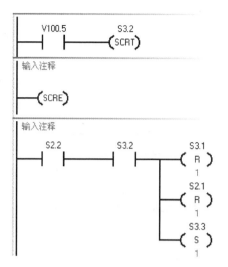

当状态M步执行到V100.5点动作时，认为本步任务完成，激活下步的顺序控制继电器S3.2（这个是M步的中间变量）

结束M步

当L步中间变量S2.2与M步中间变量S3.2均被激活时,认为分支流均执行完毕,复位L、M步控制继电器,激活下步N的顺序控制继电器,这样就可以进入下步的执行

(b) 7~9网络段程序

图 3 – 99　合并流控制编程(续)

3.4.4　库指令

西门子在 STEP 7 - Micro/WIN SMART 的安装程序中提供了两种类型的库,分别是 USS 协议和 Modbus 协议。USS 协议库支持 Siemens 变频器。STEP 7 - Micro/WIN SMART USS 指令库包括专用于通过 USS 协议与变频器进行通信的预组态子例程和中断例程,从而使变频器控制更简便。Modbus 协议使西门子的 PLC 与 Modbus 设备能够顺利通信,进而实现西门子 PLC 与远程其他非西门子设备的 Modbus 协议通信与控制。Modbus 协议中有预组态子例程和中断例程,方便编程人员学习和使用。

西门子还允许编程人员自己编程并保存自定义库,从而实现特定快捷编程控制。只是自定义库的名称不能与 Siemens 提供的库名称相同。

西门子的 PLC 允许其他设备或 PLC 通过 RS - 485(集成端口 0 和可选信号板端口 1)、RS - 232(仅限可选信号板端口 1)进行 Modbus 通信。其通信控制采用主从模式。西门子 PLC 的 Modbus 主从通信只允许主从轮询通信,不允许从从通信。

Modbus 主站指令可组态 S7 - 200 SMART,使其作为 Modbus RTU 主站设备运行,并与一个或多个 Modbus RTU 从站设备通信。

Modbus 从站指令可用于组态 S7 - 200 SMART,使其作为 Modbus RTU 从站设备运行,并与 Modbus RTU 主站设备进行通信。

在项目树的指令分支中打开库文件夹,以访问 Modbus 指令。在程序中放置 Modbus 指令时,会在项目中自动添加一个或多个 POU(子程序和中断例程)。

西门子 PLC 的 Modbus 协议通信指令有 4 个,分别是主站通信初始化、控制指令 MBUS_CTRL、来自从站请求和处理响应指令 MBUS_MSG、从站通信初始化、控制指令 MBUS_INIT、处理来自 Modbus 主站的请求指令 MBUS_SLAVE。

1. 主站的 Modbus 通信控制指令 MBUS_CTRL

主站的 Modbus 通信控制指令 MBUS_CTRL 如图 3 - 100 所示,定义如表 3 - 20 所列。

MBUS_CTRL 指令块用于初始化、监视或禁用 Modbus 通信。在使用 MBUS_MSG 指令之前,必须先执行 MBUS_CTRL 指令块且无错误。该指令完成后,会置位"完成"(Done)位,然后再继续执行下一条指令。EN 输入接通时,在每次扫描时均执行该指令。

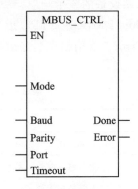

图 3 - 100　主站初始化控制指令

Mode:输入的值,用于通信协议选择。输入值为 1 时,将 CPU 端口分配给 Modbus 协议并启用该协议。输入值为 0 时,将 CPU 端口分配给 PPI 系统协议并禁用 Modbus 协议。

表 3 - 20　MBUS_CTRL 定义

信号名称	数据类型	可选参数
EN	开关量	使能输入信号
Mode	开关量	I、Q、M、S、SM、T、C、V、L
Baud	32 位整数	VD、ID、QD、MD、SD、SMD、LD、AC、常数
Parity	字节	VB、IB、QB、MB、SB、SMB、LB、AC、常数
Port	字节	VB、IB、QB、MB、SB、SMB、LB、AC、常数
Timeout	16 位整数	VW、IW、QW、MW、SW、SMW、LW、AC、常数
Done	开关量	I、Q、M、S、SM、T、C、V、L
Error	字节	VB、IB、QB、MB、SB、SMB、LB、AC

Baud:波特率,可选的值应与 Modbus 协议中一致。

Parity:"奇偶校验",应设置为与 Modbus 从站设备的奇偶校验相匹配。所有设置使用一个起始位和一个停止位。允许的值如下:0(无奇偶校验)、1(奇校验)和 2(偶校验)。

Port:设置物理通信端口,0=CPU 中集成的 RS - 485 端口,1=可选 CM01 信号板上的 RS - 485 或 RS - 232 端口。

Timeout:"超时",设为等待从站做出响应的毫秒数。"超时"Timeout 值可以设置为 1~32 767 ms 之间的任何值。典型值是 1 000 ms(1 s)。"超时"(Timeout)参数应设置得足够大,以便从站设备有时间在所选的波特率下做出响应。"超时"

Timeout 参数用于确定 Modbus 从站设备是否对请求做出响应。"超时"Timeout 值决定着 Modbus 主站设备在发送请求的最后一个字符后等待出现响应的第一个字符的时长短。如果在超时时间内至少收到一个响应字符,则 Modbus 主站将接收 Modbus 从站设备的整个响应。

Done:MBUS_CTRL 指令正确完成时,"完成"Done 输出接通。

Error:"通信错误",输出包含指令执行的结果。具体的错误代码信息如表 3 - 21 所列。

表 3 - 21   MBUS_CTRL 指令执行错误代码表

错误代码	错误说明	错误代码	错误说明
0	无错误	4	模式无效
1	奇偶校验类型无效	9	端口号无效
2	波特率无效	10	信号板端口 1 缺失或未组态
3	超时无效		

2. Modbus 主站对于来自从站请求和处理响应指令 MBUS_MSG

Modbus 主站对于来自从站请求和处理响应指令 MBUS_MSG 如图 3 - 101 所示,定义如表 3 - 22 所列。

First:有新请求要发送时,参数 First 会接通并仅保持一个扫描周期。第一个输入应通过沿检测元素(如上升沿)以脉冲方式接通,这使得请求仅被发送一次。如果还有其他请求要发送,则还要再次使用 MBUS_MSG 指令。

Slave:Modbus 从站设备的地址,允许的范围是 1～247。(地址 0 是广播地址,只能用于写请求。系统不响应对地址 0 的广播请求。不是所有从站设备都支持广播地址,S7 - 200 SMART Modbus 从站库不支持广播地址。)

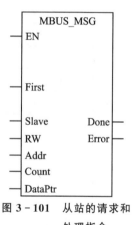

图 3 - 101   从站的请求和处理指令

RW:"读写"标志。RW 允许使用以下两个值:0(读取)和 1(写入)。对于离散量输出(线圈)和保持寄存器支持读请求和写请求。离散量输入(触点)和输入寄存器仅支持读请求。

Addr 是起始 Modbus 地址。允许的取值范围如下:

➤ 对于离散量输出 Q(线圈),为 00 001～09 999。

➤ 对于离散量输入 I(触点),为 10 001～19 999。

➤ 对于输入寄存器 AIW 为 30 001～39 999。

➤ 对于保持寄存器 V 为 40 001～49 999 和 400 001～465 535。

表 3 – 22　MBUS_MSG 定义

信号名称	信号含义	可选参数
EN	开关量	使能输入信号
First	开关量	I、Q、M、S、SM、T、C、V、L(上升沿有效)
Slave	从站地址	VB、IB、QB、MB、SB、SMB、LB、AC、常数
RW	读/W 选择	VB、IB、QB、MB、SB、SMB、LB、AC、常数
Addr	Modbus 地址	VD、ID、QD、MD、SD、SMD、LD、AC、常数
Count	读写数据数量	VW、IW、QW、MW、SW、SMW、LW、AC、常数
DataPtr	读进或写出的数据 在主站的起始地址	&VB
Done	正确执行的信号	I、Q、M、S、SM、T、C、V、L
Error	通信错误代码	VB、IB、QB、MB、SB、SMB、LB、AC

Addr 的实际取值范围取决于 Modbus 从站设备所支持的地址。

Count:"计数",用于分配要在该请求中读取或写入的数据元素数。"计数"Count 值是位数(对于位数据类型)和字数(对于字数据类型)。

➤ 对于地址 0xxxx,"计数"Count 是要读取或写入的位数。

➤ 对于地址 1xxxx,"计数"Count 是要读取的位数。

➤ 对于地址 3xxxx,"计数"Count 是要读取的输入寄存器字数。

➤ 对于地址 4xxxx 或 4yyyyy,"计数"Count 是要读取或写入的保持寄存器字数。

MBUS_MSG 指令最多读取或写入 120 个字或 1 920 个位(240 个字节的数据)。"计数"Count 的实际限值取决于 Modbus 从站设备的限制。

DataPtr:间接地址指针,指向 CPU 中与读/写请求相关的数据的 V 存储器。对于读请求,DataPtr 应指向用于存储从 Modbus 从站读取的数据的第一个 CPU 存储单元;对于写请求,DataPtr 应指向要发送到 Modbus 从站的数据的第一个 CPU 存储单元。

DataPtr 值以间接地址指针形式传递到 MBUS_MSG。例如,如果要写入到 Modbus 从站设备的数据始于 CPU 的地址 VW200,则 DataPtr 的值将为 &VB200(地址 VB200)。指针必须始终是 VB 类型,即使它们指向字数据。

对于离散量输出 Q(线圈)和 I 输入(触点),Modbus 通信读、写都是以字节(8 位)为基本单位进行的,第一个数据字节的最低有效位是寻址的位号"地址"Addr。如果仅写入单个位,则该位必须是 DataPtr 指向的字节的最低有效位。对于不是从偶数字节边界开始的位数据地址,与起始地址对应的位必须是字节的最低有效位。从 Modbus 地址的第一位开始的 8 个压缩字节格式如图 3 – 102(a)所示,从 10004 开始的 3 个位的压缩字节格式示例如图 3－102(b)所示。

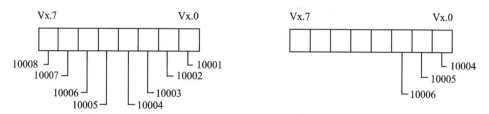

(a) 压缩字节的格式(离散量输入地址)　　　(b) 压缩字节的格式(从地址10004开始的离散量输入)

图 3－102　离散量的 Modbus 存储格式

对于保持寄存器(地址 4xxxx 或 4yyyyy)和输入寄存器(地址 3xxxx)，Modbus 通信读、写都是以字(2 字节或 16 个位)为基本单位进行的。CPU 字的格式与 Modbus 寄存器相同。编号较小的 V 存储器地址是寄存器的最高有效字节。编号较大的 V 存储器地址是寄存器的最低有效字节。表 3－23 显示了 CPU 字节和字寻址如何与 Modbus 寄存器格式相对应。

表 3－23　CPU 字节、字地址与 Modbus 寄存器格式对应关系

CPU 存储器字节地址		CPU 存储器字地址		Modbus 保持寄存器地址	
V 存储器地址	十六进制数据	V 存储器地址	十六进制数据	Modbus 存储器地址	十六进制数据
VB200	12	VW200	12 34	40001	12 34
VB201	34				
VB202	56	VW202	56 78	40002	56 78
VB203	78				
VB204	9A	VW204	9A BC	40003	9A BC
VB205	BC				

Done:通信完成信号,当发送请求和接收响应时,"完成"Done 输出关闭。响应完或 MBUS_MSG 指令因错误中止时,"完成"Done 输出接通。

仅当"完成"Done 输出接通时,"错误"Error 输出才有效。

MBUS_MSG 指令执行的错误 Error 代码如表 3－24 所列。

表 3－24　MBUS_MSG 指令执行错误代码表

错误代码	错误说明
0	无错误
1	响应存在奇偶校验错误:仅当使用偶校验或奇校验时,才会出现该错误。传输受到干扰,并且可能收到不正确的数据。该错误通常是电气故障(例如,接线错误或影响通信的电气噪声)引起的

错误代码	错误说明
2	未使用
3	接收超时：在超时时间内从站没有做出响应。可能原因：与从站设备的电气连接存在问题、主站和从站的波特率/奇偶校验的设置不同、从站地址错误
4	请求参数出错：一个或多个输入参数（"从站"（Slave）、"读/写"（RW）、"地址"（Addr）或"计数"（Count））被设置为非法值
5	未启用 Modbus 主站：每次扫描时，在调用 MBUS_MSG 之前应调用 MBUS_CTRL
6	Modbus 正忙于处理另一请求：某一时间只能有一条 MBUS_MSG 指令处于激活状态
7	响应出错：收到的响应与请求不符。这意味着从站设备有问题或错误的从站设备对请求做出了应答
8	响应存在 CRC 错误：传输受到干扰，并且可能收到不正确的数据。该错误通常是电气故障（例如，接线错误或影响通信的电气噪声）引起的
11	端口号无效
12	信号板端口 1 缺失或未组态
101	从站不支持该地址的请求功能：参见"使用 Modbus 主站指令"帮助主题中的所需 Modbus 从站功能支持表
102	从站不支持数据地址："地址"（Addr）加上"计数"（Count）的请求地址范围超出从站允许的地址范围
103	从站不支持数据类型：从站设备不支持"地址"（Addr）类型
104	从站设备故障
105	从站接收消息，但未按时做出响应：MBUS_MSG 发生错误，用户程序应在稍后重新发送请求
106	从站繁忙，拒绝了消息：可以再次尝试相同的请求以获得响应
107	从站因未知原因拒绝了消息
108	从站存储器奇偶校验错误：从站设备有故障

例如：以下程序就是当 I0.0 接通时主站向 2 号从站写入 4 个字信息的程序，主站信息的起始地址是 VW100,2 号从站接收的信息的存储地址开始位置是 40001。写入结束后又从 2 号从站读取 4 个字的信息，从站中被读取的信息起始地址是 40010,读来的信息存入主站的 VW200 开始的 4 个字单元中。主站与从站的信息存储单元如图 3 - 103 所示，主站 Modbus 通信程序如图 3 - 104 所示。

3. 从站的 Modbus 通信控制指令

对于 PLC 从站，在执行 Modbus 通信前也要进行编程设置，使其通信参数与主站一致，如图 3 - 105 及表 3 - 25 所列。

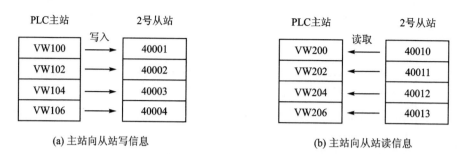

(a) 主站向从站写信息　　　　　　　(b) 主站向从站读信息

图 3 - 103　主站与从站的信息存储单元

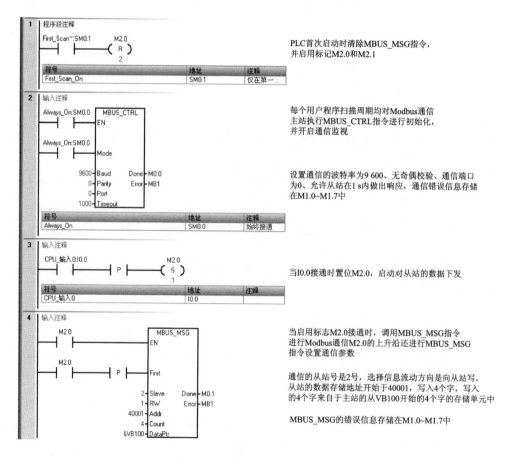

PLC首次启动时清除MBUS_MSG指令，并启用标记M2.0和M2.1

每个用户程序扫描周期均对Modbus通信主站执行MBUS_CTRL指令进行初始化，并开启通信监视

设置通信的波特率为9 600、无奇偶校验、通信端口为0、允许从站在1 s内做响应，通信错误信息存储在M1.0~M1.7中

当I0.0接通时置位M2.0，启动对从站的数据下发

当启用标志M2.0接通时，调用MBUS_MSG指令进行Modbus通信M2.0的上升沿还进行MBUS_MSG指令设置通信参数

通信的从站号是2号，选择信息流动方向是向从站写，从站的数据存储地址开始于40001，写入4个字，写入的4个字来自于主站的从VB100开始的4个字的存储单元中

MBUS_MSG的错误信息存储在M1.0~M1.7中

(a) Modbus通信主站程序

图 3 - 104　主站 Modbus 通信程序

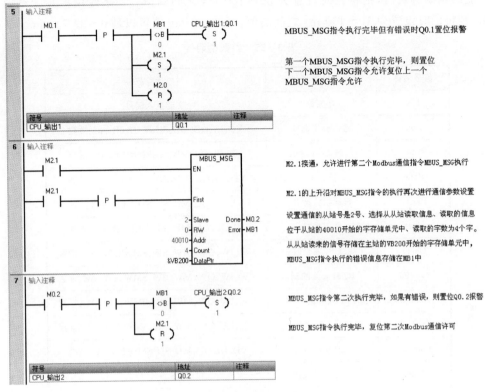

(b) Modbus通信主站程序

图 3 - 104 主站 Modbus 通信程序（续）

Mode：通信协议选择，输入值为 1 时，选择 Modbus 协议并启用该协议；输入值为 0 时，选择 PPI 协议并禁用 Modbus 协议。

Addr：从站 PLC 地址，其值在 1～247 之间。

Baud：串口通信的波特率，其值设置为 1 200、2 400、4 800、9 600、19 200、38 400、57 600 或 115 200。

Parity：奇偶校验选择，应设置为与 Modbus 主站的奇偶验校相匹配。所有设置使用一个停止位。接收的值如下：0（无奇偶校验）、1（奇校验）和 2（偶校验）。

Port：通信端口。0＝CPU 中集成的 RS - 485，1＝可选信号板上的 RS - 485 或 RS - 232。

Delay：信号传输延时。通过使标准 Modbus 信息超时时间增加分配的毫秒数来延迟标准 Modbus 信息结束超时条件。在有线网络上运行时，该参数的典型值应为 0。如果使用具有纠错

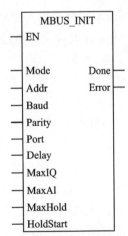

图 3 - 105 从站 Modbus 通信初始化指令

功能的调制解调器,则将延时设置为 50～100 ms 之间的值。如果使用扩频无线通信,则将延时设置为 10～100 ms 之间的值。延时 Delay 值可以是 0～32 767 ms。

表 3-25　参数说明

信号名称	信号含义	可选参数
EN	开关量	使能输入信号
Mode	通信协议选择	VB、IB、QB、MB、SB、SMB、LB、AC、常数
Addr	从站 PLC 地址	VB、IB、QB、MB、SB、SMB、LB、AC、常数
Baud	波特率	VD、ID、QD、MD、SD、SMD、LD、AC、常数
Parity	奇偶校验选择	VB、IB、QB、MB、SB、SMB、LB、AC、常数
Port	通信端口	VB、IB、QB、MB、SB、SMB、LB、AC、常数
Delay	信号传输延时	VW、IW、QW、MW、SW、SMW、LW、AC、常数
MaxIQ	IQ 最大值限制	VW、IW、QW、MW、SW、SMW、LW、AC、常数
MaxAI	AIW 最大值限制	VW、IW、QW、MW、SW、SMW、LW、AC、常数
MaxHold	V 最大值限制	VW、IW、QW、MW、SW、SMW、LW、AC、常数
HoldStart	V 的开始地址	VD、ID、QD、MD、SD、SMD、LD、AC、常数
Done	正确执行的信号	I、Q、M、S、SM、T、C、V、L
Error	通信错误代码	VB、IB、QB、MB、SB、SMB、LB、AC

MaxIQ:允许主站访问从站的 I、Q 点的最大数量,取值范围是 0～256。此值为 0 时,则禁用所有对输入和输出的读/写操作。

MaxAI 允许主站通过 Modbus 通信地址 3xxxx 可访问的字输入 AIW 寄存器的最大个数,取值范围是 0～56。值为 0 时,则将禁止读取模拟量输入。

建议将 MaxAI 设置为以下值,以允许访问所有 CPU 模拟量输入:0(CPU CR40)、56(所有其他 CPU 型号)。

MaxHold:允许主站通过 Modbus 地址 4xxxx 或 4yyyyy 可访问的从站的 V 存储器中的字保持寄存器的最大个数。例如,如果要允许 Modbus 主站访问 2 000 个字节的 V 存储器,则应将 MaxHold 的值设置为 1 000 个字(保持寄存器)。

HoldStart:是允许主站通过 Modbus 通信可访问的 V 存储器中保持寄存器的起始地址。该值通常设置为 VB0,因此,参数 HoldStart 设置为 &VB0(地址 VB0)。也可将其他 V 存储器地址指定为保持寄存器的起始地址,以便在项目中的其他位置使用 VB0。Modbus 主站可访问起始地址为 HoldStart,字数为 MaxHold 的 V 存储器。

Done:MBUS_INIT 指令完成标记,完成从站 MBUS_INIT 指令后 Done 输出

接通。

Error:通信错误代码。输出字节包含指令的执行结果。仅当完成 Done 接通时，该输出才有效。如果完成 Done 关闭,则错误参数保持不变。

4. 从站对来自主站的 Modbus 通信请求的响应 MBUS_SLAVE 指令

主站请求响应指令如图 3 - 106 所示,定义如表 3 - 26 所列。

从站对来自主站的 Modbus 通信请求的响应 MBUS_ SLAVE 指令没有输入参数。MBUS_ SLAVE 指令用于处理来自 Modbus 主站的请求,并且必须在每次扫描时执行,以便检查和及时响应主站的 Modbus 请求。

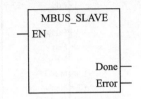

图 3 - 106　主站请求响应指令

EN 输入接通时,则会在每次扫描时执行该指令。

表 3 - 26　参数说明

信号名称	数据类型	可选参数
EN	开关量	使能输入信号
Done	开关量	I、Q、M、S、SM、T、C、V、L
Error	通信错误代码	VB、IB、QB、MB、SB、SMB、LB、AC

MBUS_SLAVE 的通信执行错误代码如表 3 - 27 所列。

表 3 - 27　从站 Modbus 通信错误代码表

错误代码	错误说明	错误代码	错误说明
0	无错误	7	收到 CRC 错误
1	存储器范围错误	8	功能请求非法/功能不受支持
2	波特率或奇偶校验非法	9	请求中的存储器地址非法
3	从站地址非法	10	从站功能未启用
4	Modbus 参数值非法	11	端口号无效
5	保持寄存器与 Modbus 从站符号重叠	12	信号板端口 1 缺失或未组态
6	收到奇偶校验错误		

从站的 Modbus 通信编程如图 3 - 107 所示。

5. 西门子 S7 - 200 SMART 系列 PLC 的 Modbus 通信地址

西门子 S7 - 200 SMART 系列 PLC 的 Modbus 通信地址如表 3 - 28 所列。

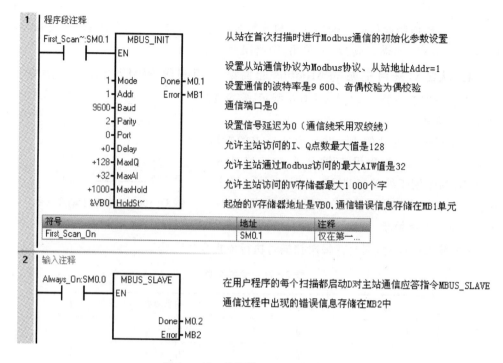

图 3 - 107　从站的 Modbus 通信编程

表 3 - 28　西门子 S7 - 200 SMART 系列 PLC 的 Modbus 通信地址

类 型	名 称	读/写属性	十进制
I0.0～I31.7	开关量输入	可读	10 001～10 256
Q0.0～Q31.7	开关量输出	可读/写	00 001～00 256
M	内部继电器	可读/写	不能被通过 Modbus 通信直接读/写
AIW0～AIW110	模拟量输入	可读	30 001～30 056
AQ	模拟量输出寄存器		不能被通过 Modbus 通信直接读/写
V0.0～V8191.7	内部寄存器	可读/写	40 001～49 999 和 400 001～465 535

本章小结

　　本章介绍了西门子 S7 - 200 SMART 系列可编程控制器的硬件结构、接线原理、编程的界面操作技术以及软件编程的方式、方法,使编程人员能较为快速地掌握西门子 PLC 编程和应用技术。

　　西门子 S7 - 200 SMART 可编程控制器的编程界面相对 S7 - 200 系列稍微友好

些,但其在需要输入参数的窗口不会提示可输入的参数名称,需要编程人员记忆可输入的参数名称、类型,另外,I/O 端口以及内部 V 存储器都存在字节、字的不同表述。变量名称的定义只能在专门的表中定义。

　　西门子的 PLC 编程软件没有仿真调试功能,不方便编程人员调试;虽然网上有西门子 S7 - 200 的仿真程序,但都是第三方程序,对西门子 PLC 的部分指令执行有不相符的地方。另外,这些仿真软件显示的也仅仅是 PLC 的对外 I/O 点状态,并不能显示 PLC 内部的详细运行过程,PLC 的调试只能与设备连接后实机调试。

思考题

　　1. S7 - 200 SMART 系列的 PLC 有几种类型分辨率的定时器? 它们的刷新方式有什么不同?

　　2. 设计一个单按钮控制的集水坑排水泵控制梯形图程序,集水坑水位高则启动排水泵运行,水位低信号出现时则停止排水泵运行。可手动启动或停止排水泵,但启动与停止排水泵只有一个按钮操作,这个按钮既是启动按钮,也是停止按钮。程序中 I0.0 是手动操作按钮输入信号,I0.1 是高水位信号输入,I0.2 是低水位信号输入端口,Q0.0 输出的是排水泵的启动、停止信号。

　　3. 设计一个 3 层楼的电梯控制梯形图程序,设计要求:

　　① I0.0 是一楼的上楼按钮,I0.1、I0.2 是二楼的上下楼按钮,I0.3 是三楼的下楼按钮;I1.0、I1.1、I1.2 是电梯内的一、二、三楼楼层按钮,I1.3、I1.4 分别是电梯开门、关门按钮。

　　② I2.0、I2.1、I2.2 分别是一、二、三楼的电梯到位信号,I2.3、I2.4 分别是电梯门开、关到位信号。

　　③ 电梯在每层楼停留 1 min。

　　4. 简述顺序步控制中步转换实现的条件、合并步应完成的操作。

　　5. 编写一个学校上、下课自动打铃程序,按实际上、下课时间设定,I0.0 为自动打铃投、退开关,I0.0 闭合为自动投入,I0.1 为手动打铃按钮,每次打铃 5 s。

　　6. 编写某油站油泵控制程序,油站配置如下:

　　① 油站配有两台油泵,分别是 A 油泵、B 油泵。

　　② 两台油泵不允许同时运行,任何一台油泵正常运行时都可以满足油系统对油压的要求。

　　③ 油泵的控制箱上有如下按钮:"远方/就地"旋钮,"启动"按钮,"停止"按钮以及一个 4 位置的旋钮,这 4 个位置分别是"A 泵单独工作/A 泵工作 B 泵备用/B 泵工作 A 泵备用/B 泵单独工作"。

　　④ 油泵上还有 4 个信号灯,分别是 A 泵工作显红灯、A 泵停止显绿灯、B 泵工作显红灯、B 泵停止显绿灯。

各 I/O 点的定义是：I0.0 是启动按钮；I0.1 是停止按钮；I0.2 是"远方/就地"旋钮，1 为远方，0 为就地；I0.3/I0.4/I0.5/I0.6 分别对应"A 泵单独工作/A 泵工作 B 泵备用/B 泵工作 A 泵备用/B 泵单独工作"4 位置旋钮的输入；I0.7 是油压低信号，Q0.0 是 A 泵合闸，Q0.2 是 B 泵合闸。编写此油站的梯形图控制程序。

第4章

PLC 控制系统的工程应用设计

PLC 的工程应用设计包括:电气一次部分系统设计、一、二次部分系统图的工程设计与标识、PLC 控制系统设计表以及安装工艺要求。

4.1 一次部分系统设计

一次部分的设计任务主要是电气系统整体布线设计、电气一次系统原理设计及电缆电线、断路器、接触器热过载继电器等电气元件的选择。

4.1.1 电气系统的整体布线设计

电气系统的整体布线设计是根据生产工艺和流程,将电动机、变压器、变频器等设备与配电装置、检测元件、显示仪表、操作按钮屏与控制箱、端子箱按实际设备的安装建筑空间进行规划、设计连接电缆的连接通道。

电气布线设计要根据设备实际现场的空间位置和房屋建筑、生产工艺以及有关专业密切相配合,以确定最佳布置。设计要求是:方便设备安装、维护检查,控制系统布置清晰明了,强电、弱电相分离,有效地减少外部环境对信号的干扰以及各种线缆之间的相互干扰,提高设备运行的可靠性和 PLC 控制系统运行稳定性。

电缆按传输的信号类型大致分成以下类型:A 类:敏感信号线缆;B 类:低压信号线缆;C 类:低压电源电缆;D 类:辅助电路配电电缆;E 类:主电路配电电缆。

A 类:指各种串行通信(如以太网、RS485 等)电缆、数据传输总线、ATC 天线和通信电缆,无线电以及各类毫伏级(如热电偶、应变信号等)信号线。

B 类:指 5 V、±15 V、±24 V、0～10 mA、4～20 mA 等低压信号线(如各种传感器信号、同步电压等)以及广播音频、对讲音频电缆。

C 类:指各种仪器仪表的 220/110 V 以及 AC 24 V 及以上的电源电缆。

D 类:指 220/400 V、连接各种电机、辅助逆变器的动力电缆。

E类:指额定电压 3 kV(最大 3 600 V)以下,500 V 以上的电力电缆。

这 5 类信号中,就易被干扰而言,按 A→E 的顺序排列,A 类线最易被干扰;就发射的电磁干扰而言,按 E→A 的顺序排列,E 类发射的干扰最强。

一般而言,传输 A 类、B 类信号的电缆为弱电电缆,C、D、E 类电缆为强电电缆。

1. 电缆桥架的设计原则

① 电缆桥架的尺寸选择要以满足容纳所有通过的电缆、并有至少 $1/2 \sim 1/3$ 备用空间为条件。对于动力电缆架,其桥架的空间冗余度相对设计得大些;对于没有扩展增加设备可能的电缆桥架余度相对小些。预留空间的主要原因是电缆散热、防火隔离及备用。

② 电缆通道桥架的转弯半径设计主要由桥架内放置的截面积最大的电缆确定。按照 GB12706—2002《35 kV 及以下塑料绝缘电力电缆》规定,电力电缆的最小允许转弯半径如表 4 - 1 所列。

表 4 - 1　电力电缆的最小允许转弯半径

电缆的转弯位置	单芯电缆		三芯电缆	
	无铠装	有铠装	无铠装	有铠装
安装时电缆在桥架上的最小转弯半径	20D	15D	15D	12D
靠近连接盒和终端的电缆的最小转弯半径	15D	12D	12D	10D
非金属护套电缆转弯半径	30D		15D	
多芯屏蔽控制电缆的最小允许转弯半径	10D			

说明,D 为电缆外径。

工程设计还要设计至少 2D～5D 的余量。例如,预计电缆桥架中安装的最粗电缆为 30D,则桥架的转弯半径按 30D＋5D＝35D,即 $35 \times 30 = 1\ 050$ mm 比较好。

③ 桥架系统应具有可靠的电气连接并接地;对于振动场所,在接地部位的连接处应装置弹簧圈。不同大小电缆桥架接口、垂直段的电缆桥架还要考虑电缆在电缆桥架槽内的固定以及桥架的固定。

④ 强电电缆桥与弱电电缆桥架的水平间距有屏蔽时至少应大于 300 mm,无屏蔽的至少间距 1 200～1 500 mm,防止强电干扰弱电信号。

⑤ 强腐蚀性环境应采用玻璃钢防腐阻燃电缆桥架,在容易积灰和粉尘比较大的场所应设计带盖板的桥架,户外易受光照的环境也应增加盖板。

⑥ 在公共通道或户外跨越道路段,底层梯级的桥架底部宜加垫板或在该段使用托盘。大跨距跨越公共通道时,应提高桥架的载荷能力或选用行架。

⑦ 大跨距(＞3 m)要选用复合型桥架。

⑧ 桥架系统的设计应有剖面图、平面布置图、侧面布置图等视图。

⑨ 桥架系统所需直线段、弯通、支、吊架规格和数量的明细表以及必要的说明。

非直线段的支、吊架配置应遵循以下原则。当桥架宽度＜300 mm 时,应在距非直线段与直线结合处 300～600 m 的直线段侧设置一个支、吊架。当桥架宽度＞300 mm 时,桥架多层设置时层间中心距为 200 mm、250 mm、300 mm、350 mm;在非直线段中部还应增设一个支、吊架,桥架直线段每隔 50 m 应予留伸缩缝 20～30 mm(金属桥架)。户内支、吊短跨距一般采取 1.5～3 m。户外立柱中跨距一般采取 6 m。

⑩ 有特殊要求的非标件还需要标注技术说明或示意图。

⑪ 控制屏、柜上应标明名称与代号且与电路设计图一致。

⑫ 电缆桥架的标注要按国家设计标准进行。

表 4-2 是常用动力及照明配线标注符号。

表 4-2　常用动力及照明配线(敷设方式)标注符号

符　号	符号说明	符　号	符号说明	符　号	符号说明
A	暗配	LA	在梁内暗配或沿梁暗配	QA	在墙体内暗配
CB	木槽板配线	LFG	动力分干线	QD	沿墙卡钉配线
CJ	瓷夹配线	LG	动力干线	QM	沿墙明配
CP	瓷瓶或瓷柱配线	LM	延梁或屋架下弦明配	RVG	软塑料管配线
DA	在地面下或地板下暗配	M	明配	S	沿钢索配线
DB	直接埋设	MFG	照明分干线	SPG	蛇铁皮管配线
DG	薄壁镀锌管配线	MG	照明干线	VG	硬塑料管配线
DM	沿地板明配	PA	在顶棚或屋内暗配	VJ	塑料线夹配线
G	普通水、煤气、钢管配线	PFG	配电分干线	XC	塑料线槽配线
JXC	金属线槽配线	PG	配电干线	ZA	在柱内暗配或沿柱暗配
KPC	穿聚氯乙烯塑料波纹电线管敷设	PM	沿天棚明配	ZM	沿柱明配
KZ	控制线	PNM	在能进入的吊顶棚内明配		

电缆桥架的安装可参照中国建筑标准设计研究院所发行的 JSJT-121 全国通用建筑标准设计-电气装置标准图集《电缆敷设》JSJT-154 199022、《电缆桥架安装》04D701-3 的标准执行。

2. 电器设备布线图设计原则

① E 类电缆应远离 A、B 类电缆至少 0.5 m,离 C 类电缆 0.4 m,离 D 类电缆 0.3 m。各类电缆应分束、分槽布线。

② 如果不同类的电缆发生交叉,则电缆与电缆之间宜成直角。

③ 注意,使电缆尽量远离发热器件。对于发热温度在 100℃ 以内的发热器件,电线与之距离须＞20 mm;发热温度在 100～300℃ 的发热器件,电线与之距离须＞30 mm;发热在 300℃ 以上,如无隔热、防火措施者,电线与之距离须＞80 mm;如有隔热、防火措施,则以实际可能的温度考虑。达不到此距离时,则允许穿瓷套来解决。

④ 电缆可以采用线槽、线管布线。线槽管的端部以及电线引出口不得浸入油、水,裸露布置的电线必须充分注意不得浸入油、水。

⑤ 电缆布线经过设备柜体上金属隔板的孔应不影响柜体的强度。

⑥ 穿入线管的高压电缆的外径面积之和不应超过线管内孔截面积的 60%（一根电缆的可以例外）。

⑦ 高压电缆两端接线应采用接头压接，且符合 TB/T 1507 中 7.5 条的规定。

⑧ 干线与支线连接宜采用专用接线座。

⑨ 每个螺栓接线座（端子）上接线数：用于供电连接时，不应超过 2 根；用于控制和接地连接时，不应超过 4 根。

⑩ 导体标称截面积≤16 mm² 的单芯或多芯电缆敷设在固定行架上时，备用长度不宜太长，但在每一端留的备用长度应允许进行至少 3 次的重新制作端头连接。

⑪ 电器设备布线图的设计按设备的实际安装位置与空间进行设计，必须标明大的设备、元件的安装位置和名称。如果三视图仍然无法表明设备布线全貌，与机械图类似，还可以补充各种剖视图。

⑫ 布线图要进行必要的标注。

图 4-1 是实际工程的电气布线-主向视图，图 4-2 是电气布线-侧视图，图 4-3 电气布线-俯视图。

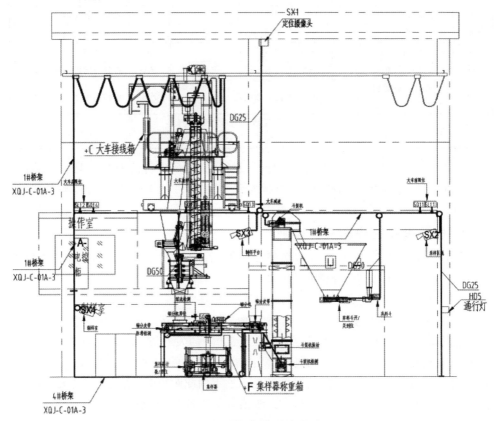

图 4-1　电气布线-主向视图

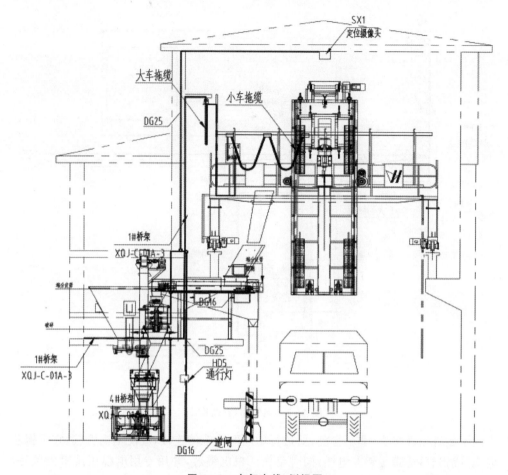

图 4 - 2　电气布线-侧视图

图中 XQJ - C - 01A - 3 是电缆桥架的型号,DG25、DG16 是穿线金属管,SX1～4 是摄像机。分布在各处的配电箱也要进行标注,如图 4 - 1 中的＋F 集样器称重箱、＋C 大车接线箱,图 4 - 3 中的＋A 电控柜等。

3. 电器布线的工艺要求

① 电子装置内两接线端子间电线不允许剪接。

② 导线穿过金属板(管)孔时,应在板(管)孔上装有绝缘护套(出线环或出线套)。

③ 导线弯曲时,过渡半径应为导线直径的 3 倍以上,导线束弯曲时也应符合该要求并圆滑过渡。

④ 电线和各接线端子、电气设备及插头插座连接时,要留一定的弧度,以利于解连和重新连接。

⑤ 导线连接、二次控制及弱电原则上应通过接头、端子排方式连接;强电原则上

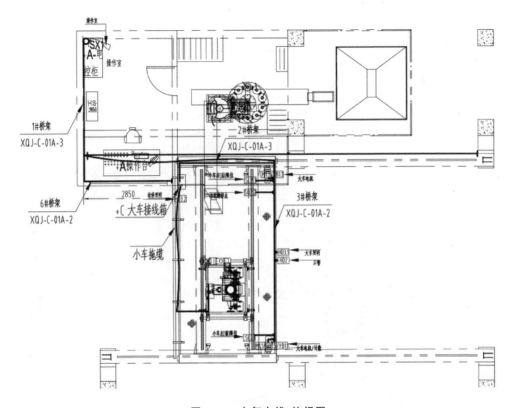

图 4-3　电气布线-俯视图

中间不允许出现接头,非不得已,要进行中间两电缆的连接,应使用铜管(适宜于铜芯电缆)或铝管(适宜于铝芯电缆)同时套住两根电缆芯,并用专用电缆压接钳压接好,再按强电电缆中间接头处理工艺要求进行绝缘与防水处理。

⑥ 每根导线两端必须有清晰牢固的线号,线号套管在导线上不易移动。

⑦ 电线槽安装应牢固,导线要用扎线带、线卡等以适当间隔,并可靠固定,防止振动造成损伤。

⑧ 电线电缆出入线槽、线管时必须加以保护,管口应加绝缘套或用绝缘物包扎。

⑨ 对外有一定干扰或自身须防止干扰的信号,在对外布线及装置内部布线时须采用屏蔽线,屏蔽层应接至机箱外部的专用接地母排或通过连接器外壳接至机箱箱体上(箱体与大地要可靠金属性相接)。

⑩ 在插件箱、变频器类多信号电器设备布线时,对 A、B、C、D、E 类信号要分区走线,尽量减少 C 类以上导线对 A、B 类的干扰。脉冲信号线、A 类信号线应用双绞线连接,并尽量远离和避开 C、D、E 类导线。

⑪ 多芯电缆应留有 10% 或至少 2 根备用线芯。连接端子排中应留有适当数量的备用接线端子。

⑫ 蓄电池供电电缆的分支应尽可能地靠近蓄电池。

4.1.2　一次系统的原理设计

电气一次系统的设计任务就是为所控制的设备系统设计电源、一次回路及电气保护。

1. 电动机动力电源的一次系统总体设计

(1) 电动机供电分类说明

Ⅰ类电动机和负荷是指短时(手动切换恢复供电所需时间)停电可能影响人身和设备安全,使生产系统停顿并可能产生很大经济损失。

Ⅱ类电动机和负荷是指允许短时停电,但长时间停电就会影响设备系统安全和生产。

Ⅲ类电动机和负荷就是长时间停电也不会影响设备安全和正常生产的这类设备。

不同企业的用电性质不同,其对电源供电的重要性也不相同。机械制造加工企业的通用设备是各种高、低压电机驱动的机床设备,突然的设备断电只会造成正在加工的机械零部件的暂停,不会影响人身和设备安全,所以大部分都是Ⅱ、Ⅲ类用电设备和电机;只有少数精密机床或大型机械设备对供电可靠性要求比较高,是Ⅰ类用电设备。对于金属和非金属冶炼类企业的用电设备,设备和系统在正常运转中突然停电或短时停止供电,可能会产生严重的威胁人身和设备安全的事件或造成重大的经济损失,所以冶炼类企业为Ⅰ类供电设备。化工、热力发电(包括火电、核电)、水利发电类企业的设备也大都是Ⅰ类供、用电设备。隧洞、地下采矿类作业设备也大都是Ⅰ类用电设备。

(2) 电动机动力电源母线的选择标准

➢ Ⅰ类电动机和 75 kW 以上的Ⅱ、Ⅲ类电动机,宜由动力中心 PC 直接供电。

➢ 容量为 75~30 kW 的Ⅱ、Ⅲ类电动机宜由电动机控制中心 MCC 供电。

➢ 单机容量在 30 kW 以下且电动机数量不大于 10 台或总容量不大于 50 kW 的可以由就地综合控制箱供电控制。

(3) 总电源一次回路设计

对于控制系统总电源主干线路,必须设计隔离电器和保护操作电器。隔离电器可采用隔离开关、带熔断器的隔离开关,保护电器包括熔断器、断路器以及磁力启动器、接触器、组合电器等。

作为总电源的保护应包括非全相、过压、低压、反相、过流、短路保护。

一般 PLC 控制系统的总电源都是接于低压系统,其一次系统一般不进行防雷设计。如果这个低压母线上的设备仅仅是 PLC 所控负荷且母线的高压电源侧没有防雷设计,则低压侧母线还要进行防雷保护设计。

(4) 电动机一次回路设计

对于电动机一次供电控制回路,应设计隔离电器(用于设备检修时隔离设备电源)、保护电器(用于切断过载和短路电流且不通过PLC,直接作用于保护跳闸一、二次回路)和操作电器(用作切断和接通正常动力回路)。

(5) 动力电源保护的选择性设计

发生短路故障时,供电回路中各级保护电器应有选择性的动作。如果干线上采用熔断器作为短路保护,则干线上的熔断器应较支线上的熔断器要大一定级差。决定级差时应计及上下级熔断器的特性误差,这个误差按$\pm30\%I$来进行概略计算(I为熔断器的标称额定电流)。

2. PLC主机及检测系统的电源一次系统总体设计

(1) 小型PLC控制系统的原理设计

对于PLC所控设备数量不多且单台设备功率都不大于30 kW、总功率不大于50 kW的设备系统,其一次系统与PLC可设计、安装在一个控制屏内;对于PLC控制的设备数量比较多且单台设备功率比较大时,其一次系统与PLC就分别设计、独立安装在不同的屏内。

对于控制功率不大的PLC控制系统,PLC与控制系统的电路器、接触器可混合设计安装到一个控制屏内。其典型设计概略图如图4-4所示。

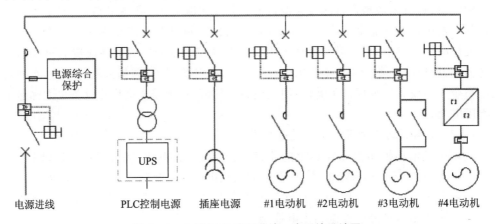

电源进线   PLC控制电源   插座电源   #1电动机   #2电动机   #3电动机   #4电动机

图4-4 小型PLC控制系统一次系统设计图

在这个系统中,电源进线的电源是根据控制柜内设备对系统的重要性来选择的。对于Ⅰ类负荷,其电源应接自动力中心PC屏内;如果是Ⅱ、Ⅲ类电动机,则宜接自电动机控制中心MCC。

PLC的控制电源与电机等设备电源来自同一路电源。如果是Ⅰ类负荷,则电源进线应设计为自动切换的双电源母线段,同时PLC的控制电源应经过UPS后再接到PLC控制系统;如果是Ⅱ类负荷,则可以不在PLC的控制电源中设计UPS,电源进线也为手动倒换的双电源进线。只有Ⅲ类负荷可以设计为单电源进线。

图4-5是Ⅱ、Ⅲ类负荷设备的电源一次系统设计图,这种设计可以满足设备的正常控制。但从保护设备安全、保证设备可靠性来讲,存在以下问题:

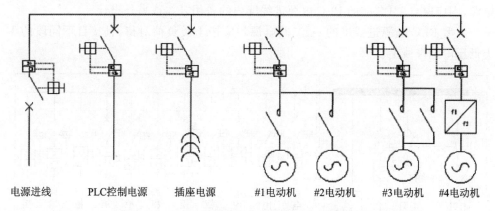

电源进线　　　PLC控制电源　　　插座电源　　　#1电动机　#2电动机　　#3电动机　#4电动机

图 4 - 5　Ⅱ、Ⅲ类负荷设备的电源一次系统设计图

① 电源设计为单电源进线,系统使用受电源影响较大,只能做Ⅱ、Ⅲ类负荷控制使用。

② 没有设计电源综合保护,不能防御由于电源异常(如超压、非全相、反相)造成的设备损害。

③ 有两台电机共用一个断路器或空气开关做保护,设备维护不方便。一台检修时影响另外一台的备用和运行,且两电机保护整定困难,保护的动作可靠性比较低,不能有效保护电机。

④ PLC 主机所用电源与系统没有进行有效隔离,极易受到设备启动或故障时的电磁干扰,从而造成 PLC 系统运行的不稳定。

⑤ 对于带变频器控制的电机,没有在变频器后设计二次热过载继电器进行电动机过负荷保护,电动机保护不够。

⑥ 由于缺乏必要的温度保护,如果控制柜内发生触点、接头不良导致的过热和火灾,这种控制柜是没有任何的自保护能力,极不安全。

对于控制功率大于 50 kW 及以上的 PLC 控制系统,一个综合控制柜的空间已经不能满足控制设备与开关设备的安装布置,这时,动力柜与控制柜分别集中布置。动力部分接于专门的动力中心 PC 或电动机控制中心 MCC 的配电屏或专用配电屏上,PLC 则安装在专门的 CP 或 PCP 控制屏内,且电源也应选用 UPS 供电。

(2) 大型 PLC 控制系统电源设计

对大型 PLC 控制系统,其 PLC 控制系统大都是Ⅰ类负荷,电源一次系统需要单独设计。典型的大型 PLC 控制系统电源一次系统概略图如图 4 - 6 所示。各 PLC 控制柜的电源都是接在由 UPS 供电的 PLC 专用电源屏内的母线上,这个母线上只接 PLC 控制电源及 PLC 控制屏的风扇电源。不过需要说明的是,PLC 电源系统中的"插座"从保护 UPS 和 PLC 系统安全稳定的角度考虑是不宜设计的,但部分用户在 PLC 控制设备附近又缺乏必要的插座,不方便设备外接计算机、交换机类轻载检查、测试设备使用,所以 2 A 以下的小容量插座是可以设计接入的。对于大容量检修电源,则应取自 UPS 前的 PLC 电源进线屏内的备用开关或另外设计。

大型 PLC 电源进线屏的一、二路电源均应按Ⅰ类负荷对待,且接自不同段的Ⅰ类低压电源母线上。

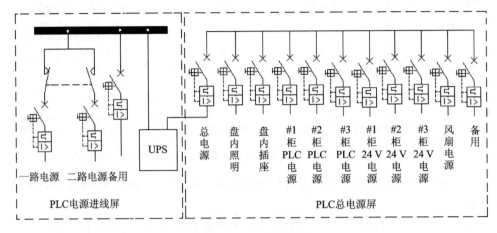

图 4 - 6　PLC 电源设计

对于超Ⅰ类负荷控制用 PLC 的电源,其设计按图 4 - 7 进行设计。交流电源分别来自保安电源与 UPS 电源,两路交流电源通过交流二选一输出静态选择器后输出给 PLC 控制器。由于是超Ⅰ类负荷,其电源系统不再允许接插座、照明类辅助设备,辅助设备的电源应另外独立接线。

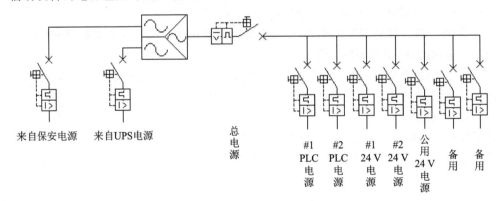

图 4 - 7　超Ⅰ类负荷控制用 PLC 的电源

4.1.3　一次系统电压及电缆选择

一次系统的电机电压是根据电机容量进行选择的。当电机容量在 200 kW 及以上时,电机宜选择 6～10 kV 供电母线供电。当电机容量小于 200 kW 但大于 100 kW 时,如果有 3 kV 的供电母线,则首选由 3 kV 的母线供电;如果没有 3 kV 的母线,则选择 380 V 母线供电。

电缆分为电力电缆、控制电缆、通信电缆,射频电缆、特种电缆等多种类型,选择时应根据其应用途径进行。

➤ 硅橡胶特种控制电缆适用于交流 50～60 Hz 及以下或直流系统且电压在 450/750 V 以下的电气仪表、自动化控制系统的信号传输或移动设备连接。

➤ 硅橡胶耐热动力电缆适用于交流电压 500 V 以下的电机、仪器的安装连接,正常允许工作在－60～＋180℃的环境中。

➤ 硅橡胶电力电缆适用于移动电气设备之间的连接,如斗轮机、行车行走系统的动力用电缆。

➤ 对绞屏蔽电缆适用于集散控制系统和计算机、PLC、DCS 等自动化系统的信号传输。

➤ 热电偶补充导线适用于测量温度的热电偶与测量仪表间的连接。

➤ 特种扁平电缆适用于移动设备的动力及信号传输。

➤ 特种耐高温控制电缆适用于交流 450/750 V 的控制、监视回路,具有耐高温、低温、耐酸碱、耐油、不燃烧等特点,允许长期工作温度在 40～＋275℃。

安全清洁耐火电缆、建筑电缆、通用及矿用橡胶软电缆、交联聚乙烯绝缘安全电缆、变频电缆、核级电缆、铁路专用电缆、船用电缆、航空电缆等种类繁多,这里不再一一介绍。

工程应用中,应根据信号的电压等级、额定电流、预期短路电流、频率、环境条件、电磁兼容性要求及预期寿命来选择电缆的型号和规格。

配电电缆截面积无论按什么条件选择,负载电流都必须小于允许载流量(安全载流量)。

热带、温带平原地区电缆线芯长期允许工作温度控制在 100℃以下。

交流系统中,电缆的标称电压至少应等于系统的额定电压;直流系统中,电缆的标称电压应不大于该电缆实际工作额定电压的 1.5 倍。

配电动力电缆,当电缆电流大于 15 A 及以上时宜用屏蔽电缆,以限止其对外部的辐射干扰。

对于引入或引出变频器、软启动器的动力电缆,无论电缆电流大小是多少,都应使用带屏蔽的电缆且符合如图 4－8 所示的结构要求。

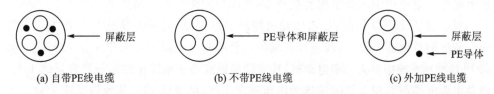

(a) 自带PE线电缆　　　(b) 不带PE线电缆　　　(c) 外加PE线电缆

图 4－8　变频器、软启动器允许使用的动力电缆

对于变频器、软启动器用动力电缆,优选使用如图 4－8 所示结构的电缆。如果图 4－8 所示结构的电缆屏蔽层导电率小于相电缆线导电率的 50%,则需要增加使用单独的 PE 导线,如图 4 - 8(c)所示。图 4 - 9 所示结构的电缆是不允许用于变频器和软启动器的一次动力回路接线,也就是,没有屏蔽层的电缆是不允许用于变频器一次回路接线。

PE导体 →

(a) 带PE线的扁平电缆　　　　　　(b) 带单根PE线的圆形电缆

图 4 - 9　不带屏蔽层的电缆

在变频器、软启动器的一次接线中,必须将电缆的屏蔽层连接到变频器和软启动器的接地⊥端,没有单独使用 PE 导线的电缆屏蔽层拧成的辫束长度不能超过电缆直径的 5 倍。另外,变频器输出端(到电动机侧)动力电缆的长度不得大于 100 m,否则将会在高频时产生过大的线损,难以保障电动机的正常调速运行。

4.1.4　一、二次系统电缆芯截面积选择

1. 一次系统电缆线芯截面积的选择

一次系统线路的设计中对电线、电缆线型、截面积的计算选择是电气设计工程人员应掌握的基本技术。虽然其计算方法比较简单,但必须掌握各种计算方法所隐含的先决条件,这样就不至于出现设计选型不当造成的安全隐患或浪费。

电力电线、电缆平方数是电线电缆国家标准规定的一个标称值,工程口头用语中电线、电缆平方数是没加单位的值,其被省略的具体单位是平方毫米。

对于电线、电缆,其规格上标的是电线线芯导体的横截面积,即电线圆形横截面的面积(对于多股电缆,其面积是每根芯截面积之和),单位为平方毫米。

对于动力电缆线芯截面积的选择计算方法有:按长期允许载流量计算法、按经济电流密度计算法、按允许线路电压降计算法等多种计算方法。各种计算方法的选择侧重点不同,相同负载条件下的各方法计算结果也不相同。对于由 PLC 控制的设备,一般使用按允许线路电压降计算法来确定电缆线芯截面积,这样选择的电缆可保证电缆在正常使用中不会出现发热严重,从而影响使用的问题。

对于由低压动力中心 PC 或电动机控制中心 MCC 的配电屏至 PLC 控制设备混合安装屏的总电源电缆,一般设计要求额定负载时电压降不得大于 $1\%\sim2\%U_e$。如果 PLC 控制系统中有大功率电动机,其容量接近或高于系统正常运行总容量的 40%,则总电源电缆截面积运算时选择的电压降应小些,推荐选 1%,其他情况选 $2\%U_e$。

而对于从 PLC 控制设备混合安装屏至各就地设备、电动机安装处的连接电缆,一般设计电压降在 $1\%\sim3\%U_e$(按照《DL/T 5153—2002 火力发电厂厂用电设计技术规定》规定,允许电动机正常运行中的电缆压降损失小于 5% 即可,但考虑到《DL/T

5153—2002 火力发电厂厂用电设计技术规定》里没有考虑母线的压降,而一般小系统设计中,母线都存在有大约 2% 的压降,故此处设计要求是母线至电动机、负载的电缆压降损失小于 3%);对于照明线路,允许电压降不应超过 $2.5\% \sim 5\% U_e$;对于起重类短时重载工作的电机电缆压降允许小于 $8\% U_e$。

对于三相线路,电缆线路的线芯截面积计算公式是:

$$S = \rho L P / (3^{0.5} U \triangle U \cos \phi) \times 10^6$$

式中,ρ 是导体的电阻率,对于铜质导线,此值为 $1.75 \times 10^{-8}(\Omega \cdot m)$;对于铝质导线,其值是 $2.83 \times 10^{-8}(\Omega \cdot m)$。$\triangle U$ 是线路的允许压降(V)。$\cos \phi$ 是功率因数,一般交流电动机取 0.8,如果是电炉类纯电阻类设备,其值选 1.0。P 是线路负荷(W);L 为线路长度(M);U 是电源开关端母线线电压(V);S 为电缆芯截面积,单位 mm^2。

对于三相电动机,此公式经过简化即可得到 $S = \rho L P / (1.38 U \triangle U) \times 10^6$。

对于单相交流线路,$S = \rho L P / (U \triangle U \cos \phi) \times 10^6$。注意,这里的 U 是相电压。

【例 4-1】 某成套机械设备总功率为 54 kW,电源为低压 380/220 V 电源,低压动力中心 PC 配电屏至 PLC、控制设备混合安装屏的距离是 50 m。成套设备中还有一台 18.5 kW 的电机,电机安装在控制屏外 20 m 外。试计算从低压动力中心 PC 配电屏至 PLC 控制屏的电力电缆最小电缆线芯截面(要求采用铜芯线、铝芯线分别计算)和 PLC 控制屏至电动机安装处(铜芯电缆)的动力电缆线芯截面积。

解:对于从低压动力中心 PC 配电屏至 PLC 控制屏的电力电缆,其计算电压降为 $1\% U_e$,即 $380 V \times 1\% = 3.8 V$。

则采用铜芯电缆时,线芯截面积

$$S = \rho L P / (U^{0.5} \triangle U \cos \phi)$$
$$= (1.75 \times 10^{-8} \times 50 \times 54\,000 / (1.73 \times 380 \times 3.8 \times 0.8)) \times 10^6$$
$$= 23.64 \ mm^2$$

同样的公式,求得采用铝芯电缆时,线芯截面积至少要 $38.23 \ mm^2$。

对于从 PLC 控制屏至电动机安装处的电力电缆,其计算电压降为 $2\% U_e$,即 $380 \times 2\% = 7.6 V$。所以采用铜芯电缆,其截面积

$$S = (\rho L P / (3^{0.5} U \triangle U \cos \phi)) \times 10^6$$
$$= (1.75 \times 10^{-8} \times 20 \times 18\,500 / (1.73 \times 380 \times 7.6 \times 0.8)) \times 10^6$$
$$= 1.61 \ mm^2$$

从国家电缆规格规范目录中查找选择,我们最低的电缆线芯标号分别是 25、35(比 35 高一个等级的是 50,与 38 相比大多了)、2.5 平方。如果从电缆产品目录中选择,应该是(3×25+1×16)铜线电缆、(3×35+1×16)铝芯电缆、(3×2.5)的铜芯电缆。

以上动力电缆的选择都是在环境温度为 20℃ 的平均气温及开放的平原低海拔地区的环境来设计和选择的下限值。如果设备使用区域环境温度比较低,则可以适当选择电缆截面的下限值,寒区有保温的不能选下限;如果是在热带高温区域或高海

拔区域,则电缆截面应选择得适当大些。

按以上原则选择的动力电缆在用于限流式断路器、保护式接触器或磁力启动器控制的回路中可不必校验电缆的动稳定和热稳定性。

在一个控制屏、柜内部,作为母线的动力线,其导线线芯截面积的选择与电源总进线电缆线芯截面积选择相同。

2. 二次系统电缆线芯截面积的选择

对于二次控制电缆,由于其正常流过的电流比较小,其不按线路压降来进行线芯截面选择,一般选择 2.5~0.5 平方的线缆。其中,对于电流回路,线径选 1.0~2.5 平方;单股导线,线径不小于 1.5 平方;多股导线,线径不小于 1.0 平方;弱电回路,线芯面积最小不得小于 0.5 平方。如果用 PLC 控制一个 6~10 kV 的高压断路器的合闸回路,就必须进行信号传输的压降校核与计算,信号回路的线路压降整体不得大于 $5\%U_e$,不能沿用最小 0.5 的经验值进行选择。另外,所有进入 PLC 控制系统的控制信号电缆必须采用质量合格的屏蔽电缆,且屏蔽层可靠单端接地;PLC 控制系统与电气系统共用一个接地网时,PLC 控制系统接地线与电气接地网只允许有一个连节点。

抗干扰接地、保护 PE 接地线截面积不得小于 2.5 平方。

PLC 控制柜、控制屏内部接线用的电线,动力回路的线芯标号选择不小于其电缆线号的截面积;二次控制、测量回路用电线一般用 1.0~1.5 平方的比较合适。如果是西门子、施耐德、莫迪康类国外 PLC 端子接线,因其接线端子安装空间窄小,则可以使用 1.0~0.5 平方的线连接。

4.1.5 PLC 控制系统动力回路断路器的选择

在 PLC 控制系统动力回路,一般都设计有总电源断路器和每个负载的分断路器作为系统的主要操作与保护机构,从而实现系统的分部保护和多级保护。

1. PLC 控制系统的各负载断路器的参数选择

在 PLC 控制系统中,其主要的负载为电动机、电磁阀等电气设备。一次回路中断路器的主要功能就是在开关出口至负载间或负载内部发生短路、过载时可靠动作,切断负载的动力电源,保护电动机、电源不损坏,把机械设备可能的损坏限制在最小范围内。

断路器的电流有额定工作电流、保护动作额定分断故障电流值,部分断路器还有过载脱扣电流。

(1) 负载断路器额定工作电流的选择

在电动机一次回路中,断路器的额定工作电流由断路器所控制负载的额定电流确定,断路器的额定工作电流是 1.0~1.2 倍的负载额定电流。如果按此计算方法选择时选择不到合适电流的断路器,则断路器的额定电流应该选大些。如果断路器的额定电流等于电动机的额定电流,则还需要验算在电动机出口接线端子处发生短路时的预期短路电流应小于断路器的额定分断故障电流值。若验算的预期短路电流大于断路器的额定分断故障电流值,则应该改选大容量断路器。当主保护动作时间与断路器的固有分闸动作时间之和大于 0.15 s 时,则可不考虑短路电流的非周期分量对断路器开断能力的影响。但当出现下列情况之一时应考虑非周期分量的影响:

➢ 主保护动作时间与断路器的固有分闸动作时间之和小于 0.11 s 时。
➢ 主保护动作时间与断路器的固有分闸动作时间之和介于 0.11～0.15 s 之间,
且短路电流的周期分量为断路器额定分断故障电流的 90％以上时。

预期短路电流值是指分断瞬间一个周波内周期分量有效值,对于动作周期大于 4 个周波的断路器,不计异步电动机的反馈电流。

(2) 断路器保护定值的选择方法

① 按躲过电机额定电流或正常最大负荷电流计算:$I_{sd.set} = KI_M$,其中,$I_{sd.set}$ 是保护整定的电流或保护动作电流;K 是可靠系数,其取值为 1.05～1.2;I_M 是电动机额定电流或电动机正常工作时的最大工作电流。如果额定电流大于正常工作时的负载电流,则 I_M 选额定电流;如果最大工作电流大于额定电流,则 I_M 选择最大工作电流。

② 按躲过启动电流整定,$I_{sd.set} = KI_Q$,其中,可靠系数 $K = 1.5～8$;I_Q 是电动机的启动电流。

电动机的断路器动作电流究竟是选择按工作电流还是选择按启动电流进行计算主要取决于电动机的工作方式,如果电动机是轻载启动或恒载启动,则选择按正常工作电流来整定保护动作值较合适;如果电动机的负载是电梯、起重机类的重载启动设备,则按躲过启动电流来设定保护动作值就比较合适。对于启动负载不是太重、但频繁启停的设备电机,其按躲过启动电流整定,比例系数 K 适当选择得小些。

2. PLC 控制系统总电源断路器的参数选择

PLC 控制系统总电源断路器主要功能除正常开关电源操作外就是切断发生在负载开关处的短路故障或负载母线短路故障,从而实现对电源二次保护。

① 对于 PLC 控制系统总电源断路器,其额定电流等于其全部可同时运行的负载电流乘以 1.2 倍的可靠系数;若选择不到合适额定电流的断路器,则断路器的额定电流还可以适当选得大些。

② 对于 PLC 控制系统总电源断路器的保护动作值的选择。

如果 PLC 控制系统的电动机中有电动机容量超过总容量的 50％,则总电源断路器的保护定值按躲过 10 倍最大容量的电动机的启动电流为准进行设定。

如果 PLC 控制系统中,某台设备单台容量接近或超过总容量的 40％,则总电源的断路器跳闸动作电流应按 $I_{set} = KI_\Sigma$ 计算。其中,I_{set} 是断路器的动作电流设定值,I_Σ 是 PLC 系统总工作电流,K 的取值在 2.5～3 之间。

如果 PLC 控制系统的电动机中有电动机容量超过总容量的 30% 但小于 40%，则 K 的取值在 1.6~2.5 之间。

如果 PLC 控制系统的电动机中没有那台电动机容量超过总容量的 30%，则 K 的取值在 1.2~1.5 之间。

4.1.6　电动机一次回路合闸接触器电流的选择

电动机一次回路的接触器主要用于接通和切断电动机的正常工作电流，不用于切断故障电流，所以其电流可以选择为负载的额定电流。但考虑到部分厂家的接触器技术标准与国标有差异，为保险起见，应选择 $I_{QM} = 1.1 I_e$。其中，I_{QM} 是接触器的额定工作电流，I_e 是电动机额定电流。

在实际的工程设计中，上述计算的 I_{QM} 是接触器的下限选择值。如果总电源干线控制回路中有总电源控制接触器，则此接触器的额定电流按 $1.2 I_\Sigma$ 计算。

例如，一台额定电压是 380 V，功率是 2.2 kW，功率因数是 0.8 的三相电动机，根据三相对称交流电路功率计算公式 $P = 1.73 UI \cos \phi$ 公式，可以计算出电动机的额定线电流是：

$$I = P/1.73 U \cos \phi = 2200/(1.73 \times 380 \times 0.8) = 4.18 \text{ A}$$

于是选择的接触器额定电流为：$I_{QM} = 1.1 \times 4.18 \text{ A} = 4.6 \text{ A}$，于是选择额定电流为 5 A 的接触器就能够满足控制要求。

如果在 PLC 控制系统中设计有总电源控制接触器，则总电源接触器的额定电流大于等于控制系统同时工作的电器设备总电流。

4.1.7　电动机一次回路热过载继电器的选择

对于小容量电动机，其一般都配置有热过载继电器（有时工程上也俗称热偶或热继电器）作为电机的过载保护，其容量的选择是电动机的额定电流在热过载继电器可调范围的中间偏下值。例如，电动机的额定电流是 4.2 A，则热过载继电器可调范围选 3~9、$I_{th} = 5$ A 的热过载继电器就能够满足要求了。

通常，热过载继电器的动作值 $I_q = K I_e$。

其中，I_q 是热过载继电器的动作整定值；I_e 是电动机的额定电流；K 是可靠系数，其值一般选 1.0~1.8。K 的大小是根据电动机机械负载特性来选择的，对于连续工作的电动机，选 1.0~1.2 即可；对于断续重载启动电机，可以选择 1.5~1.8。

4.1.8　电动机变频器、软启动器的选择

通常，交流电动机的启动有全压直接启动和降压启动两种方式。全压直接启动方式接线和控制都比较简单，系统可靠性也高，但其使用是有条件的，那就是电动机直接启动时造成的电动机所在母线电压下降不能超过 $15\% U_e$；否则，大容量电动机启动时有可能因母线电压下降多而引起同母线的其他正常运行电动机的低电压跳闸

和运转异常。对于可能导致母校电压下降较多的大容量电动机,其启动应尽量使用降压启动或"软"启动方式启动。

电动机降压启动的方法比较多,有电动机 Y/△启动、延边三角形启动、自耦变降压启动、定子串电阻启动等。在这些启动方式中,除 Y/△启动、延边三角形启动对电动机的启动力矩影响相对较小外,其他启动方式对电动机的启动力矩影响比较大;从控制系统的经济性和可靠性来讲,降压启动方式优选 Y/△启动、延边三角形启动。不过这种启动方式对电动机的定子线圈结构有要求,对于普通电动机,这种降压启动不适应。

对于启动比较频繁且运行中不需要进行调速的电动机,可以选择配置软启动器进行软启动与软停止,这样可以提高整个系统的可靠性,并且降低启、停过程中对设备和系统的冲击。

对于运行中还需要进行调速的电动机,最好配置变频器进行变频控制。变频器不仅可以实现软启动与停止,还具备调速与过载等保护,是调速设备控制的首选装备。

对于软启动器,由于受可控硅电子元件允许通过电流限制,一般不具备过载能力,所以,它们的选择是以能顺利躲过电动机的启动电流而不发生过载为准。一般软启动器的额定工作电流 $I_{ef}=1.5I_q$。其中,I_{ef} 是软启动器的额定工作电流,I_q 是电动机的启动电流。如果不知道电动机的启动电流,则按电动机 10 倍的额定电流作为电动机的启动电流来计算。

对于变频器的选择,一般变频器都有多个参数,只有全部符合使用要求的变频器才是设计人员应选择的变频器。

① 变频器的可调速的功率范围:这个功率上限一般为负载电机额定功率的 1.1～1.5 倍。对于轻载启动的电动机,选 1.1 就可以满足使用要求。但对于起重机类重载电动机,这个功率倍数选 1.5 才能保证电动机启动过程中不损坏变频器。

② 变频器的调速范围:如果变频器的调速范围小于电动机要求的调节范围,则这样的变频器也不能选择,一般变频器的可调速范围应该大于电动机的要求调速范围。

③ 变频器的输入、输出电压:变频器的输入/输出电压与实际设备的供电电压相关,如果选择了用户不能提供的电压等级,则这样的变频器也是不能选择的。另外,变频器设备的安装海拔高度也会影响变频器的输出电流与电压。一般而言,变频器的安装海拔高度大于 1 000 m 后输出电流就要降低;海拔高度越高,其允许的输出电流越小,变频器输出电压也随设备安装海拔高度而应予降低。例如,西门子的 MICROMASTER 440 系列变频器在不同海拔高度允许的输出电流、电压关系曲线如图 4-10 所示。

④ 变频器的工作环境温度对变频器工作的影响:普通变频器对工作的环境温度是有要求的,当温度过低或过高时都会对变频器产生不利的影响,也限制了变频器的输出电流大小。例如,西门子的 MICROMASTER 440 系列变频器在不同环境温度时允许的输出电流与温度关系曲线如图 4-11 所示。从图 4-11 可见,当环境温度

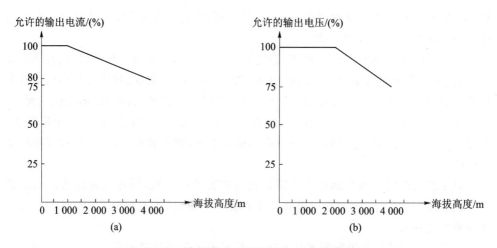

图 4 - 10　海拔高度与输出电流、电压关系曲线

超过 40℃时,变频器的允许输出电流将逐渐减小;环境温度超过 60℃时变频器就不允许工作了。相对地,当变频器的工作环境温度低于—10℃时,其也无法保证安全工作,也是不允许变频器在低温环境下工作的。

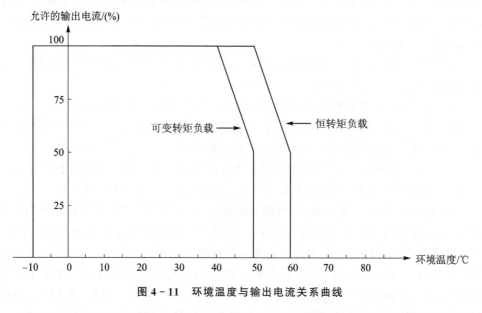

图 4 - 11　环境温度与输出电流关系曲线

⑤ 变频器可接收的输入控制信号类型、输出信号类型也应该满足控制系统要求。一般变频器都有允许外部进行启动、停止、正转、反转和多档转速控制端子,也有一些电压和电流模拟量输入端子,改变这些端子的电压或电流输入值可以改变电动机的转速。不使用 PLC 时,只要给这些端子接上开关就能对变频器进行正转、反转和多档转速控制(就是变频器中的恒速控制)。当使用 PLC 控制变频器时,若 PLC 是以开关量方式对变频进行控制,则需要将 PLC 的开关量输出端子与变频器的开关

量输入端子连接起来;为了检测变频器某些状态,同时可以将变频器的开关量输出端子与 PLC 的开关量输入端子连接起来。

对于连续调节变频器输出频率的模拟量控制输入信号端子,既可以直接加载符合变频器要求的电压、电流信号,也可以将其连接到 PLC 的模拟量输出端子上,从而实现对变频器输出频率的连续可调。

如果变频器的安装位置与 PLC 控制箱的距离比较远,则这种直接导线连接的控制方式由于线路压降损失较大,无法满足控制要求,这时只能选择带 RS485 通信口的变频器,通过通信的方式来控制变频器的工作状态。由于各变频器生产商的设计不同,它们的变频器与第三方设备的通信协议并不相同,在选择变频器时,通信协议对于远程控制的变频器也是一个必须考虑的因素,一般至少应具备 Modbus 通信协议。如果使用西门子的 PLC,那么可以选择西门子的变频器,这样可以直接使用西门子的 USS 协议进行通信,有效降低编程人员的通信编程工作量。

4.1.9　电动机的保护配置

1. 相间短路保护

用于保护电动机绕组内及引出线上的相间短路故障。保护装置可按电动机的重要性及选用的一次设备,由下列方式之一构成:

➤ 由熔断器和接触器构成的一次控制系统中,由熔断器作为相间短路保护。
➤ 由断路器或断路器与操作设备组成的保护回路,可用断路器本身的脱扣器作为相间短路保护。为了使保护范围深入电动机内部,要求电动机出线端子处短路时的保护灵敏系数不小于 1.5。若保护灵敏性系数达不到要求,则应另外设置继电保护,保护装置采用两相继电器接线,瞬时动作于断路器跳闸。

2. 单相接地短路保护

① 由于低压厂用供电系统及部分高压供电系统都是中性点接地系统,对容量在 100 kW 以上电动机宜设置单相接地短路保护;对于 55 kW 及以上容量电动机(如相间短路保护能满足单相接地灵敏性时),可由相间短路保护兼做单相接地短路保护;当不能满足灵敏性要求时,则必须另外设置单相接地短路保护。

保护装置由一个接于零序电流互感器上的电流继电器构成,瞬时动作于断路器跳闸。

② 对于中性点由高电阻接地的供电系统供电的电动机,单相接地保护应利用中性点接地设备上产生的零序电压来实现,保护动作后应向控制中心发接地报警信号。保护装置由零序电流元件构成。

为了保证单相接地保护动作的正确性,零序电流互感器应套装在电缆上,应使电缆头与零序电流互感器之间的一端金属外护层不与大地接触。此段电缆的固定应与大地绝缘,其金属外护层的接地线应穿过零序电流互感器后接地,使金属外护层中的电流不致通过零序电流互感器。

3. 过负荷保护

> 对于电机合闸操作器为接触器或磁力启动器的一次控制回路,其过负荷由热过载继电器或微机型保护继电器构成。

> 由断路器控制的一次回路,如果断路器本身不带过负荷延时自动跳闸保护,则应该设计电流继电器作为过负荷继电保护。保护根据负荷特点可用于直接跳闸或向控制系统发报警信号。

4. 两相运行保护

当电动机由熔断器(保险)作为短路保护时,应该设置非全相运行保护。由带断相保护的热过载继电器或带触点的熔断器作为非全相保护。

5. 低电压保护

① 对于Ⅰ类电动机,当装有自动投入的备用机械,或为了保护人身、设备安全,在电源电压长时间消失时必须自动切除时,应设置延时 $9\sim10$ s 时限的低电压保护,用于断路器、接触器跳闸。

② 为了保证接于同一段母线的Ⅰ类电动机自启动,对于不要求自启动的Ⅱ、Ⅲ类电动机和不能启动的电动机应设置 0.5 s 延时的低电压保护,用于跳开电动机的断路器或接触器。

动作于 0.5 s 的低电压保护对于使用交流操作电源的合闸接触器,电压消失后接触器失去自保持功能,进而自动实现低电压保护。

③ 低电压保护的整定值如表 4-3 所列。

表 4-3　低电压保护的整定值

电动机分类	电压整定值(额定电压的百分数)	
	高压电动机	低压电动机
Ⅰ类电动机	45~50	40~45
Ⅱ、Ⅲ类电动机	65~70	60~70

6. 对接于 6 kV 及以上高压母线的高压电动

> 如果电机容量大于 2 MW,则必须设置纵联差动保护;对于 2 MW 以下中性点具有分相引线的高压电动机,当电流速断保护灵敏性不够时,则也应设置纵联差动保护,用于保护电动机绕组内及引出线上相间短路故障。

> 对于未装设纵联差动保护或纵联差动保护仅保护电动机绕组而未包括电缆时,则应设置电流速断保护。保护装置宜采用两相继电器式接线,瞬时动作于断路器跳闸。

> 作为纵联差动保护的后备保护,还需要增设过电流保护。保护装置宜采用两相继电器式接线,定时限或反时限动作于断路器跳闸。

➢ 必须设置单相接地保护。

➢ 对于易发生过负荷或自启动困难和启动时间长的电动机,还必须设置过负荷保护,保护装置由电流继电器组成,带时限动作于发信或跳开断路器。

➢ 低电压保护参考前面介绍的低压电动机的要求与规定。

4.1.10　一次系统电缆标记

无论是电动机的动力电缆还是控制电缆、或是其他什么电缆、光缆,工程安装时都应进行标记和悬挂牌。对于经过端子排连接到电动机的动力电缆(一次系统电缆)都要在每根线进行线号标记;直接由断路器、开关的出线端子上直接接线的动力电缆一般都比较粗,已经不适合套端子线号,不必进行线号标记。但无论什么电缆,都必须要在电缆上悬挂电缆标牌,电缆标牌的标注内容有:

➢ 电缆(或光缆)编号(就是在一次系统图中的电缆编号)、电缆(或光缆)的起始位置、终了位置。

➢ 电缆(或光缆)型号、电缆(或光缆)长度。

4.2　电气一、二次部分系统图的工程设计与标识

4.2.1　控制系统一、二次回路常用图形符号

进行工程图纸设计时,除按原理图进行图纸设计外,还必须按国家的《低压配电设计规范 GB50054—1995》、《电力装置的继电保护和自动装置设计规范 GB/T 50062—2008》、《电力装置的电测量仪表装置设计规范 GB/T 50063—2008》、《电气简图用图形符号 GT/T4728.1～4728.13—1996～2000》、《电气工程 CAD 制图规则 GT/T18135—2000》等相关的设计规范进线图纸的细节设计与绘制。表 4-4 是国标 GT/T4728—1996～2000 版部分常用电气简图的图形符号。

表 4-4　国标 GT/T4728—1996～2000 版常用电气简图符号

图形符号	名称及说明	图形符号	名称及说明	图形符号	名称及说明
✳	电动机的一般符号 ✳ 可用下述字母代替 C:旋转变流机 G:发电机 GS:同步发电机 M:电动机 MG:能作为发电机和电动机使用的电机 MS:同步电动机	Ⓜ3~	三相鼠笼式感应电动机	Ⓜ1~	单相鼠笼式有分相绕组引出端的感应电动机

续表 4-4

图形符号	名称及说明	图形符号	名称及说明	图形符号	名称及说明
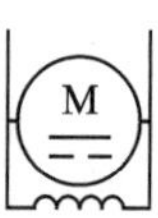	直流并励电动机	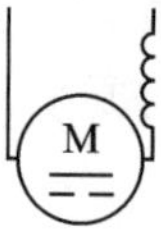	直流串励电动机	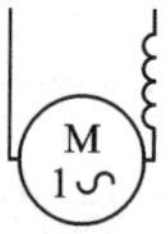	单相串励电动机
×	断路器功能		接触器功能		负荷开关功能
	制动器、刹车		热效应	>	特征量大于整定值动作
	旋转操作	E-	按动操作	><	特征量大于或小于整定值动作
	紧急操作(蘑菇头式)		接近效应操作		钥匙操作
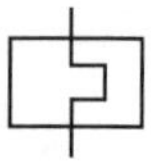	热继电器的驱动器件		磁铁接近动作的接近开关 动合触点	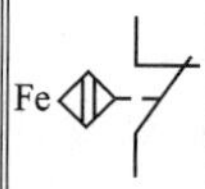 Fe	铁接近时动作的接近开关 动断触点(常闭触点)
	脱扣的闭锁器件	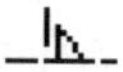	锁扣的闭锁器件	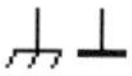	接地板,接机壳
○	盒(箱)一般符号	⊙	连接盒,接线盒		(电源)插座,一般符号
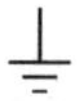	接地,一般符号		抗干扰接地、无噪声接地		保护接地
	动合(常开)触点		动断(常闭)触点		具有正向操作的动断触点且有保持功能的紧急操作开关
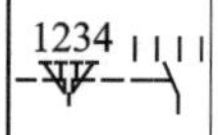 1234	单输入多输出位置开关(图中只画了4个)	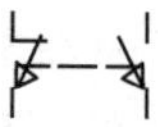	位置开关,对两个独立电路做双向机械操作		热敏自动开关
	位置开关,动断触点(常闭触点)		整流器	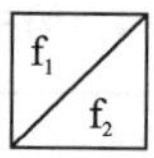 f₁ f₂	变频器
	位置开关,动合触点(常开触点)	 ⊗	灯、信号灯的一般符号,如果要表示颜色,在图像处标注颜色字母,如:RD 红灯,GN 绿灯,YE 黄灯	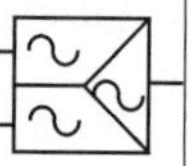	交流电源二选一输出静态选择器
	静态(半导体)接触器		报警器		蜂鸣器

图形符号	名称及说明	图形符号	名称及说明	图形符号	名称及说明
	带熔断器式开关		闪光型信号灯		电铃
	自由脱扣机构		电缆连接的一般符号		一群入线两群出线

4.2.2　电动机一次回路的工程图设计与绘制

根据前面介绍的一次系统设计原理进行电动机一次回路工程图的设计,既要符合一次系统概略图的原理,又要符合工程制造、安装、检查维护要求。

图 4-12 是典型的低压电动机一次回路工程接线图,从这个图分析可获得电动机一次回路设计的基本原则如下:

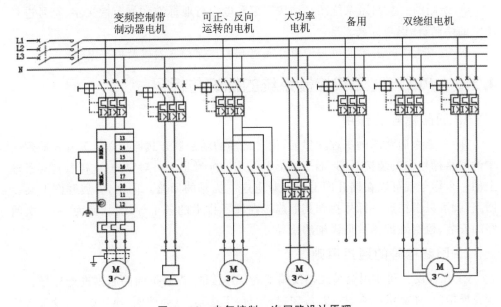

图 4 - 12　电气控制一次回路设计原理

① 对于电动机一次回路,无论电动机功率大小,均应有独立的隔离、控制的断路器、熔断器类短路保护元件以及操作元件或组合体。

② 对于双绕组或多绕组电动机,每个绕组回路都应设计有独立的保护元件与正常操作元件。

③ 对于小容量电动机,其过载保护元件一般由热过载继电器完成,且热过载应安装在正常跳、合闸元件的后面、电机进线的前面。对于大容量电动机,其过负荷保护由专门的过负荷保护继电器构成。

④ 对于大功率电动机的一次回路,接触器已经不能满足断开工作电流的要求,必须设计由断路器或真空接触器加高压熔断器组成的组合体来执行正常的合闸与断开操作。为方便断路器及其负载的维修,必须在断路器前设置隔离刀闸。如果是组合抽屉式开关,则不在断路器前另外设置隔离刀闸。

⑤ 对于带电磁离合器(也称刹车)或抱闸的电动机,如果是用变频器进行控制,则电磁离合器的电源必须独立取自母线,不能接在电动机的进线接线柱上,以防低频运行时离合器分离不彻底,从而造成刹车磨损和烧坏电机。

⑥ 至少要预留有一路备用一次回路,方便设备维护或系统升级扩展使用。备用回路最好是 4 线制开关。

⑦ 绘制电动机一次回路接线图时不能像原理概略图那样用一个触点代表一个空气开关或接触器,必须是每相、每根线都要详细绘制,使用了中性线的也要绘制出来。

⑧ 要按国家标准电器简图符号来绘制图纸。

⑨ 绘制的一次回路系统图必须按国家和电力行业标准和规范性文字、符号进行图纸的绘制、标识与标号。

⑩ 电源干线的进线上也必须设计隔离开关与保护电器以及操作电器。

4.2.3　PLC 一、二次控制系统的标识与标记

1. 回路标号的作用

在一、二次回路图的工程图里面,用得最多的就是展开式原理图。展开式原理图中的回路标号和安装接线图、端子排上电缆芯的标号是一一对应的,这样看到端子排上的一个标号就可以在展开图上找到对应这一标号的回路。同样,看展开图上某一回路,就可以根据这一标号找到其上连接在端子排上的各个导线,从而为一、二次回路的安装、检查维护提供最详细的指导。

2. 回路标号的通用原则

① 凡各设备间要用电缆经接线端子进行连接的,都要按回路原则进行标号。一些在屏柜门(如显示仪表、按钮、旋钮、指示灯)上或顶上(如照明、换气扇)的设备与控制屏内设备的连接,也要经过端子排,此时屏柜门、屏顶设备就要视为屏外设备,在其连接线上同样按回路编号原则给予相应的标号。换言之就是,不在一起(一个屏或一个箱内)的二个设备之间的连接就应使用回路标号。

② 用 4 位或 4 位以下的数字组成、需要标明回路的相别或某些主要特征时,可以在数字标号前面(或后面)增注文字或字母符号。例如,DCS 系统及大型 PLC 控制系统,控制点数超过 4 位数(4 位数字已经不能满足设计识别要求),于是其数字前后就增加了字母,用于区分设备属性、安装地域地域等详细信息。

③ 按等电位的原则标注,即在电气回路中,连接于一个点上的所有导线均标以

相同的回路标号。

④ 对于电气设备的节点、线圈、电阻、电容、电感等原件间隔的线段,即视为不同电位等级的线段,要给予不同的标号;当两端线路经过常闭节点连接时,虽然平时都是等电位的,但一旦常闭节点断开,就变为不同电位等级了,所以,与常闭节点连接的两段线路也要给予不同的标号。

⑤ 对于在接线图中不经过端子而在屏内直接连接的回路应标注内部端子号。

对于电气线路、导线的标记,除必须遵守上述原则外,还存在标记对方或自己的问题,也就是从属标记(也称相对标记或相对标号)、独立标记以及与特定导线相连的电器接线端子的标记。

3. 从属标记

从属标记由数字、字母组成的标记,此标记由导线所连接的端子代号或设备代号确定。其又可分为从属对端、从属本段、从属两端标记。从属标记的分类如表 4-5 所列。

表 4-5　从属标记的分类

分　类	要　求	示　例
从属对端标记	对于导线,其终端标记应与对端所连接项目的端子代号相同。 对于线束,其终端标记应标出对端所连接设备的部件的标号	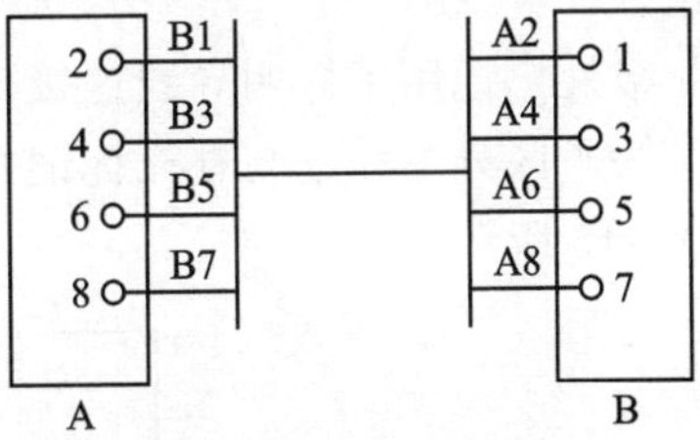 B1 表示 A 设备的 2 号端子接到 B 设备的 1 号端子上
从属本端标记	对于导线,其终端标记应与所连接项目的端子代号相同。 对于线束,其终端标记应标出所连接设备的部件的标号	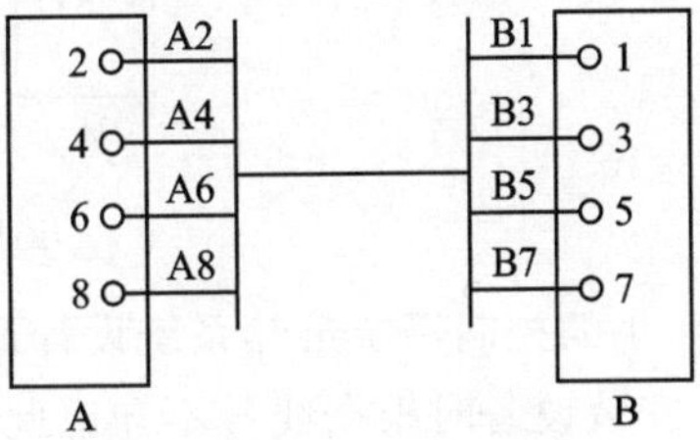 A2 表示本线接在 A 设备的 2 号端子上
从属两端标记	对于导线,其终端标记应同时标明本端与对端所连接项目的端子代号相同。 对于线束,其终端标记应同时标出本端与对端所连接设备的部件的标号	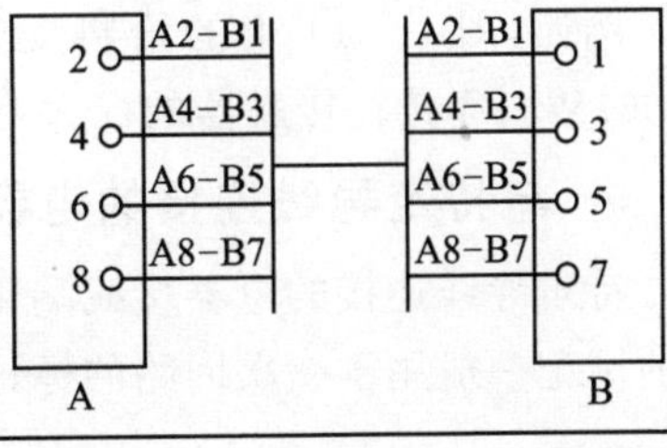

从属标号中的从属对端或从属本端的优点是:只要看见端子上的线号,就知道这根线的一端接在什么设备的什么地方,不用图纸都可以轻易找到;但缺点是在进行设备安装、维护时,如果没有图纸,随便拆开一根线,再接回来就不知道该接在哪里了。

从属两端标记基本消除了上述缺陷,但设备线号标记数量庞大,无论是在图纸上进行标识还是工程制造,占用的空间资源都比较大。从属标记在继电保护系统及DCS 等大系统中用得比较多。

4. 独立标记

独立标记也是由数字、字母组成的标记,但此标记与导线所连接的端子代号或设备代号无关联。一般小的控制系统都使用独立标号或标记。

5. 补充标记

补充标记可根据需要采用功能标记、相别标记、极性标记。

功能标记适用于分别标识每根导线的功能,如开关的节点回路、电流、电压测量回路等。用得较多的是二次回路的标记。

相别标记用于标明导线连接的交流系统某相,主要用于动力回路或一次回路的标记。

极性标记用于标明导线连接到直流电路的某一极,主要用于直流回路标记。

为了区分主标记与补充标记,在补充标记与主标记间应用"/"进行隔离,具体如图 4 - 13 所示。

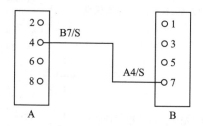

图 4 - 13　补充标记

小的控制系统虽然系统设计简单,接线不复杂,但单独使用独立标记也存在着维护、安装设备时根据线号不知道此线是接往何处的缺陷,为此,推荐使用"独立标号/本端标号"的形式来标记线号,这样就能够完全避免独立标号不知道线接往何处的问题。例如,图 4 - 14 中的给料皮带电机在 ＋A－X1 端子排往电机的接线标记为U006/W6,而接往接触器的标为 U006/QM6.1 - 2。

6. 与特定导线连接的电器接线端子的标记及特定导线的标记

特定导线连接的电器接线端子的标记及特定导线的标记如表 4 - 6 所列,特定导线的标记一般用于一次回路的标记。

表 4 – 6　与特定导线连接的电器接线端子的标记及特定导线的标记

电器元件或设备的接线端子的字母标记		特定导线的字母标记	
标记符号	电器元件或设备名称	标记符号	导线用途
U	交流 A 相	L1	交流电源 A 相
V	交流 B 相	L2	交流电源 B 相
W	交流 C 相	L3	交流电源 C 相
N	交流系统中性线	N	交流系统中性线
C	直流系统正极	L+	直流系统的电源正极
D	直流系统负极	L-	直流系统的电源负极
M	直流系统中间线	M	直流系统中间线
PE	保护接地	PE	保护接地线
E	接地	E	接地线
TE	无噪声接地	TE	无噪声接地线
CC	等电位	CC	等电位
MM	机壳或机架	MM	机壳或机架
		PEN	保护接地线和中性线共用一根线
		PU	不接地的保护线

说明，对 CC、MM 标记，只有当这些接线端子与保护接地线或接地线不等电位时才进行标记。

7. PLC 控制系统常用电气元件的英文名称缩写字母

表 4 – 7 是部分 PLC 控制系统常用电气元件的英文名称缩写字母。

表 4 – 7　常用电气设备、元件英文名称缩写字母

元件名称	符　号	元件名称	符　号	元件名称	符　号	元件名称	符　号
动力开关类		继电器类		母线类		其他类	
断路器	QF	继电器	K	电线,电缆,母线	W	函数发生器	AF
隔离开关	QS	电流继电器	KA	直流母线	WB	双电源	ATS
电动机保护开关	QM	电压继电器	KV	插接式(馈电)母线	WIB	传感器	CG
自动开关	QA	时间继电器	KT	电力分支线	WP	电容器	C
刀开关	QK	功率继电器	KP	照明分支线	WL	驱动板	DR
熔断器	FU	控制继电器	KC	应急照明分支线	WE	程序板	DSP
		信号继电器	KS	电力干线	WPM	照明灯	EL
活动连接类		热继电器	KH	照明干线	WLM	避雷器	F

续表 4-7

元件名称	符　号	元件名称	符　号	元件名称	符　号	元件名称	符　号
连接片	XB	簧片继电器	KR	应急照明干线	WEM	蓄电池	GB
测试端子	XE	温度继电器	KTP	合闸小母线	WCL	地、接地	GND
插头	XP	电源监视继电器	KVS	控制小母线	WC	信号灯、指示灯	HL
插座	XS	接地继电器	KE	信号小母线	WS	红色信号灯	HLR
端子排	XT	接触器	KM	电压小母线	WV	绿色信号灯	HLG
				事故照明小母线	WELM	黄色信号灯	HLY
控制开关类		电机类				白色信号灯	HLW
按钮	SB	电动机	M	表计类		蓝色信号灯	HLB
合闸按钮	SBC	交流电动机	MA	电压表	V	显示板	LCD
跳闸按钮	SBT	直流电动机	MD	电流表	A	逆变模块	LND
复位按钮	SBR	测速发电机	TG	温度计	θ	充电器	LKC
试验按钮	SBte	伺服电动机	SM	转速表	n	监控计算机	MARC
紧急停机按钮	SBE	电磁铁	YA	功率因数	$\cos\phi$	常闭	NC
停止按钮	SBS	电磁制动器	YB	电流互感器	TA	常开	NO
控制开关	SAC	电磁离合器	YC	电压互感器	TV	分流器	RW
转换开关	SAH/SA			电感(电抗)线圈	L	变频器	UF
选择开关	SA	控制箱、控制屏类				逆变器	UI
按钮开关	SB	控制屏	CP	电子元器件类		据有延时动作的限流保护器件	FR
开关	SW	动力中心	PC	电容器	C		
闭锁开关	SAL	电动机控制中心	MCC	电阻	R	据有延时和瞬时动作的限流保护器件	FS
浪涌保护器	SPD	程控器屏	PCP	频敏电阻	RF		
限位开关、终端开关	SQ	其他屏	ZP	电位器	RP	限压保护器件	FV
接近开关	SQP	就地箱	LB	热电阻	RT	避雷器	FL
		端子箱	TB	压敏电阻	RV		

8. 电气系统工程图纸标记与标号规则

对于工程图纸，其标注一般按“高层代号＋位置代号－种类代号:端子代号”的格式进行标注。

高层代号是系统或设备中高层次的项目代号,如 T2。

一般高层代号在小的系统设计中不直接标注在图纸中,只有在一张图纸中涉及与其他项目的连接时才予以在图纸的细节中标注。大的系统都必须标注。

位置代号是项目组件、设备在系统或建筑物内的实际位置代号,一般用英文 A～Z 的 26 个字母表示。

种类代号是项目中的主要组件、元件的代号,一般按表 4 - 3、4 - 4 及相关标准中的字符表述。

端子代号是用以同外电路进行电气连接的电气导电件代号,一般直接标明数字。例如,＋A－X1:11 表示 A 控制柜的 X1 端子排的第 11 号端子。

9. PLC 控制系统的一次系统标记与标号

图 4 - 14 为某工程一次控制系统设计图,以此图例说明工程图纸的图形绘制与标号的基本要求:

① 绘图使用的图形符号必须按国标规定图符来设计绘制,如电机、开关、按钮、旋钮、继电器、接线箱、电缆等。

② 标注也必须按电力行业规范标注,并使用通用符号进行标注。

③ 一张图中从其他图纸来的接线或到其他图纸的接线,应标注接线来源地和去往目的地。例如,U 02/10、V 02/10、W 02/10 表示本接线来自 02 号图的第 10 列输出,U 05/2、V 05/2、W 05/2 表示本线路接到 05 号图的第二列输入。

④ 对于接触器、开关、断路器,则需要标注电器元件属性编号(例如,＋A－QM6.1 表示 A 控制柜的 M6 电动机的第一个保护控制开关、＋A－QF6 表示 A 柜 6 号空气开关)和电器元件接线柱编号(例如,＋A－QF6 开关上端头的 1、3、5 和下端头的 2、4、6)。

⑤ 直接从空气开关、断路器接往接触器的电线应标注线号,如 U107、V107、W107。从接触器等开关设备接往端子排的电线也应标注线号,如 U007、V007、W007。

⑥ 电缆与电线分界处应绘制端子转接符号并标注端子排号(如＋A－X1)和电缆、电线在端子排上的小标号(有时就是端子排从左到右或从上到下的顺序位置号),如 11、12、13。

⑦ 电缆与电线的分界处应进线标注,电线侧标注电线侧线号(如 U006、V006、W006),电缆侧标注电缆符号(＋)和电缆编号(如 W6)。如果同一端子排两端线号相同,则只标注一端即可。

⑧ 电机、电器设备也应标注设备编号和设备功率,如 4－M6　0.75 kW。

⑨ 工程图纸中的每根线就代表着实际设备制造、安装中一根具体的导线,其有具体的线号、连接位置以及连节点。例如,给料皮带电动机的 A 相电源线接自控制柜的总电源母线的 U000,导线接在电动机综合保护开关＋A－QF6 的 1 号接线端子上,从 2 号接线端子接出至＋A－QM6.1 接触器的 1 号接线端子上,＋A－QM6.2

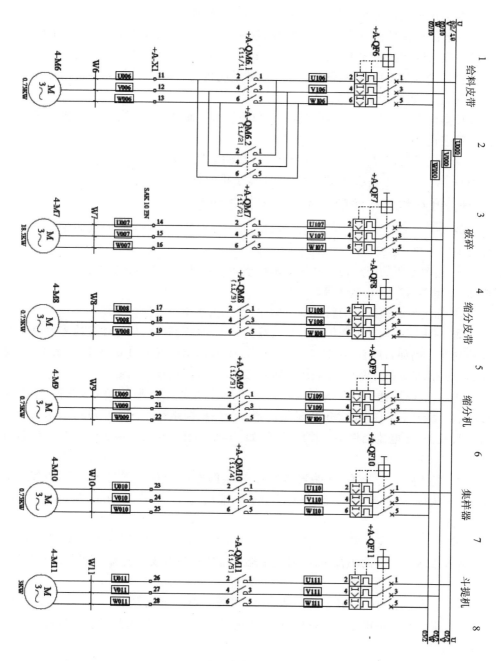

图 4 - 14　制样柜电气一次接线原理图

的 1 号接线端子上的接线并列接在 ＋A－QM6.1 的 1 号端子上；＋A－QM6.1 的出线接在其 2 号接线端子上，同时，这个接线端子上还接有来自 ＋A－QM6.2 的 6 号出线端子的一根线；＋A－QM6.1 的 2 号接线端子上还接有第三根线 U206，这根线接在＋A－X1 端子排的第 11 号端子的上接线柱上；从 11 号端子的下接线柱再接一根线，这根线是根电缆线，接到了给料皮带电动机的 A 相接线柱上。

⑩ 设备对应列要标注设备中文名称，如破碎、缩分皮带、缩分机、集样器。

注意，对所设计图纸进行的标注必须符合国家及相关行业的设计标注标准，图纸标注所用字母也应采用国际通用英文名称缩写字母。对于没有通用英文缩写字母的设备或元器件的标注，则应使用中文标注。

4.2.4　PLC 控制系统二次部分设计

PLC 控制系统中的电气二次控制回路是指由 PLC、继电器、接触器等低压电器构成的对一次强电回路进行测量、监视与控制的回路。

1. 电气控制回路的设计原则

PLC 控制回路的设计必须遵循以下基本原则：

① 电气控制回路设计的基本要求与最高准则是必须保证系统运行的安全、可靠。

电气控制回路的设计不仅要考虑设备的正常运行情况，尤其是要考虑到当设备中的机械部件、电器元件发生故障，以及出现误操作、PLC 误动作等情况下的紧急处理。无论出现何种情况，控制回路必须设计有能保证设备的安全、可靠停机，降低和避免对人身、设备造成伤害的紧急停机控制回路和电路。不重要的设备可以不设计紧急停止的二次电路，其紧急控制都是通过就地直接拉开一次回路的电源开关的方式实现的。

紧急控制电路不仅仅是紧急停止，部分重要设备还必须设计紧急启动保安设备电路与回路。

② 在保证安全、可靠的前提下，能够实现控制目标的控制逻辑与电路设计的应尽可能简洁、明了，方便检查、操作与维护。

③ 控制回路的控制电压应符合标准规定，电压种类不宜过多，从而降低生产制造、维护成本，提高系统可靠。

④ PLC 必须设计可靠的操作电源。

对于重要设备的 PLC 控制系统，PLC 的供电必须设计两路供电。如果是两路交流电源供电，则电源切换的间断时间必须小于 PLC 允许间断时间的 50％，最大不得大于 80％，否则 PLC 自身工作不可靠；对于特别重要的 PLC 控制系统，PLC 的操作电源必须是双路交流电源，且一路电源来自 UPS 供电，另外一路来自其他母线的 I 类电源供电或保安电源供电，两路电源的切换采用交流电源二选一输出静态选择器；如果是直流供电，则正常工作时两路直流电源都应并列运行。

⑤ 二次回路的设计必须按国家《过程检测与控制流程图用图形符号和文字代号 GB2625—1981》、《信号与连接线的代号 GB/T16679—1996》等国家标准规定图形、符号来进行绘制与标注。

⑥ 对于重要的Ⅰ类及以上负荷电机、设备,其控制要有独立的就地控制箱,以备在 PLC 的 CPU 检修期间也能保证设备的安全运行。

⑦ 对于一般电机,也要有独立的手动控制回路,方便设备维护与独立调试。这个独立的手动控制回路可以不必像特别重要电机那样有独立于 PLC 控制的控制箱,但在 PLC 内部及外部操作面板上必须有独立的操作按钮与控制方式旋钮,如"自动"、"手动"、"联锁"、"远方"、"就地"等选择位置旋钮和启动、停止等按钮。

⑧ 设计可靠的报警回路,防止由于个别检测元件故障后没有报警,导致的维护更换故障元件不及时而产生的事故或设备损坏。

⑨ 重要设备的检测、控制元件都应采用冗余设计,杜绝个别元件故障影响设备安全运行。

⑩ 设备的联锁尽可能地在就地控制箱或就地 PLC 控制系统实现,无法避免地才在上位机中实现。

2. 电气二次控制回路的设计

(1) PLC 控制系统总电源及其保护设计

PLC 控制系统总电源保护设计的目的是:

➤ 正常状态下防止电源异常波动(如电源缺相、反相、超压、欠压)导致的控制系统和设备损坏。

➤ 作为 PLC 控制设备正常时单台设备的远后备保护,限制发生一次部分短路造成的电气故障范围。

➤ PLC 可能出现的控制失灵情况下紧急停止设备和系统,防止异常扩大。

PLC 控制系统总电源保护设计相比发电机、母线、变压器的保护简单,如果是低压一次系统,则仅仅采用综合相序保护即可满足控制系统总电源保护要求,具体设计如图 4-15 所示。

可见,PLC 控制系统总电源设计应具备的基本功能和实现方法是:

① 总电源的控制是由＋A－QF01 空气断路器和＋A－QM01 接触器组成一次回路。断路器的作用是起过载或短路保护作用,而接触器的作用则是用于系统的正常操作、防止系统电源异常变化以及控制系统出现其他异常紧急情况的应急停机控制。

② 总电源采用常规按钮、继电器组成的控制回路进行控制,不采用 PLC 控制,这主要是防止 PLC 失控或紧急情况的快速、可靠断电停机。

③ 无论是相序保护器还是总电源的控制回路,都应设计有保险,保证在这些二次控制回路中出现短路时不会造成损坏范围的扩大以及影响范围的扩大。

④ 总电源操作回路的合闸按钮采用常规的"动合"按钮,但跳闸的操作按钮则为"动断自锁"按钮。

⑤ 总电源二次回路中还应该设置控制箱超温保护,防止因接触器、断路器制造接线不牢固,继电器、接触器接头、接线柱等在长时间运行中发热导致的超温燃烧,损

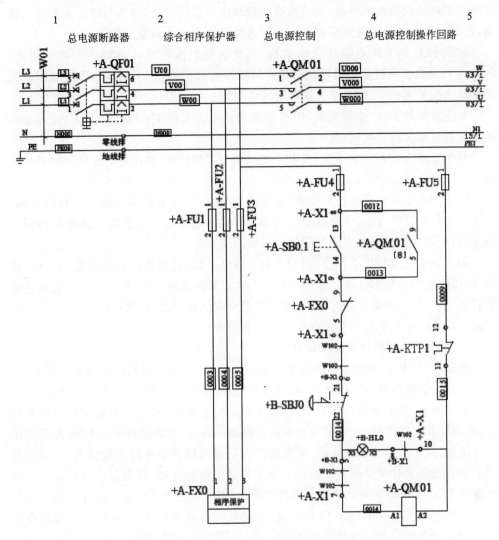

图 4 - 15　PLC 控制系统总电源一、二次部分设计图

毁控制箱以及引发电器火灾事故。这种温度保护可以限制可能的火灾范围,特别适合于无人值守的设备的控制系统。对于有人值守的控制系统,视设备制造质量要求来确定是否设计温度保护。

（2）PLC 控制系统操作电源设计

小型 PLC 控制的 Ⅱ、Ⅲ 类负载系统,其 PLC 主机及扩展模块的工作电源（也称操作电源）如果是交流电源,则最佳设计是电源取自控制柜的动力电源母线并经隔离变压器进行隔离。主机的每路分支都需要设计保险,保险的容量按本支路最大工作电流的 1.1～1.2 倍的余量选择。对于 PLC 控制系统的传感器使用的电源,也取自隔离变的输出侧,这样可有效地隔离电机等电气设备启动时产生的电磁干扰。如果传感器用电负荷数量比较多,其直流整流模块也分多块设计,则块与块之间要进行隔离,杜绝一块电源模块故障影响整个电源系统的正常工作现象发生。

如果 PLC 的工作电源是直流电源,其交流侧电源也要经过隔离变进行隔离。PLC 主机及其扩展模块的供电应与传感器的供电分开,防止个别传感器故障引起的异常范围的扩大和 PLC 系统工作不稳现象发生。

对于重要的 PLC 控制系统,PLC 的交流供电宜采用 UPS 供电,且 UPS 还必须具备无扰自动旁路切换功能。

对于大型的 PLC 控制系统,其 PLC 的主机及扩展模块、检测电源的设计如图 4 - 6 所示。

图 4 - 16 是一个典型的小型 Ⅱ、Ⅲ 类负载 PLC 控制系统操作电源工程设计图。在这个电路设计中,PLC 主机采用交流供电,供电电源与主系统的一次电源为同一路电源,经隔离变压器隔离后分别送往不同的地方。

PLC 的 DQ 点输出采用直流(24 VDC)供电,PLC 的传感器电源也是 24 VDC 供电,但传感器供电与 DQ 供电是两个分开的电源模块供电。同时,无论是交流侧还是直流侧,每个分支侧都设计有保险,对电源及负载进行短路、过载保护。

（3）PLC 控制系统单个设备的二次控制设计

1）二次主控回路软件部分设计

通常,一个 PLC 控制系统往往都控制着很多设备,每个设备的功能和作用不同,实现其相应控制功能的二次回路、软件设计也不相同,但从保证系统运行的安全、可靠的角度出发,其工程设计还是要遵循一些基本的规则,那就是手动控制回路与自动、联锁控制回路相独立,保护节点串接在控制回路中;不论是自动或手动,都受保护节点限制,对于必要的互锁保护、极限保护除了要在软件中进行编程设置外,还要在PLC 外部通过硬接线实现停止功能。这主要是为防止互锁、极限保护恢复正常的瞬时由于 PLC 错误指令的继续存在而再次误动,彻底杜绝设备的超范围异常动作事故发生。紧急停止则不在 PLC 内部实现,而是采用外部常规设计,这样可以有效控制PLC 发生异常时可能导致的设备损坏。不过,紧急停止的信号也要送入 PLC,从而使 PLC 的控制逻辑产生相应的紧急跳闸动作,防止紧急跳闸信号消失瞬间可能的设备误动。

由 PLC 控制的电机控制原理如图 4 - 17 所示。

需要说明的是:对于可以正、反方向运转的设备,仅靠 PLC 内部节点信号是不能完全防止由于外部继电器动作延时不确定性造成的设备正、反向控制继电器同时接通而导致的短路事件发生的,其控制回路一定要在 PLC 外部接线中加入互锁节点。对于单方向运转的设备,视其与其他设备工作关联情况也应该进行互锁电路的设计。

图 4 - 17 的外部执行元件线圈也可以移动到如图 4 - 18 所示的 PLC 开关量输出端口处,这样做的好处是当外部互锁节点、极限保护节点、紧急停止节点任何一点发生对地短路或绝缘降低时都不会影响 PLC 主机 CPU 的工作安全性,对于保护

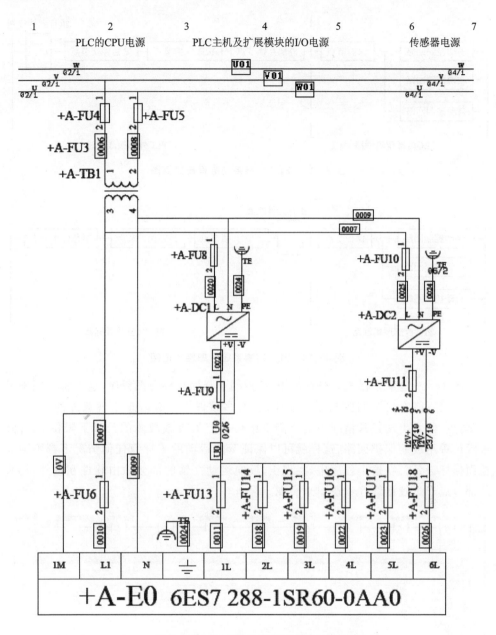

图 4-16　PLC 操作电源工程设计图

CPU 的输出端口有一定的好处;缺点是当上述 3 个节点接地短路时将造成 PLC 控制系统的安全保护失效且不报警,这样可能会产生更大的设备安全隐患或事故。所以从保护设备安全的角度出发,应平衡考虑各危害的后果所产生的损失大小从而确定选择用哪种方案。

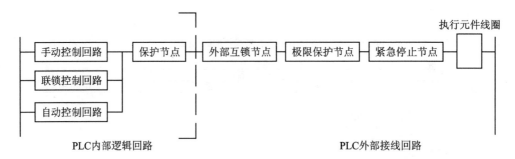

图 4-17　PLC 控制系统原理接线框图

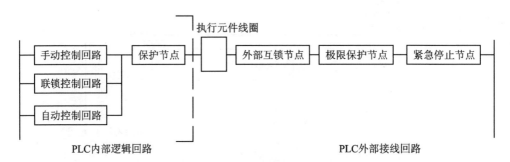

图 4-18　PLC 控制系统原理接线框图

图 4-19 是某采样机采样筒的 PLC 控制下降回路梯形图程序,这个程序明确显示采样筒下降有自动回路与手动回路,且有多重保护。有防止出现意外的"紧急停止"节点、防止出现正常情况下的升降下限位节点失灵或故障的升降下限位 2、升降极限位等组成的保护回路,这样就可以保证双向运动的采样筒任何情况下都不会失控而损坏设备。在这个程序中,实现正、反向运动互锁的部分除由软件互锁外,还有外部节点通过硬接线互锁逻辑来实现。

符号	地址	注释
采样暂停	M0.0	
大车左限位	I0.2	常开
紧急停止	I1.5	操作台 常闭
开始采样	M0.3	
取样上升	Q0.3	
取样下降	Q0.4	
取样下降中继	V40.5	
升降下极限位	I1.4	常开
升降下限位	I1.2	常开
升降下限位2	I1.3	常开
下降手动	I3.5	手柄

图 4-19　某采样机采样筒下降控制程序

对于一般 PLC 控制系统,如果是简单的控制,且控制程序不长,则可以在主程序块中编程实现全部控制功能。但如果是大型复杂控制系统,主程序的程序存储空间往往已经不能够满足编程使用了,另外一个主程序太长,也不利编程人员检查与改进,所以大型 PLC 程序通常设计成主程序只控制通信、调用子程序以及总体步骤与顺序控制,对于具体某个设备的控制则由单独的子程序完成。这种设计比较适合没有或较少与其他 PLC 或上位机通信的 PLC 控制系统。

对于需要大量与外部通信才能获得的点进行运算控制的程序,由于部分品牌的 PLC 通过通信获得的点需要先进行数据变换才能够被 PLC 控制逻辑使用,所以其数据转换的程序比较长。为了集中进行通信数据的转换,也可以按照功能把子程序分为动作执行、DI 映射、DO 映射、数据转换、手动、自动、参数设置等按功能设置的子程序块,每个功能块都只完成本块所定义的功能。这样每个功能块都不复杂,结构简单,也方便非编程的维修人员日常维护检查。

大型 PLC 的程序结构具体应用模式如图 4-20 所示。

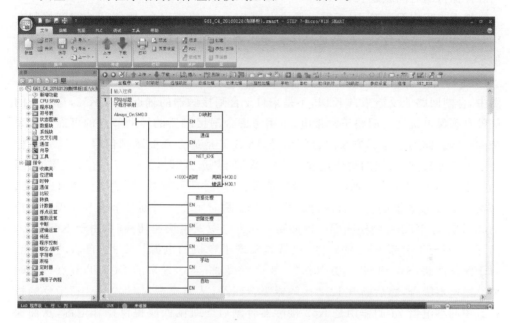

图 4-20　大型 PLC 控制程序结构

2) 二次主控回路硬件部分设计

对于重要的 I 类设备的控制,要考虑其控制的安全与可靠性,不能过于依赖 PLC 控制,要有独立于 PLC 的就地控制箱。在正常情况下将设备控制旋钮切换到"远方"控制模式,由 PLC 进行控制。一旦 PLC 自身有问题,则可将设备的控制方式选择旋钮切换到"就地"控制模式,使设备的运行不受 PLC 的影响,从而在利用 PLC 控制高效与实现多功能、便捷控制的同时有效降低 PLC 的主机故障产生的设备失控风险。

组合式抽屉配电开关就是实现上述设计思想的控制电器之一,其控制回路往往是由第三方设计,不需要编程人员设计;但编程人员需要对其相互独立的合闸与跳闸远程控制回路分别进行设计,也就是对于一台设备,需要单独设计其合闸回路与跳闸回路,PLC 的梯形图控制软件也是独立的。在这种控制回路中,一般要求无论是合闸、还是跳闸,其输出的都是脉冲信号,脉冲宽度一般控制在 50~300 ms。这主要是防止合闸指令脉冲时间过短,从而可能造成电机一次开关尚未合闸到位并实现自保持就没有了合闸脉冲,而造成的一次开关合不上的现象发生。如果合闸脉冲指令时间过长,则会产生另外一种安全风险,那就是一旦在合闸时出现电气故障,则需要跳开发生短路和故障电路;这时由于合闸脉冲没有消失,跳闸后开关又再次合上,从而导致故障的范围扩大的严重事件。合、跳闸脉冲宽度是由控制回路的复杂程度及相关继电器的动作时间决定的。对于普通的 LC1 - D38M7C 型交流接触器,其固有合、分闸动作时间大约在 50 ms。一次回路中硬接线的接触器、断路器节点越多,需要合闸脉冲保持的时间就越长。

根据工程实践经验,对于继电器输出型 PLC,一般远程合、跳闸脉冲宽度控制在 100~150 ms 比较合适;如果是晶体管输出型 PLC,则这个值在 80~100 ms 就足够了。

图 4 - 21 是典型的 I 类电机 MCC 组合开关的一、二次控制回路原理接线图。图中,合闸回路的反馈来自 KT1,不是来自于合闸接触器的辅助节点 K52,这样做的好处是确保电机动力回路正常带电,不用考虑合闸接触器的辅助节点的可靠性对系统的影响。DCS C 是远方来的合闸信号,DCS T 是远方来的跳闸信号。(这张图标注也不完整)这个系统的动作过程是:当 SW 切到"远方"时,3 - 4、7 - 8 节点接通;当远方来的 DCS C 节点接通时 K11 继电器吸合,然后是 K52 接触器吸合,并通过 KT1 来实现 K52 接触器的合闸自保持。使用 KT1 瞬时闭合延时断开节点来实现自保持的原因是,在 K52 合闸期间因一次回路的动力电源发生快速切换时,由于 KT1 尚未断开,而不至于引起 K52 的跳闸,也就是实现了电机的电源切换的"自启动"功能。对于跳闸回路,SW 切到"远方"时,7 - 8 节点接通;当远方来的 DCS T 节点接通时 K10 继电器吸合,然后断开 K52 接触器吸合回路,从而实现对"远方跳闸"指令的执行。中间继电器 ZJ 的作用是 K52 接触器合闸后向跳闸回路提供操作电源,从而保证跳闸指令的 DCS T 节点接通时 K10 有电驱动。

II、III 类电动机的控制就不需要使用 KT1 瞬时闭合延时断开继电器来实现自保持了,直接使用 K52 接触器的辅助节点来实现自保持即可。

3) 报警回路设计

在 PLC 控制系统的报警设计中,主要的报警有 3 类报警,分别是过程参数报警、设备元件故障报警和 PLC 通信或故障报警。

当设备运行过程参数超限报警时,这类报警的参数是真实的超限,只需要提示运行控制人员进行及时的控制调整,使被控对象的参数在正常范围内即可。

对于设备元件故障报警和 PLC 通信或故障报警,这类故障往往伴随着设备元件损坏,设备已经不具备正常运行的条件,需要停机,须联系专业人员进行检查维修才能消除这类故障。

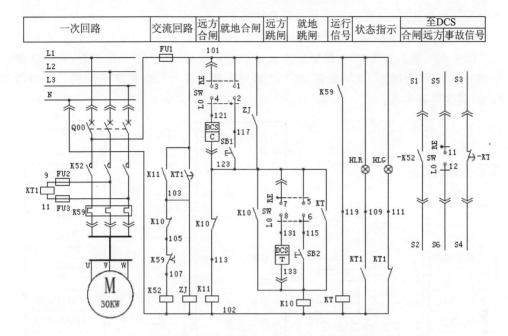

图 4-21　组合式抽屉配电开关一、二次接线原理图

　　就控制设备而言,对任何设备的控制检测元件,虽然设计人员尽力选择质量好的厂家的产品,但任何工业用检测元件都不会保证百分百的可靠。换言之就是,检测元件肯定会在使用的过程中有出现故障和失灵的时候,如果不对这些元件的失灵进行恰当的处理,将会产生无法预测的影响。为防止设备的重要检测元件故障可能产生的危害,我们在设计中除了进行检测元件的双重化设计外,还要对元件的故障进行故障判断与报警,从而及早提醒维护人员检查处理。

　　① 对于模拟量检测元件,要对输入的模拟量进行高、低报警及变化率报警,从而实现对模拟信号的大致正确与否判断与提示,避免模拟通道信号故障可能产生的不利影响。图 4-21 中就有这方面的设计。对于模拟量输出,也有类似的限幅设计。

　　② 对于开关量元件,由于开关量元件只有通与断,单个的检测元件是无法判断信号正确性的,必须与其他的极限或二级保护信号进行比较才能判断与报警,这样也可以实现开关量元件故障的判断与报警。例如,图 4-18 中可以采用升降下极限位的常开(动合)节点与任一下限位的常闭(动断)节点来发出"下限位开关失灵"的报警信号,从而提示运行维护人员及时检查与更换故障的下限位开关,避免下限位开关的失灵产生的错误影响。一般如果下限位开关是接通失灵,则在进行下降操作时将会出现操作不动的现象,这会强迫维护人员进行检查处理,从而实现了对故障元件的及时发现与处理,这样就不用再另外设计常开节点接通报警了。

　　一般工程设计的报警信号都是用脉冲闪烁信号来提示新发生故障和报警,当报警信号经确认按钮进行确认操作后就不再闪烁,而以长亮的信号标识报警的存在。

当报警信号消除后,长亮的报警信号就自动消失。

4) 控制系统二次部分工程应用设计示例

图 4 - 22 是某工程 PLC 控制系统原理图之一。这张图从工程角度看,只可以做原理概略图,作为制造、现场安装、施工维修用图就不符合二次回路设计相关原则和标准,其主要表现在:

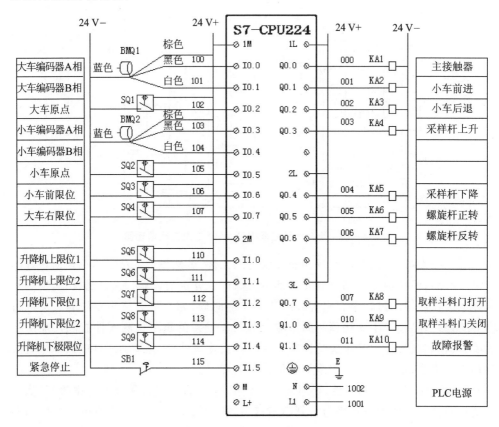

图 4 - 22 PLC 控制系统原理图

➤ 检测元件 BMQ1 的绘制与标注极不规范,缺乏电缆标记、端子号、端子标记。

➤ PLC 的输入端开关、检测元件的绘制都存在类似问题。

➤ PLC 的保护接地标记仅仅接地,没有接专门的保护接地线,不符合 PLC 设备的保护安装要求。

➤ 从其他图来的 +24 V 与 −24 V 电源线未标注来自哪张图且没有在每个直流公共端设计保险,进行故障限制与隔离。

➤ PLC 主机交流电源来源不清楚。

➤ 重要设备(如小车前进、小车后退这类可正、反向运动的电机)无外部正、反向运动互锁、极限保护设计,虽然其内部程序可以增加这些保护来实现正常的保护功能,但不能有效防止 PLC 程序错误或异常引起的设备失控。

➢ 输出接触器 KA1～KA10 统统没有端子标记和控制柜的位置标记。

➢ 紧急停止按钮没有直接接在外部控制继电器的控制回路,而是仅仅接进 PLC;一旦 PLC 异常,就有可能实现不了紧急停止功能。(这部分内容应体现在硬件原理图中,实际硬件原理图中没有这些设计。)

图 4 - 23、图 4 - 24 是两张标准的工程应用设计图,其中任何一个接线端子、元件都标号清楚。例如,图 4 - 23 中＋B－SA0 的 14、13 就表示图中的此部分是安装在 B 控制台的 SA0 按钮,且接自按钮的 13、14 接线端,13 号端子接了标号为＋24 V 的线,14 号端子接了标号为 0061 线号的线,且此线接往 B 控制台的＋B－X2 端子排的第 3 号端子;＋B－X2 端子排与＋A－X2 端子排之间用电缆连接,且多个信号都是通过这根电缆将这两各端子排连接起来,电缆号是 W110。标号 0061 的线从＋B 控制台经电缆接往＋A 控制柜的 X2 端子排的第 40 号端子。从＋A－X2 的 40 号端子通过导线接往 A 控制柜的 E0 PLC 的 I2.6 端子,这个点用作半自动输入信号 DI 点。

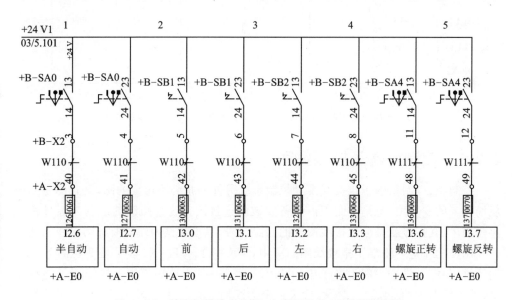

图 4 - 23　某工程操作台旋钮、十字架开关 DI 接线原理图

在图 4 - 24 中,大车左行(大车右行)的控制回路中,不仅有 PLC 内部的逻辑控制,还有外部不进入 PLC 的极限控制节点 1－SL1.1 及正、反转互锁节点＋F－KA1.2 进行外部控制,这样就可有效防范 PLC 失控或操作错误(这里的操作错误指在设备正向运行过程中又误操作了反向按钮,导致＋F－KA1.1、＋F－KA1.2 可能同时动作)时对设备可能产生的危害,保证设备的安全。(在这个设计图中,小车左行、右行缺少外部极限保护,设计不完善。)

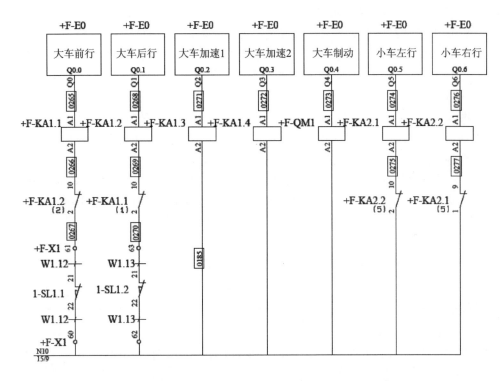

图 4 - 24　某工程 PLC 控制系统 F 控制柜 DO 输出接线原理图

4.2.5　控制柜端子排接线图

　　控制柜、控制箱端子排接线图是控制系统另外一张必不可少的图,这张图是工程现场施工的安装图,也是控制柜内设备安装的连接图。这种图纸的绘制与标号相对比较简单,其标号就是原理接线图上的回路标号,只不过其两端需要标明接往何处。

　　图 4 - 25 是一张端子排接线图。图中,＋F - X1、＋F - X2 表示是 F 柜的 X1、X2端子排,而端子排上中间小格子中的 1、2、3、4、5……就是端子排上接线端子的顺序号,端子排左侧的 ＋F-QF0:1 ▢W000 代表两个方面的含义,＋F - QF0:1 表示这根线接到F 柜的 QF0 开关的 1 号接线柱,▢W000 表示此线的线号是 W000,也就是线号管上的标号是 W000。端子排右侧的 ▢W000 ＋A-X1:46则表示线号是 W000,线接往 A 控制柜的 X1 端子排的第 46 号端子。

　　对于一个接线端子上接有两根或以上线的端子,例如,▢UX01 ▢UX01 ＋F-QM1:2 ＋F-X1:4就必须将每根线都标上线号,并且还要标上线接往目的地的编号,＋F - QM1:2 表示这根线接到 F 柜的 QM1 接触器的 2 号接线柱,＋F - X1:4 则表示此线接在 F 柜的 X1 端子排的 4 号端子上。

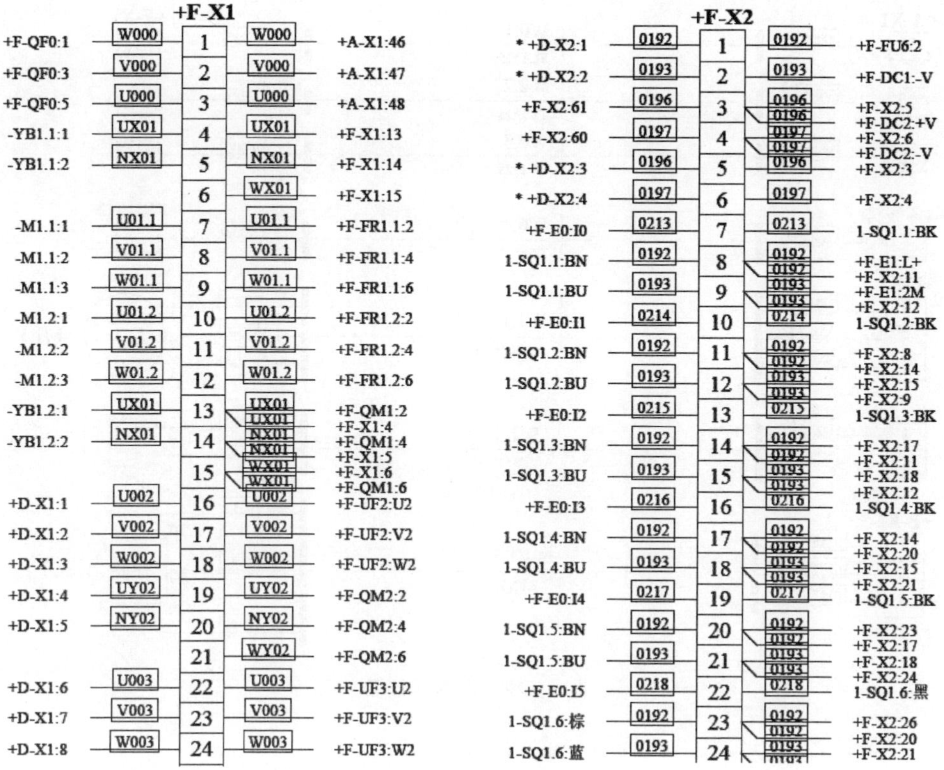

+F-X1

+F-QF0:1	W000	1	W000	+A-X1:46	
+F-QF0:3	V000	2	V000	+A-X1:47	
+F-QF0:5	U000	3	U000	+A-X1:48	
-YB1.1:1	UX01	4	UX01	+F-X1:13	
-YB1.1:2	NX01	5	NX01	+F-X1:14	
		6	WX01	+F-X1:15	
-M1.1:1	U01.1	7	U01.1	+F-FR1.1:2	
-M1.1:2	V01.1	8	V01.1	+F-FR1.1:4	
-M1.1:3	W01.1	9	W01.1	+F-FR1.1:6	
-M1.2:1	U01.2	10	U01.2	+F-FR1.2:2	
-M1.2:2	V01.2	11	V01.2	+F-FR1.2:4	
-M1.2:3	W01.2	12	W01.2	+F-FR1.2:6	
-YB1.2:1	UX01	13	UX01	+F-QM1:2 / +F-X1:4	
-YB1.2:2	NX01	14	NX01	+F-QM1:4 / +F-X1:5	
		15	WX01	+F-X1:6 / +F-QM1:6	
+D-X1:1	U002	16	U002	+F-UF2:U2	
+D-X1:2	V002	17	V002	+F-UF2:V2	
+D-X1:3	W002	18	W002	+F-UF2:W2	
+D-X1:4	UY02	19	UY02	+F-QM2:2	
+D-X1:5	NY02	20	NY02	+F-QM2:4	
		21	WY02	+F-QM2:6	
+D-X1:6	U003	22	U003	+F-UF3:U2	
+D-X1:7	V003	23	V003	+F-UF3:V2	
+D-X1:8	W003	24	W003	+F-UF3:W2	

+F-X2

* +D-X2:1	0192	1	0192	+F-FU6:2	
* +D-X2:2	0193	2	0193	+F-DC1:-V	
+F-X2:61	0196	3	0196 / 0196	+F-X2:5 / +F-DC2:+V	
+F-X2:60	0197	4	0197 / 0197	+F-X2:6 / +F-DC2:-V	
* +D-X2:3	0196	5	0196	+F-X2:3	
* +D-X2:4	0197	6	0197	+F-X2:4	
+F-E0:I0	0213	7	0213	1-SQ1.1:BK	
1-SQ1.1:BN	0192	8	0192 / 0193	+F-E1:L+ / +F-X2:11	
1-SQ1.1:BU	0193	9	0193 / 0193	+F-E1:2M / +F-X2:12	
+F-E0:I1	0214	10	0214	1-SQ1.2:BK	
1-SQ1.2:BN	0192	11	0192 / 0193	+F-X2:8 / +F-X2:14	
1-SQ1.2:BU	0193	12	0193 / 0193	+F-X2:15 / +F-X2:9	
+F-E0:I2	0215	13	0215	1-SQ1.3:BK	
1-SQ1.3:BN	0192	14	0192 / 0193	+F-X2:17 / +F-X2:11	
1-SQ1.3:BU	0193	15	0193 / 0193	+F-X2:18 / +F-X2:12	
+F-E0:I3	0216	16	0216	1-SQ1.4:BK	
1-SQ1.4:BN	0192	17	0192 / 0193	+F-X2:14 / +F-X2:20	
1-SQ1.4:BU	0193	18	0193 / 0193	+F-X2:15 / +F-X2:21	
+F-E0:I4	0217	19	0217	1-SQ1.5:BK	
1-SQ1.5:BN	0192	20	0192 / 0193	+F-X2:23 / +F-X2:17	
1-SQ1.5:BU	0193	21	0193 / 0193	+F-X2:18 / +F-X2:24	
+F-E0:I5	0218	22	0218	1-SQ1.6:黑	
1-SQ1.6:棕	0192	23	0192 / 0193	+F-X2:26 / +F-X2:20	
1-SQ1.6:蓝	0193	24	0193	+F-X2:21	

图 4 - 25　端子排接线图

4.2.6　控制系统电缆连接图

电缆连接图也是工程图纸设计中必不可少的图纸,这种图的重点是将电缆连接的两端设备、元件表述清楚。电缆连接图也是电缆吊牌的依据。图 4 - 26 是电缆连接图。在电缆连接图中,电缆的起点需要进行标注、电缆中部标注电缆号和电缆型号、电缆末端则标注所接设备或元件及其他需要标明的设备号。如 W0.1 号电缆的标注,其 +A-X1 / 58 / U000 就表明这根电缆接在 A 控制柜的 X1 端子排的第 58 号接线端子上,线号是 U000; W0.1 / YC1*25 则表明这是 W0.1 号电缆,电缆的型号是 YC1 * 25; U000 +F-X1 / 3 是电缆的另外一端,它的线号是 U000,接在 F 控制柜的 X1 端子排的第 3 号端子上。

对于多芯电缆,每根线都必须标明两端的连接元件及标号,如 W1.5 电缆,其一端接在 +F - X2 接线端子排上,另外一端接在接近开关 1 - SQ1.1 上。+F - X2 接线端子排上 7 号端子所接的线号是 0213,这根线的另外一端接在 1 - SQ1.1 接近开关 BK(黑色)线上。

对于设备端有接线端子的,也应该标明接线端子号,如 W1.1 的电机侧就必须标明 W011 线接在 3 号接线端子上、U011 线接在 1 号接线端子上。

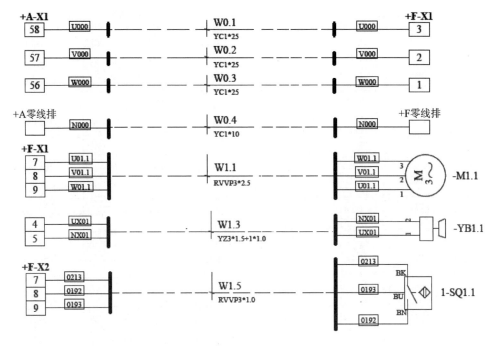

图 4 - 26　电缆连接图

在设计控制电缆接线时需要注意的是：

➤ 不要将模拟信号与数字信号混用一根电缆。

➤ 继电器的信号电压不超过 DC 48 V 时可以视为是数字信号，允许与数字信号电缆共缆传输。

➤ AC 48 V 及以下的信号不能混于 AC 110 V/AC 220 V 的电缆中同缆传输。

4.2.7　控制柜、控制箱、操作台元件布置图

1. 控制箱元件的整体布置

由于控制系统的要求不同，控制箱、柜的外形尺寸有很大的变化，企业标准化生产的控制箱、控制柜往往难以满足控制系统的设计需要，这就要求设计人员必须自行设计电气控制柜、控制箱、操作台的结构、外形以及在这个外形结构的控制箱、柜中的元件布置图，使控制箱能够满足设备元件安装、维护方便、防尘、防潮等技术要求。所以，控制箱、控制柜、操作台的外形结构设计以及元件布置图都是电气控制人员的设计内容之一。由于控制箱、控制柜的外形结构图就是简单的机械图纸，在专业的《机械制图》课程中有所讲授，本书就不再重复此内容；但元件布置图是《机械制图》课程中较少涉及的，为方便电气控制人员进行系统设计，这里将以图 4 - 24 为例来讲解元件布置图的设计与标注。电气元件布置图是依据系统原理接线图中安装在控制柜内、控制柜面板、操作台上的元件来设计安装这些元件在控制箱、控制柜背板、操作台

面板上的具体布置位置。

　　元件布置图根据电气元件的外形与安装背板的形状、大小绘制,并标注各元件间的距离尺寸。每个元件的安装尺寸及其公差范围应严格按照元件产品手册的外形尺寸进行标注,以此作为控制柜、控制箱背板、操作台面板选择和加工的基本依据。控制箱电气元件布置图如图 4 - 27 所示。

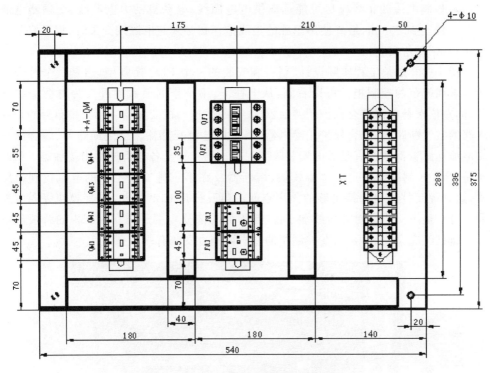

图 4 - 27　+A 控制箱电气元件布置图

同一个背板上安装的电气元器件的布置应遵循以下原则进行:

➢ 体积较大且较重的元件布置在最下面,发热元件布置在最上面通风强烈的位置。

➢ 强电与弱电要进行分离并进行屏蔽,防止强电干扰弱电系统。

➢ PLC 主机及扩展模块尽量远离发热和高电磁干扰的元件(如变频器、变压器、接触器、断路器)。

➢ 同类设备尽量安装在一起,不要把空气开关、断路器、接触器、整流模块安置在一排;纵然无法避免,必须安装在一排的元件,不同种类的元件间应留出足够的(至少是 1~2 个电气元件的空间)隔离间隙。设备元件安装空间不足的控制柜应在制造或选购时选择大些的控制柜。

➢ 背板上走线用线槽的大小与走线的粗细、密度成正比,线槽内的线必须留有至少 1/3 的冗余空间。线槽与电气元件安装的 U 形导轨间距要满足接线美观、对称、整齐要求,方便安装、维护人员拆、接线操作。

➤ 在元件上标注元件代码(与原理结下图中的代码一致)。

➤ 一些特殊的控制箱、操作台无符合使用要求的标准控制箱、柜时,工程设计人员还需要按自己的实际需要来设计控制箱、柜并进行订做,以满足工程施工安装使用要求。

➤ 控制电缆的布线应尽可能远离供电电源线、电动机动力电源线、变频器电源线至少 20 cm,最好使用单独的走线槽。在必须与电源线交叉时,相互应采取 90°直角交叉。

图 4 - 28 是某工程实际设计、制造和安装的一个 PLC 控制柜,这是一个符合设计要求和规范的控制柜。可以看到,从上往下,第一排的最右侧开关为电源保护开关,向左依次是电源综合保护用接触器、大功率变速电机变频器。第二排布置的是各支路的空气断路器、综合保护用继电器、测量用电流互感器。空气断路器、综合保护和电流互感器都预留有足够的安装隔离间隙。第三排是各电机控制用接触器。第四排是 PLC 控制系统的直流整流模块、熔断器及在第三排安装不下的电机控制接触器,这 3 种元件间也保持足够的隔离空间。第五排是 PLC 主机、扩展模块等弱电控制部分。最下一排是对外接线端子排(看不见的部分),端子排在控制柜的背板最下面一排已经完全安装得下,在控制柜的左右两侧也安装有端子排。

图 4 - 28　设备实际的 PLC 控制柜

2. 变频器在控制箱内的安装及使用的注意事项

从降低变频器对 PLC 的干扰角度出发,大功率变频器不允许与 PLC 安装在一个电器控制柜中。如果因安装空间有限,小功率必须要与 PLC 安装在同一个控制柜内,则变频器应该安装在控制柜内最高处通风散热较好的地方,同时,变频器上下必须预留出 100~350 mm 的间隔散热空间。变频器水平方向允许紧密排列,垂直方向必须间隔且变频器的功率越大,间隔距离也越大。在变频器附近不要安装有对冷却空气流通造成遮挡影响的其他设备。另外,变频器与 PLC 的距离必须大于 1 m 以上且变频器接地端⊕必须可靠接地,不接地不允许使用。

对于变频器,其控制回路的连接线都应采用屏蔽电缆,特别是 RS485 通信电缆,不仅要将 RS485 通信电缆屏蔽层正确接地,还应在布设时远离电机电缆。

当控制柜内安装有变频器时,对于变频器而言,其电源输入、输出的接线端子定义各厂家不相同。例如,西门子的变频器动力电源进线接在 L1、L2、L3 端子上,输出给电动机的则接在 U、V、W 端子;ABB 的变频器则是动力电源进线接在 U1、V1、W1上,而输出接在 U2、V2、W2 上。变频器的 PE 端是接在动力电源保护地线上。

3. 控制箱的外部整体安装注意事项

① 不允许把控制箱安装在接近电磁辐射源的地方。

② 控制箱应安装在无导电的污染物或易燃易爆气体的环境中。

③ 控制箱的安装位置要远离有可能出现淋水、潮湿的地方。例如,不要把控制箱安装在水管的下面,因为水管的表面有可能结露,水管也有锈蚀、爆裂漏水的时候。

④ 如果是安装在寒区的控制箱,则应对控制箱设计控温设施,从而防止低温对控制系统电子元器件产生的伤害。对于安装在高温环境中的设备,其控制箱也要远离高温环境,应安装在低温的环境中。

4.3 PLC 控制系统设计表

一个 PLC 控制系统的工程设计并不是仅仅设计个原理图就足够了,其还有许多必要的辅助设计工作需要设计人员来完成,这样才能构成一个完整的系统设计。这些辅助设计包括根据系统设备控制要求确定 I/O 点表、根据点表确定 PLC 主机及扩展模块的选型、设备元件清单、根据一二次系统设计图确定电缆表、电缆敷设方式表、PLC 控制柜、控制台元件布置图、原理接线图的设计、维护使用说明书的编写。

4.3.1 I/O 点表

每个控制工程,无论是 DCS 控制系统还是 PLC 控制系统,控制设备的系统设计都往往从点表开始。根据 I/O 点数的多少和点的性质来确定系统硬件的选择和软件的编辑。元件清单更是具体指明元件的用途和设备制造商等相关参数。

点表主要描述的是与 PLC 的输入/输出有关的变量名称和元件,其主要项目有 PLC 模块号、I/O 点号、点的用途描述以及连接的设备编号。点表的编辑首先要编辑的是点的用途描述项,这与实际设备相关联,设计时不仅要考虑点布置、选择的必要性,满足设备正常使用要求,还要按照《防止电力生产事故的二十五项反事故措施》要求,PLC 的 CPU 必须设置不少于 8%～12% 的冗余备用 I/O 点且这些点要分布在多个模块上,特别是容易烧损的晶体管输出型 PLC 的备用 DI、DQ 点数量应取上限值。另外,为防止 PLC 失控造成设备损坏所设置的紧急保护点,其虽然不进 PLC 的输入,直接接于电机保护器的跳闸回路,是无模块点,但还是要列入点表,以表明点的用途和连接元件,不会使设计、制造人员遗漏这些点。

紧急保护点一般有多种保护点,如果是单个设备的紧急保护点,则其紧急保护点的常开节点需要进入 PLC 内部,而常闭节点则不进入 PLC,直接接在单台设备的输出执行元件回路;如果是设备系统总停紧急点,其不进入 PLC 内部,而是直接动作于总电源和保安电源。

表 4 - 8 是某工程实际使用的 I/O 点表(部分)。

表 4 - 8　PLC 工程应用点表

序　号	PLC 模块号	I/O 点号	点的用途描述	连接元件
1	—E0	I0.0	给料皮带检测	—SQ6
10	—E0	I1.1	给料皮带故障	—QF6
16	—E0	I1.7	弃料暂存 斗故障	—QF12
19	—E0	I2.2	相序保护	—FX0
24	—E0	I2.7	自动	—SA0
30	—E0	I3.5	下降	—SB2
34	—E0	I4.1	集料斗关	—SA5
37	—E0	Q0.0	给料皮带正转	—QM6.1
44	—E0	Q0.7	弃料暂 存斗开	—QM12.1
45	—E0	Q1.0	弃料暂 存斗关	—QM12.2
51	—E0	Q1.6	故障指示	—HL1
52	—E1	I8.0	破碎启停	—SA7
58	—E1	I8.6	弃料暂存斗关	—SA12
59	—E1	I8.7	轨道选择	—SA20
60	—E1	I9.0	左道解锁联锁	—SA16
67	—E1	I9.7	进料斗门故障	—QF14
81	—E0	I0.7	小车计数	—SQ2.1

序　号	PLC 模块号	I/O 点号	点的用途描述	连接元件
82	－E0	I1.0	小车左限位	－SL2.1
89	－E0	I1.7	升降上限位	－SQ3.2
97	－E0	I2.7	右道允许下降	－SQ20.2
104	－E0	I3.6	备用	－QF16
105	－E0	I3.7	故障复位	－KA20
110	－E0	Q0.0	大车前行	－KA1.1
120	－E0	Q1.2	上升	－KA3.1
126	－E0	Q2.0	集料斗开	－QM5.1
131	－E0	Q2.5	备用反转	－QM16.2
134			事故停机按钮(直接进继电器控制回路)	SBJ1
138	－E0	Q2.6	大车极限前限位(长开进 PLC, 常闭直接进继电器控制回路)	SAL1
141	－E0	Q2.7	小车极限右限位(长开进 PLC, 常闭直接进继电器控制回路)	SAL3

注意,本点表仅挑选了部分元件形成的清单,所以其序号不连续。如果 PLC 还与上位机通信与控制,则还需要增加一张远程通信变量表,用于指明来自远程的控制变量名称、在 PLC 中的用途以及送往远方的变量在远方的用途。

4.3.2　PLC 的 CPU 和检测元件的选择

1. PLC 的 CPU 选择

PLC 主机的选择要考虑的因素有运算速度、I/O 点数及对点的响应速度、内存容量、可扩展性、PLC 主机、扩展模块的可靠性、网络结构的可靠性、编程的灵活性以及编程人员对 PLC 编程的熟练程度等。由于 PLC 控制系统既可以单独实现小规模控制,也可以组网,构成大规模控制系统,任何一个生产商总有一款 PLC 能够满足现场控制系统的技术要求,这就使得对于 PLC 主机生产商的选择灵活性比较大。PLC 主机的选择往往是以编程人员对各生产商所生产的 PLC 编程软件及控制应用的熟练程度、PLC 的控制规模以及最终用户决定的。

一般而言,国产和利时的 PLC 产品技术成熟,可靠性较高,且能够胜任中、大规模控制技术要求;海为 PLC 可靠性也很高,但中、大规模控制应用还缺乏相应的产品,1 000 点以下的小规模应用还是比较可靠实用的。国产 PLC 由于后发优势,没有西门子、施耐德、三菱等国外产品的原始设计继承缺陷,软件设计比较符合工程人员日常设计思维习惯,编程、仿真调试检查比较方便。

PLC 的选型基本原则如下：

（1）PLC 结构的选择

在相同功能和相同 I/O 点数的情况下，整体式 PLC 比模块式 PLC 价格低。但如果控制的规模比较大而且内部点前后关联信号多、通信量大，则选择整体式 PLC 比较好，这样可以降低通过通信口进行通信联系所产生的通信拥堵问题；如果前后程序内部点之间的引用联系不多，则选择模块式 PLC 比较好，其安装、维护比较简单方便，可靠性相对高，特别是扩展性相对整体式要好。虽然整体式也可以扩展，但其扩展背板很贵且安装技术、安装环境要求高。在小规模应用时没有模块式的方便灵活。

（2）PLC 输出方式的选择

不同的负载对 PLC 的输出方式有相应的要求。继电器输出型的 PLC 可以带直流负载和交流负载，晶体管型与双向晶闸管型输出模块分别用于直流负载和交流负载。如果对于输出响应速度要求不高，则选择继电器输出型 PLC 可靠性高些。对于要求输出高速脉冲信号的 PLC，则必须选择晶体管输出型 PLC。

（3）I/O 响应时间的选择

PLC 的响应时间包括输入滤波时间、输出电路的延迟和扫描周期引起的时间延迟。如果没有高速输入、输出的需要，则可以选择普通型 PLC；如果高速输入、输出端口需要得多，则必须选择高速控制型 PLC。

（4）I/O 点数及 I/O 接口设备的选择

① 总 I 点数、O 点数必须要有冗余，输入模块的输入电路应与外部传感器或电子设备的输出电路的类型相配合，最好能使二者直接相连，这样可以简化电路设计。

② 选择模拟量模块时应考虑所使用变送器以及执行机构的量程是否能与 PLC 的模拟量输入/输出模块的量程匹配，温度测量模块应与现场测温元件型号匹配。

（5）通信口的选择

一般 PLC 都自带 RS232 或 RS485 通信接口，能够满足小规模 PLC 组网要求。如果要连接内部局域网或 Internet 网，则选择带网口的 PLC 比较方便。如果通信传输的距离比较远，则选择带光纤通信口或通信模块的 PLC 结构比较紧凑，可靠性高。另外，通信负荷率设计必须控制在合理的范围（保证在高负荷运行时不出现瓶颈现象）之内。

（6）PLC 电源的选择

电源是 PLC 干扰引入的主要途径之一，因此，应选择优质电源，有助于提高 PLC 控制系统的可靠性。一般可选用畸变较小的稳压器或带有隔离变压器的电源，使用直流电源时要选用桥式全波整流电源。如果控制系统总点数小于 30 点，且 PLC 主机提供的 DC 24 V 输出电源足够控制系统外设引用而不需要另外增加专用直流电源模块，则选择交流供电型 PLC 比较简单可靠。如果对 PLC 的可靠性要求高，其电源最好选择有两路输入一路输出的静态电源选择开关向 PLC 主机供电。

（7）存储容量的选择

PLC 程序存储器的容量通常以字为单位，用户程序存储器的容量可以做粗略的估算。一般情况下用户程序所需的存储器容量可按照如下经验公式计算：

$$程序容量＝K×总输入点数/总输出点数$$

对于简单的控制系统，$K＝6$；若为普通系统，$K＝8$；若为较复杂系统，$K＝10$；若为复杂系统，则 $K＝12$。在选择内存容量时同样应留有裕量，一般是运行程序的 25%。不应单纯追求大容量，在大多数情况下，对于满足 I/O 点数的 PLC，内存容量也大致能满足程序对内存容量的要求。对于 I/O 端口使用不多但占用内存较大的应用程序，应以满足 PLC 内存要求来选择。

2. PLC 的检测元件的选择

PLC 控制系统所用的检测元件与 DCS 系统所用的检测元件相同，有模拟量信号检测元件、开关量信号检测元件和脉冲信号检测元件。

模拟量检测元件的选择原则：对于压力、流量类被测量，一般选择普通压力变送器、差压变送器比较好，其信号都是 PLC 可以直接接收的标准 4～20 mA 或 0～5 V 的直流信号；对于温度类被测量，一般直接选择热电阻或热电偶测温元件进行测量，这类温度信号都是 PLC 温度检测模块能够接收的信号，其他类型的半导体温度测量、光电温度测量等温度测量都使用相应的温度变送器测量；对于距离测量，可以选择的测量方式有接触式的线性位移变送器、旋转编码器，非接触式的超声波测量、激光测距，齿轮盘测量或刻度盘测量等。这些测量各有优缺点，应根据实际设备的现场应用经验来选，没有固定模式。一般采用旋转编码器用于测量直线运动距离应用的比较多，精度也比较好。

对于重量、速度、加速度等非电量参数的测量一般都选用带输出标准 4～20 mA 或 0～5 V 的直流信号的成套测量设备来测量比较方便。对于带串口的数字检测或控制设备，PLC 也可以编程进行通信来获得测量仪表的测量信息或控制外设。

开关量检测元件的选择原则：对于动作频繁的开关量检测元件，一般选择非接触的检测元件比较好。虽然非接触测量元件的成本相对较高，但其可靠性高且避免了接触性检测元件因机械原因可能产生的动作不可靠问题。

对于动作不是很频繁的极限性质或保护性质的开关，一般选择机械接触式行程开关、拐臂开关比较合适。对于动作响应速度高的开关，一般非接触式接近开关比较合适，测量精度也比机械开关高。

对于接近开关，有电磁式接近开关和光电开关、超声波开关等多种类型，电磁式开关的非接触检测距离较近，往往只有几厘米，但由于其密封性好，所以适合灰尘、油污较重的环境使用。光电接近开关检测距离相对电磁式接近开关来说，其检测距离最远，可达到数米的距离，但其受烟雾、灰尘等因素干扰较大，如果产品的使用场合存在这些干扰因素，一般尽量避免或少用光电检测开关；若必须用光电检测开关，也设法将开关尽量安装在灰尘等干扰较小的地方。超声波开关检测距离较远，但由于超声波检测开关存在检测盲区,且超声波检测元件发射的声波呈现扇形分布,则会产生反射、折射等声音回波,从而影响开关的检测精度和动作的灵敏性;对于灵敏度和快速性要求较高的检测就不宜选择超声波检测开关。

为了安装、检修维护和更换的方便,一般相类似测量的检测元件尽可能选择一种类型的测量元件。这样,只要种类很少的几种型号的检测元件就可以通用于多个设备、多个地点的检测使用,为物资采购和存储提供便利,从而降低设备制造、维护成本。

4.3.3 元件清单

元件清单(见表4-9)是电气控制系统设计的另外一张关键表格,这是元器件采购的基本依据。元件清单表主要包括控制箱内的设备、随主设备安装的检测元件以及操作控制台上的操作按钮、旋钮、操纵杆、操作员站、接线箱等元器件。电缆、主设备电机等一般不列入元件清单表。

表4-9 PLC工程应用元件清单表

序 号	代 号	型 号	名 称	生产商
1	1-HD2	S125D WS AC220V	声光报警器	上海可莱特
10	1-HD3.1	ZY73-J150T	照明灯	三雄极光照明
16	1-SL1.1	XCK-JI0541	行程开关	schneider
19	1-SL1.2	XCK-JI0541	行程开关	schneider
24	1-SQ1.1	XS4-P30PA340	接近开关	schneider
30	+A-E0	6ES7 288-1SR60-0AA0	PLC	Siemens
33	+A-E0	6ES7 288-2DE08-0AA0	PLC数字量扩展模块	Siemens
34	+A-FU3	RT18-2A	熔断器	
37	+A-FX0	XJ3-G	相序保护器	
44	+A-KA15.1	RXM4AB2P7+RXZE1M4C	继电器	schneider
45	+A-QF7	GV3P40+GVAE11	电动机断路器	Telemecanique
51	+A-QF13	GV3P40+GVAE1	电动机断路器	Telemecanique
52	+A-QF01	NSX160HMA150 3P3D	塑壳断路器	长城开关
58	+A-QM7	LC1-D38M7C	交流接触器	schneider
59	+A-SP1	TZ-7121	限位开关	
60	+A-TB1	JBK-1000-380/220	隔离变压器	
61	+A-X2	ZDU2.5	接线端子排	长城开关
67	+A 零线排	SAK10EN	接线端子	长城开关

续表 4 - 9

序　号	代　号	型　号	名　称	生产商
68	+B-CX1	NDA1-10/22	NADER 模块化插座	上海良信
81	+B-SA6	XB2BD33C	旋钮	schneider
82	+B-SB1	XD2PA24CR	十字开关	schneider
89	+B-SB2	XD2PA24CR	十字开关	schneider
97	+B-SBJ	XB2BC21C	急停按钮	schneider
104	+B-SBJ0	XB2BS442C	急停按钮	schneider
105	+F-DC1	CP SNT 250W 24V 10A	电源开关	魏德米勒
110	+F-E0	6ES7 288-1SR60-0AA0	PLC 主机(CPU)	Siemens
120	+F-E1	6ES7 288-2DE08-0AA0	PLC 数字量扩展模块	Siemens
126	+F-FR1.1	LRD-16C+LAD-7B106	热继电器+底座	Telemecanique
127	+F-QF1	GV2ME10C+AE1	电动机断路器	Telemecanique
130	+F-R1	90 Ω,1.5 kW	电阻	
131	+FSBJ	XB2BS442C	急停按钮	Merlin Gerin
134	+F-UF2	ACS550-01-08A8-4	交流变频器	ABB
138	+G-JXH1	YH-4B	接线盒	
141	+B-DVR	DS-7908N-E4 2T	硬盘录像机	海康威视
142	-SX2	DS-2CD3T35D-I58MM	摄像机	海康威视

说明:本清单仅是挑了部分元件形成的清单,所以其序号不连续。

4.3.4　电缆表

电缆表是物资采购的另外一张基本表格,其主要是什么位置、用了什么型号的电缆、电缆多长等工程信息是物资采购和安装施工的基本依据。

表 4-10 是工程具体电缆表(部分内容),设计人员可参考此表进行自己的工程设计。表中必须标明的项目有电缆编号(或电缆名称)、电缆型号规格;电缆连接的起点设备位置、终点设备位置、备用线芯数量、电缆长度(须由设计人员填写理论计算长度,实际长度由施工人员按实际使用长度填写)。

表 4-10　电缆表

序　号	电缆名称	电缆型号	起点设备	终点设备	备芯数量	电缆长度
1	W01	YC3*25+1*10	PC 配电室	+A-制样电控柜-零线排	0	200

续表 4 - 10

序　号	电缆名称	电缆型号	起点设备	终点设备	备芯数量	电缆长度
2	W0.1	YC1 * 25	+A-制样电控柜-X1	+F-采样电控柜-X1	0	100
3	W0.2	YC1 * 25	+A-制样电控柜-X1	+F-采样电控柜-X1	0	100
4	W0.3	YC1 * 25	+A-制样电控柜-X1	+F-采样电控柜-X1	0	100
5	W0.4	YC1 * 10	+A-制样电控柜-零线排	+F-采样电控柜零线排	0	100
6	W100.1	超五类屏蔽	-DVR	#2 摄像头	0	20
7	W101	YZ3 * 2.5+1 * 1.5	+A-制样电控柜-地线排	+B-操作台-地线排	0	10
8	W102	RVV10 * 1.0	+A-制样电控柜-X1	+B-操作台-X1	2	10
9	W103	RVV10 * 1.0	+A-制样电控柜-X1	+B-操作台-X1	2	10
10	W110	RVV10 * 1.0	+A-制样电控柜-X2	+B-操作台-X2	2	10
11	W111	RVV10 * 1.0	+A-制样电控柜-X2	+B-操作台-X2	2	10
12	W112	RVV10 * 1.0	+A-制样电控柜-X2	+B-操作台-X2	2	10
13	W113	RVV10 * 1.0	+A-制样电控柜-X2	+B-操作台-X2	2	10
14	W8	YZ3 * 1.5+1 * 1.0	+A-制样电控柜-X1	4-制样室-M8	0	30

4.3.5　电缆敷设管线表

通过绘制布线图、接线原理图虽已能够清晰表明设备、系统的接线来龙去脉,但仍不能清晰表明线路的全部细节,还需要用管线表的形式来说明什么设备用什么电缆、走什么桥架来进线连接,这是电气系统安装的另外一个基本依据。

表 4-11 是工程具体管线表(部分内容),设计人员可参考此表进线自己的工程设计。

表 4-11　管线表

电缆名称	桥架			硬管/拖链				软管			
	类别	规格	m	规格	m	接头	数量	规格	m	接头	数量
W01	5#	XQJ-C-01A-3	30								
W0.1	1#	XQJ-C-01A-3	8	DG100							
W0.2											
W0.3											
W0.4											

电缆名称	桥　架			硬管/拖链				软　管			
	类别	规格	m	规格	m	接头	数量	规格	m	接头	数量
W101	3#	XQJ - C - 01A - 3	4								
W102											
W103											
W110											
W111											
W112											
W8	4#							RG16	2	DPJ16 - M20	2

本表中必须标明的项目有电缆编号(或电缆名称)、从控制箱到就地设备间走什么桥架、硬管/拖链、金属蛇形软管(软管两端接头)以及这些桥架、硬管、软管、拖链的长度、桥架与软管、硬管出入接头的数量、长度,这也是物资采购必须的基本表格之一。特殊要求线路还要注明所用特殊元件接头型号和处理方式等。管线表中的项目代号等都必须按照国家标准进行标注。

4.3.6　设备设计、安装、使用、维护说明书

任何设备在设计与制造者眼里都是非常简单的系统,但一旦到了安装、维者手中,由于没有参与设备的设计制造,对设备结构、工作原理、工作流程就远没有设计者清楚和精通,这就会使用户的运行使用、维护保养人员不知道设备的设计使用条件,或者怎么样来使用、维护和保养设备,从而使设备保持一个良好的状态。所以,设计人员还要对其所设计的产品进行产品的设计、维护使用说明书的编写,使用户能够按设计要求进行使用与保养、维护。所以设备的安装、使用、维护说明书也是向用户移交的必不可少的技术资料之一。

设备的设计、安装、维护、使用说明书主要的编写内容有:

① 设备的设计采用的标准(国标、欧标、澳标或其他国家、地区标准)、工作条件、工作原理。设备工作条件包括环境条件、机械、电气条件。工作原理主要包括机械设备的工作原理、电气设备的工作原理与工作流程图。

② 设备安装中的环境要求与注意事项,以及应该达到的安装质量标准。

③ 设备启动前的检查与准备工作内容,其中包括设备的润滑油(或润滑系统)、冷却水(或冷却系统、加热系统)、设备的各移动件的起始位置、电气绝缘、信号状态、电容预充电等。例如,变频器在长时间存储(以年为基本计时单位)后在进行正常运行前应进行电容预充电,在长时间停电(以月为计时单位)备用后恢复运行前也要进行再充电工作,只有进行了规定的充电工作后变频器才能够投入正常工作。图 4 - 29

是西门子 MM440 系列变频器存储 3 年或 3 年以上时间时首次投运前应进行充电的曲线。

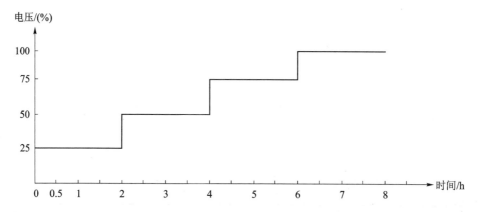

图 4 - 29　西门子 MM440 系列变频器存储 3 年或 3 年以上时间时首次投运前进行充电的曲线

图 4 - 30 是西门子 MM440 系列变频器停电存储 2～3 年时间时首次投运前应进行充电的曲线。

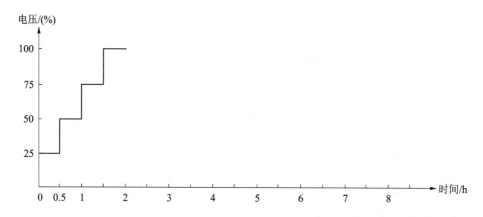

图 4 - 30　西门子 MM440 系列变频器停电存储 2～3 年时间时首次投运前进行充电的曲线

对于停电存储或备用时间在 1～2 年内的变频器,其运行前应进行至少 1 h 全电压充电后方可转正常控制运行。

④ 设备的运行操作顺序、步骤以及在启动、停止过程中应检查的项目及其正确状态。

⑤ 设备在正常使用中的定期检查与维护项目,包括润滑油的液位检查、各部位温度、振动、位置、声音检查等关乎设备安全与稳定的检查。

⑥ 设备日常检查项目与正常值、警戒值与维护值。对于电动机及机械设备(振动设备除外)的振动,无论是轴向、径向或水平方向,最低要求是必须符合表 4 - 12 所规定的值。产品控制指标可以高于表 4 - 12 的标准,如果低于表 4 - 12 的规定,则说

明设备工作状况不符合国标要求,已经无法保证设备的安全与稳定,应立即停止设备运转,进行设备检修。

表 4-12　旋转设备转速与允许的振动值对照表

转速 $r \cdot p \cdot m$	振动值/mm	转速 $r \cdot p \cdot m$	振动值/mm
$N \leqslant 750$	<0.12	$1\ 000 < n \leqslant 1\ 500$	<0.085
$750 < n \leqslant 1\ 000$	<0.10	$1\ 500 < n \leqslant 300$	<0.05

对于机械轴承,如果没有制造商的说明,轴承工作温度应稳定且一般滑动轴承温度不高于 65℃,滚动轴承温度不高于 80℃。

⑦ 设备各部件的维护保养周期及保养维护内容。其中主要包括润滑油的更换周期、润滑油的型号、密封件等易损件的更换周期,易损件的型号、规格。

⑧ 设备维护、使用中的安全注意事项。这包括故障显示与处理、误触电或带电作业以及误改程序、参数等内容。

⑨ 售后服务电话(一般使用固定电话)及技术支持。

本章小结

本章着重介绍了 PLC 在实际工程应用中设计和绘制图纸时应注意的事项、一个完整的 PLC 控制系统工程应用设计应包含的项目和内容。

一个典型的 PLC 电气控制系统设计应包含以下项目和内容:

① 电气电缆布线图,显示整个系统布线情况以及电缆桥架设计、安装应遵循的标准、工艺要求。

② 一次系统原理设计注意事项和电缆选型、断路器、接触器、热过载继电器、变频器、磁力启动器选型,电动机的保护配置原则。

③ PLC 控制系统的一、二次回路设计与标识,其中包括绘制图纸时常用国家、行业图符标准以及图纸的标注规则。一次系统设计、总电源保护设计、PLC 操作电源设计以及单个设备的控制回路设计,并用实际的工程设计图为例来展示如何设计一个规范标准的 PLC 控制系统图。其中,除了原理接线图外,接线端子图和电缆连接图、控制箱、操作台元件布置图也是工程设计中必不可少的图纸。

④ I/O 点表、PLC 主机、传感器等检测元件的选型原则、元件清、电缆表、管线表也是工程图纸必不可少的内容。

⑤ 设备的安装、使用、维护说明书。

思考题

1. 某水泵三相交流电动机功率 25 kW,电机到电源控制柜距离是 100 m,电缆用铝芯电缆,计算其电缆截面积并选择电缆型号。

2. 设计一台可中停的电动推杆的一、二次控制原理图,要求电动推杆既可就地控制进、停、退,也可进行远方控制。需要进行图纸标注,电动推杆未说明的参数及控制所需要的元器件许可设计人员按需添加即可。

3. 某雨水集水池安装有 2 台 3 kW 的排水泵,需要设计一台控制箱来对其进行控制。设计要求:两水泵控制有"手动"控制方式和"自动"控制方式,当切换到"自动"控制方式时,水位高一值时启动 A 排水泵运行往外排水,当水位高二值时启动 B 排水泵排水,当水位低时停止两台泵的运行。这里使用 PLC 控制,请设计此控制系统的电气电缆布线图、一、二次控制系统原理图、接线端子图、电缆连接图、控制箱的元件布置图、电缆表、管线表、元件清单、点表。设计要求:控制箱安装在排水泵的旁边,两台泵启动运行 3 min 后水位仍然没有下降到高二值以下时,要向远方的控制室发"水位高"报警。

4. 编写题 3 的产品设计、维护、操作使用说明书。

5. 绘制图 4-25 PLC 控制柜的红色背板上的设备元件布置图、一次设备接线图(有 4 台设备可以正/反向运行,其余均是单向运转,变频器不计入正反向运转设备中),并进行相应的标注。

第 5 章

三维力控 Forcecontrol 组态软件的编程应用

5.1 Forcecontrol 组态软件的安装与操作界面

在现代控制系统中,除了一些简单的机床等就地控制设备从节约成本的角度出发,仅仅设计一些按钮或触摸屏来实现控制外,稍微大些的控制系统都是由上位机、下位机联网组成一个庞大的控制系统,以实现设备的整体协调控制,提高生产效率。上位机中最主要的编程工具就是各类组态软件,国外的有 FOXBOR 公司的 I/A Series、西雅特的 CitectSCADA 等,国产组态软件有组态王、三维力控的 Forcecontrol 组态软件等。各公司的组态软件安装与操作界面说明也各有特色,但其实现的功能基本类似和相同,那就是进行界面组态与下位机、服务器的通信与数据交换和控制。本章以三维力控的 Forcecontrol 组态软件为范本介绍组态软件的设计和应用。

5.1.1 Forcecontrol 组态软件的安装

三维力控的 Forcecontrol 组态软件安装操作界面如图 5-1 所示,首次安装时至少要安装以下软件:Forcecontrol 6.1 sp3、I/O 驱动程序、数据服务程序及扩展程序。

加密锁驱动程序只有在做具体工程时获得三维力控加密狗后才需要安装,一般学习时没有加密狗,不需要安装此程序,不过这时的组态软件有最大允许数据库点数为 64 点及最大允许运行 60 分钟的限制。如果超过上述任何一条限制值,程序将受到限制,不能再继续学习使用。

5.1.2 工程管理器

力控的组态软件安装好后打开组态软件,进入工程管理器,如图 5-2 所示。在进入下一步操作前需要了解一些组态软件的概念。

图 5 - 1   三维力控的 Forcecontrol 组态软件安装操作界面

图 5 - 2   工程管理器操作界面

新建:指新建一个组态控制工程。

删除:将选中的工程删除。

运行:将选中的组态控制工程启动运行。

开发:将选中的工程进入开发状态,使工程组态人员继续进行工程组态和修改完善。

搜索:此按钮将允许我们在计算机中搜寻其他工程,方便导入。

备份:将已经完成组态的工程打包备份,方便以后恢复或复制到 U 盘,进行文件传播。

恢复:将已经打包成.PCZ 后缀的组态工程加入工程管理器。

　　打包:就是将开发调试好的组态工程软件包装为可安装并执行的工程安装包文件,大部分用户都得到的是这样的可执行文件。

　　对于一个新工程,我们可以选择"新建"按钮来新建一个工程,然后进入开发环节(对于没有获得三维力控授权或有加密狗的用户,可以选择"忽略"按钮进入工程组态界面)。

5.1.3　开发系统操作界面

　　开发系统操作界面如图 5 - 3 所示。

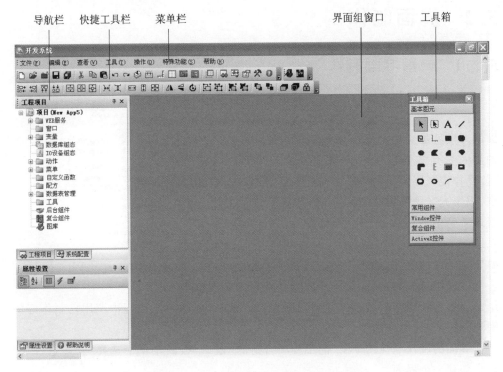

图 5 - 3　力控组态软件开发系统操作界面

　　导航栏包括有工程项目树、系统配置。工程项目树有新建窗口界面、数据库、I/O 设备连接、动作、配方、后台组件、图库等工具包。系统配置包含节点配置、数据源、系统配置、报警配置、事件配置、用户配置等项配置。

　　快捷工具栏包含了一些常用的界面制作工具按钮。例如,界面元件左右对齐、等高、尺寸相等、图形镜像、旋转、调整图层、打成组、打包成智能单元等工具。

　　菜单栏类似于 PLC 的编程程序的菜单栏,向编程人员提供了程序文件编辑需要的保存、另存、编辑、查看、工具条调整、特殊功能等子菜单,方便编程。帮助菜单向编程人员提供了全部的编程帮助,在学习中遇到的与组态有关的概念、函数等都可以在这里找到详细的说明。

界面组态窗口是界面组态的主要操作区域。

工具箱中包含基本图元、常用组件、Window 控件、复合组件、ActiveX 控件。基本图元中有进行界面制作的大部分绘图工具,如画线、椭圆(如多功能按钮、报警灯的制作)、方形(如制作光字牌、复合选择开关)、刻度条(主要是模拟现场的液位指示仪表等);常用组件包括位图、趋势曲线、报警、事件记录等;Window 控件则含有 Windows 中的许多控件,如日期、时间、下拉框、多选按钮、媒体播放、浏览器等;复合组件包括 FLASH 播放器、图片显示精灵、CAD 控件、手机短信。

5.2　界面制作

5.2.1　一般界面制作

工程运行操作界面(见图 5－4)是生产设备和系统与操作控制人员主要的信息交流、交换窗口。界面的开发就是操作界面所用全部窗口的制作。这样的界面主要是模拟工业设备和系统的生产工艺流程、操作控制屏柜上的操作按钮、旋钮、调节器、显示仪、报警光字牌等设备,使设备操作人员能很方便直观地了解生产过程总体运行情况,也可以详细了解系统的某个局部生产情况,同时也可以快速显示需要紧急处理的事件,保障生产的安全有序进行。

图 5－4　工程运行操作界面

力控组态软件的图库是开放型的,它允许界面组态人员将制作好的图形添加到图库中,以便在以后的其他工程中调用已制作好的图形,减少界面制作的工作量。

界面的制作是在图 5－4 的工程项目树的"窗口"级联菜单下选择"新建窗口"菜单来新建一个界面。

当新建一个界面时将弹出如图 5－5 的窗口属性框,编程人员在这里定义好窗口的名字、说明、背景颜色、是否有边框、窗口是弹出式窗口还是顶层窗口、覆盖式窗口亦或是隐藏式窗口、是否需要在窗口上部显示标题、系统菜单等信息,窗口的起始位置、窗口的大小也需要定义好。

窗口的命名没有工程规定,但按从数字 100 开始的顺序号＋汉字名称的方式命名在界面数量大的时候比较合理。汉字命名一般按方便其他操作调用窗口为准。

选择好图 5－5 中的全部参数后就可以确认进入界面制作流程了。

例如,要绘制一个如图 5－6 所示的供水流程图,则选择工具箱中的椭圆工具绘制出泵的圆形外形,然后在快捷工具栏选择 "选择图库"按钮,在标准图库中选择"箭头"文件夹,并从标准图库中选择向上的箭头,双击鼠标或按住鼠标左键并拖动到

窗口属性

窗口名字　DRAW1	背景色
说　明	

窗口风格

显示风格　覆盖窗口　　　边框风格　无边框

☐ 标题　　　　　☐ 系统菜单　　　　☐ 禁止移动

☐ 全屏显示　　　☐ 带有滚动条

☑ 打开其他窗口时自动关闭　　　☐ 使用高速缓存

☐ 失去输入焦点时自动关闭

位置大小

左上角X坐标　0
左上角Y坐标　0
宽度　1280
高度　744

☐ 中心与鼠标位置对齐

确认　　　取消

图 5-5　窗口属性对话框

界面的办法来产生界面箭头;如果想把箭头移动到泵的外形圆内,则应先将箭头调整到合适的大小,选中箭头并按住鼠标拖到合适的位置。如果拖动箭头后发现箭头被泵的外形遮挡,则在快捷工具栏选择▣"前置"按钮,将箭头前置到泵的圆形外形上面。如果想将泵的圆形图形与箭头合并,并将此图形作为一个整体使用,则可以选择快捷工具栏中的▣"打成组"按钮来将这个合并图形打包成一个图元。这个打包的图元在动作组态时可以再次拆包成两个独立的图形符号,并分别关联动作或函数,使之有更多的外在动画变换或功能。

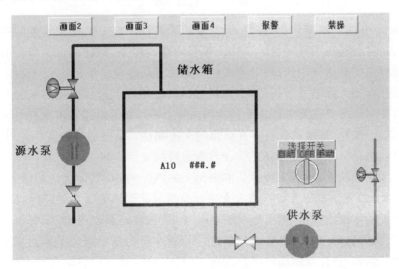

图 5-6　供水流程图

当然,也可以将这个自制泵的图形符号添加到力控的组态软件的标准图库中去,使之成为其他工程、界面可以直接使用的图元。其操作方法是:选中打包好的泵的图标并右击,在弹出的对话框中选择"形成图库"按钮,在弹出的如图5-7所示的对话框中输入名称(这个名称是自制的图元文件,应该在图库文件夹的那个子文件夹命名,也可以定义新文件夹名),在说明栏中输出图标说明,如"自制的泵"。单击"确认"即可形成标准图库的一个图元。

图5-7 形成图库

在图5-6的绘制操作中,线的画法与泵圆类似。如果要改变线条的颜色或粗细,则先选中线条,在工程项目的属性设置栏中修改线条的属性;也可以用右击鼠标的方法在弹出的对话框中选择"对象属性",即能看到修改线条属性的对话框。

若要在界面上添加方形按钮,则选择工具箱基本图元██"增强型按钮",在界面上绘制方按钮。若要改变方按钮上的注明文字 Text,则可以用右击鼠标的方法在弹出的对话框中选择"对象属性",并在弹出的文本属性对话框中修改文字的对齐位置、颜色、字体,将新字符标题栏内的 Text 改为想要的文字即可。

界面文字的输入:单击工具箱基本图元上的 **A** 字符,在界面合适的位置单击,然后输入需要的文字。如果希望在输入文字的位置显示动画数字参数,例如,在图5-6的水箱中显示水位的数值,则这里要要输入♯(力控没有强制要求,工程上习惯使用♯)。小数点后显示多少位也在此处确定,即.后♯符的多少确定了界面显示的小数位有多少。例如,想让显示的数字最大在999.99,则在此处应该输入♯♯♯.♯♯。

5.2.2 智能单元

智能单元是把多个简单图元打包成为一个智能单元,这个智能单元作为一个整体不仅拥有原打包前的所有特性和动作,还可以赋予新的动作与脚本,使界面的变化更加多样。生成智能单元的操作是：将要生成智能单元的所有图元选中，然后单击快捷工具栏上的"打成智能单元"图标 ，即可将所选图形打包成智能单元。当然，智能单元也可以解开，仍然恢复成原来的独立图元，其操作是单击快捷工具栏上的"解开智能单元"图标 。

5.3　I/O 设备组态

组态软件最主要的功用就是进行设备控制和与更高级管理网络的信息交换。对于安装了力控组态软件的计算机而言，无论是与之相连的 PLC 控制箱还是管理机服务器或扫码器等其他设备，力控的组态软件都把它们作为外部设备来看待，任何一个外部设备都必须进行适当的组态，使力控组态软件能够区分并与这些外部设备建立可靠的通信连接，保证力控数据库数据的及时更新以及对外控制的实时与稳定。

力控与外部设备的通信方式有 7 种，分别是：

➤ 同步方式（板卡、适配器、API 等）。
➤ 串口方式（RS232/485/422）。
➤ MODEM 方式。
➤ TCP/IP 网络方式。
➤ UDP/IP 网络方式。
➤ 网桥（GPRS、CDMA 等）方式。
➤ Zigbee 无线网。

5.3.1　力控与设备的串口通信方式组态

双击工程项目树的 I/O 设备组态图标，则进入如图 5-8 所示的设备组图界面。找到实际的外设，如我们的外设是海为的 PLC，则找到 PLC 模块下与海为 PLC 通信模式相同的 MODICON（莫迪康）下的 MODBUS（ASCII&RTU 串口通信），进入如图 5-9 所示的通信参数设置对话框。

在设备设置第一步对话框的"设备名称"中输入 PLC，在设备描述中输入"海为"，在设备更新周期（力控与设备通信的上一个数据包与下一个数据包之间的间隔时间）中根据组态系统控制设备的多少以及数据刷新的要求输入合适的数值（与 PLC 的串口通信更新周期一般默认 200 即可满足工程要求）。

设备地址是指 PLC 的设置地址或站号，这个须根据 PLC 上的地址拨码开关确定的地址来填写（具体参见前面介绍的地址拨码开关）。如果同一个 COM 口上有多台 PLC 联网控制，则它们的地址应在组态时进行统一编码，不允许出现重复地址。

故障后恢复查询周期指力控组态软件在有设备通信超时报警后重复发送数据包刷新请求，仍收不到请求的数据包响应，则判断为外部设备故障。当发生外设故障时，力控并不按照正常设备的通信数据刷新周期来访问故障设备，而是按故障后恢复

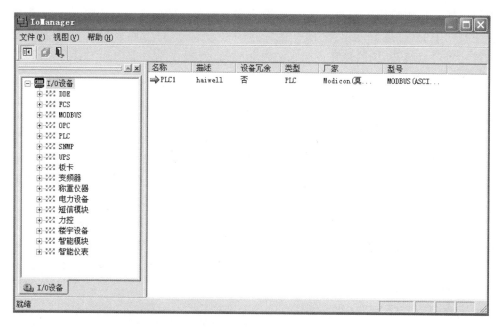

图 5 - 8　设备组图界面

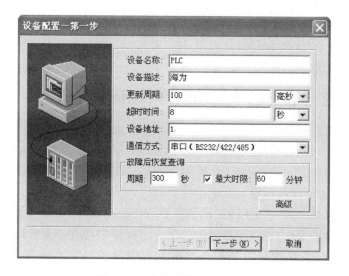

图 5 - 9　通信参数设置对话框

查询中设置的周期来发送数据更新申请包,试图与故障设备重新建立通信。

故障后恢复查询中的最大时限是指:超过这个设置时间后,则力控组图软件将此设备置为默认的永久故障,不再对此设备发送数据刷新申请包。如果不选中这个最大时限,则力控将在设备故障后按前面的故障恢复查询周期,并不停发送申请数据刷新请求包。

在高级按钮的弹出的操作界面中,就有数据包采集失败(这个失败包括接收到的数据包不完整或有错误)后重试次数设置、数据项下置失败后重试次数设置、设备连续采集几次失败后转置设备故障信号。

动态优化主要用于一些不保存历史,仅仅在某个界面用作显示,而且不参与控制的非重要外设,选中此项后可以有效降低力控组态软件与外设的通信工作量,提高系统整体运行效率。

初始禁止项主要用于一个庞大的控制系统中,力控的组态控制系统已经正常使用了,而外设却还没有安装调试好,不能正常参与力控组态系统控制,这时需要禁止与此设备相关的读/写命令,选中此项可禁止未调试好的设备的连接。如果被禁设备已经安装调试好并硬件连接正常,则可以在组态软件的脚本程序中调用 DeviceOpen 命令来激活被禁设备,使其恢复正常的数据更新。

包采集立即提交是指:组态软件的一个数据包采集完成后是否立即提交给数据库进行数据更新。对于一些数据采集比较快、对实时性要求不高的设备,可以不选中此项,待所有需要采集的数据包(一次采集)都采集好后一次性提交数据库进行数据更新,有效降低 CPU 通信负荷。对于一些数据采集本身就很慢,采集一个数据包就需要几分钟甚至更长时间的外设,为提高数据更新的及时性,则需要选中此项。

通信设备配置第二步是配置与 PLC 进行串口通信的串口号。一般一台用于组态控制的计算机往往有多个串口,不同的串口接不同站号的外设,这就需要选择与上位机硬件连接的对应串口号;如果串口号错误,则力控的组态软件将连接不到需要的外设。备用串口通道用于一台外设与力控软件的通信通道有多条的情况,比如采用双通道通信的外设。如果是双通道,则在此处选中并指定对应的 COM 端口,使力控组态软件在出现与主通道通信故障时启用备用通道进行通信。

除了串口号,我们还需要在 COM 口后的设置按钮中进行串口通信波特率、奇偶校验、数据位、停止位参数设置,这个参数应该设置为多少要根据下位机的通信设置参数来设置。要求力控的通信数据包格式与下位机(设备)通信数据包格式相同。下位机的通信参数是在 PLC(设备)程序编辑界面中的 PLC 联机对话框中进行设备实际连接,于是就能够显示出 PLC 与上位机的通信参数值以及数据包的格式。

设备配置第三步是配置通信协议类型是 RTU 型还是 ASCII 型,这个协议类型的设置也是按 PLC 程序编辑界面的 PLC 联机对话框中进行设备实际连接能够显示出 PLC 与上位机的通信参数值进行设置的,寄存器类型选 16 位或 32 位;写命令支持情况选中支持 6 号或 16 号命令命令以及最大数据包长度。不同厂家的不同型号的 PLC 这些设置是不一样的。

5.3.2　力控与 PLC 设备的 TCP/IP 网络通信方式组态

现在,大部分的 PLC 及串口设备都设计有以太网通信口,这就使组态编程变得更加灵活和方便,这样通信也是有条件的:一般通过网络线以 TCP/IP 方式通信的距离最大不超过 100 m,大于 80 m 的通信距离时丢包率很高,通信的稳定性就比较差。

1. 使用 MODBUS(TCP)协议通信

双击工程项目树的 I/O 设备组态图标,进入如图 5-8 所示的设备组态界面,单击 MODBUS、标准 MODBUS 下的 MODBUS(TCP),则进入设备配置第一步操作界面,在这里设备文本框输入设备的英文简称,如 PLC、READER 等,设备描述文本框中输入设备的中文描述,如海为 PLC、读卡器等。更新周期、超时时间等可以使用力控的默认值,设备地址栏中应输入组态工程中设备的二次图编号或设备顺序号。通信方式选择 TCP/IP。

在设备设置第二步,设备 IP 地址及端口号是下位机 PLC 的地址。例如,力控软件要与图 3-83 中的 PLC B 进行通信,则在此处应输入 192.168.200.123,后面的端口号使用力控默认的端口号。假如 PLC 还有备用网络通道,也可以选中并输入备用通道的 IP 地址和端口号。

在设备设置第三步,选择通信时从设备中读取的 4 个字节十六进制为 FFH1 FFH2 FFH3 FFH4 转换后 4 个字节对应内存值的存储顺序。包的最大长度、包的间隔以及是否支持 6 号命令或 16 号命令的选择一般选默认值即可完成设备通信组态。

2. 使用 PLC 生产商的专用 TCP 协议通信

双击工程项目树的 I/O 设备组态图标,则进入如图 5-8 所示的设备组态界面,单击 PLC 并选择与工程所用 PLC 相同的生产商名字;然后在其中找到支持 TCP 协议且与实际工程相同型号的 PLC 双击,于是进入设备的 TCP/IP 网络通信方式组态界面,在这里进行设备配置第一步;设备名称、设备描述与串口的类似,更新周期的选择一般选默认的 100 ms 就可以了。通信方式选 TCP/IP 网络;故障后恢复查询以及高级设置与 5.3.1 串口类似,使用默认设置就可以了。

在设备设置第二步:设备 IP 地址及端口号是下位机 PLC 或相对于力控组态软件安装计算机而言的外设的地址。后面的端口号使用力控默认的端口号。假如 PLC 还有备用网络通道,则也可以选中并输入备用通道的 IP 地址和端口号。

本机网卡冗余栏需要输入的是安装力控组态控制软件的计算机与下位机 PLC 通信的网卡的 IP 地址,这个地址必须与下位机的地址在同一个网段,但不可重地址。

设备设置第三步:设置 TSAP(PLC):和 TSAP(PC):值,这个设置为多少要根据 PLC 生产商的不同而不同,默认的不一定正确。例如,力控与西门子 S7-200 SMART 系统的 PLC 进行通信时,TSAP(PLC):和 TSAP(PC):值应设置为 02.00 和 02.11。

由于使用网络端口的 PLC 等各种外设遵循的通信协议不尽相同,在进行力控与这些设备组态通信时一定要选定合适的协议,否则无法通信。

5.3.3　力控作为客户端与 DDE 服务器通信方式组态

动态数据交换(DDE)是微软的一种数据通信形式,它使用共享的内存在应用程序之间进行数据交换。它不同于剪贴板方法,能够及时进行数据自动更新,无须用户参与另外编程。

数据通信时,接收信息的应用程序称作客户,提供信息的应用程序称作服务器。一个应用程序可以是 DDE 客户或是 DDE 服务器,也可以两者都是。

两个程序间建立 DDE 通信称作 DDE 会话,一个会话由"应用程序名"与"主题"来标识。DDE 会话中包括很多数据项,每个数据项对应一个 DDE 项目名。如果通过网络与远程机器的 DDE 通信,则还要提供远程节点的名称。机器名、应用程序名、主题和项目名构成 DDE 通信的四要素。

当力控作为客户端访问其他 DDE 服务器时,则是将 DDE 服务器当作一个 I/O 设备,并专门提供了一个 DDE Client 驱动程序实现力控的实时数据库与 DDE 服务器的数据交换。

在使用力控 DDE Client 驱动程序访问其他 DDE 服务器前,首先要清楚 DDE 服务器的应用程序名、主题名、项目名规范等基本信息。例如,将 EXCEL 作为 DDE 服务器,在力控的实时数据库建立一个数据来源于 EXCEL 文件的变量点。这时 EX-CEL 文件将相对与力控来讲是一个 I/O 设备,其设备组态操作步骤如下:

① 双击工程项目树的 I/O 设备组态图标,则进入如图 5-8 所示的设备组态界面,单击 DDE,选择 MICROSOFT 下的 DDE(6.1)并双击,则进入类似图 5-9 的设备配置第一步操作界面。

② 在设备配置第一步中,设备名称与设备描述均输入 EXCEL,通信方式是"同步(版块、适配器、API 等)",然后单击"下一步"。

③ 在 DDE 通信参数对话框中"服务器名"文本框输入 EXCEL;在"主题名称"栏输入要实时通信获取数据的 EXCEL 文件名,因 EXCEL 版本的不同,此处应输入的文件名应该以打开状态的源 EXCEL 文件显示的全名来输,然后单击"完成"即可。

5.3.4　力控组态软件与 I/O 设备组态后的通信测试

完成组态软件与 I/O 设备组态后应进行硬件接线连接,并启动力控的组态 View 系统运行,然后打开设备的 I/O 监控器,这样就能够看到组态软件与设备的通信是否正常。具体如图 5-10 所示。

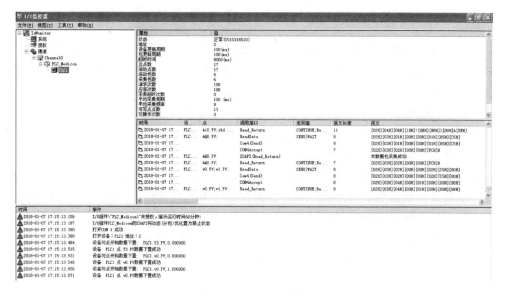

图 5 - 10 I/O 监控器

5.4 数据库变量组态

力控组态软件中可使用的变量有中间变量、数据库变量、间接变量和窗口中间变量。其中,中间变量和数据库变量作用域是全局的,间接变量和窗口中间变量只在局部有效。

力控的组态软件中已经定义好了一些中间变量,这些定义好的中间变量主要有系统时间、用户名、站类型等,如日 $Date、月 $Month、年 $Year、时 $Hour、$Minute 分、$Second 秒等各种工程都可以使用的变量,这些中间变量可在进行界面组态时不经定义直接使用。

组态软件的实时数据库变量是操作界面与下位机 PLC 等设备与管理服务器的数据交换中心,其中的数据有来自下位机的工程测量点、也有来自服务器的数据点、还有界面鼠标单击产生的操作点或运算产生的中间点等。对于不同来源的数据点,其对应点的类型是不同的、获取点的硬件设备也是不同的。

力控的实时数据库是由管理器和运行系统两部分组成。管理器负责数据库点的开发、组织以及对运行系统进行组织设置。运行系统完成对数据库的各种操作,如实时数据刷新、历史数据存储、统计数据处理、数据报警处理、数据服务请求处理,向其他程序、服务器提供数据。

5.4.1 组态软件与下位机 PLC 通信数据模拟量数据点组态

双击工程项目树的数据库组态图标,则进入如图 5 - 11 的数据库组态界面。右击数据库选"新建",在弹出的对话框中可以看到需要建的数据库区域(指的是力控组态软件的数据库存储区域),在这里选择需要建立的数据点类型。

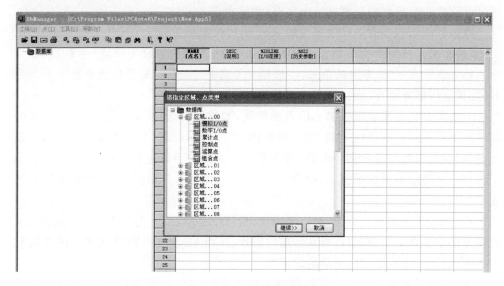

图 5 - 11　数据库组态界面

　　如果要从下位机 PLC 读取一个模拟 I/O 点,则单击"继续"按钮后弹出新增模拟 I/O 点对话框,如图 5 - 12 所示。

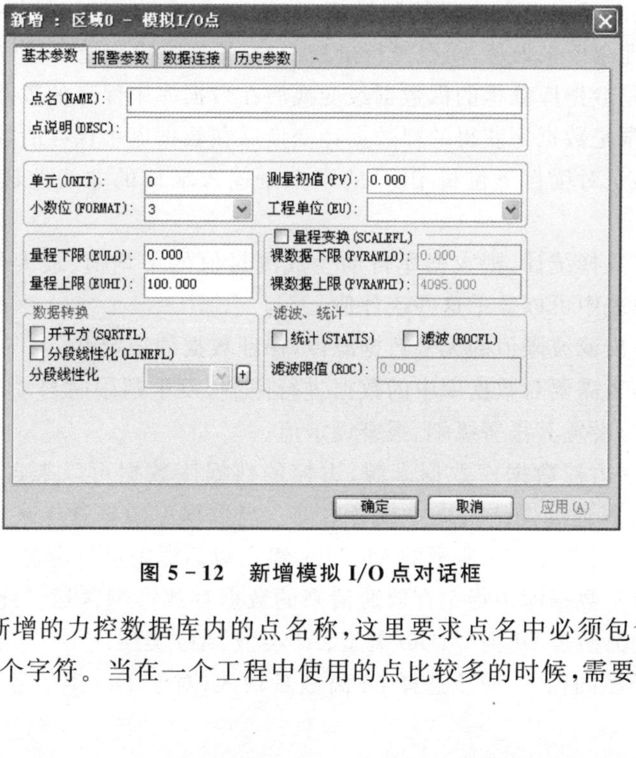

图 5 - 12　新增模拟 I/O 点对话框

　　点名就是新增的力控数据库内的点名称,这里要求点名中必须包含字符且点名最长不超过 15 个字符。当在一个工程中使用的点比较多的时候,需要编程组态人员在进行数据库组态前先进行点的命名规则的制定,方便编程人员对点的命名与分类。

工程上一般点得命名规则是:点名＝点的性质名＋柜号＋点的类型名＋点的顺序号。这样一个点名的长度在 7 个字符、数字左右。

点的性质名包括有 AI(模拟量输入)、AO(模拟量输出)、DI(开关量输入)、DO(开关量输出)、HA(界面模拟量)、HD(界面开关量)、HS(界面字符量)共 7 大类。

柜号表示点所在的控制柜号,一般用 A～Z 的 26 个英文字母表示柜子的顺序号;如果是内部界面点,则柜号用界面号代替。

点的类型名主要表示控制柜内点的性质,如果 PLC 的点是海为、西门子等本身用不同字母表示不同点性质的,则直接引用 PLC 内部点名;如果 PLC 内的点(如欧姆龙等)仅仅用数字表示和分类的,则参考海为的分类字母进行分类;如果读自其他工控机或远程服务器的数据点,则用 IP*** 表示;如果是界面点,则只用数字顺序号表示。

点说明:是点的文字说明,可以是中文,也可以是中、英文混合字符。一般用中文说明点的中文含义。例如,C 柜 8 号端口温度、B 柜 12 号端口距离、E 柜 QF15 断路器合闸到位、5 号界面 PID 手动给定值等。

单元:点所属单元。这个可以理解为做界面时将点分配的界面号,一般可以不用管。

测量初值:是力控组态软件运行时尚未连接到下位机获得实际测量值时的离线设定值。

量程变换:对于来自下位机的测量值,其往往是 A/D 转换后的裸数据,不方便 PID 类数据处理命令来处理,需要进行量程变换,转换为设定上下限的标准数据。

量程下限是数据库获得的裸数据经变换后在数据库中保存的数据下限值。

裸数据上限是数据库获得的裸数据经变换后在数据库中保存的数据上限值。

数据转换:是对读自下位机 PLC 的模拟量输入端口的非线性数据进行线性化处理。

统计:如果选择统计,则数据库自动生成测量值的平均值、最大值、最小值的记录,并在历史报表中可以显示这些统计值。

滤波:将超出滤波限值的无效数据滤掉,保证数据的稳定性。

报警参数:当需要对数据库中的数据进行限制,发生超限时自动产生报警,则需要在此界面进行设置其报警级别、报警设定值。

数据连接是力控数据库数据来源,力控的数据库数据可以来自下位机 I/O 设备,也可以来自其他的网络数据库或者内部。当数据库数据选择来自 I/O 设备时,则需要在弹出的如图 5-13 所示的 Modbus 组点对话框中进行设置。

内存区:就是数据库中指定存放通信来的数据存放类型区域。此类型区域对应于 PLC 的数量类型是 DI 类型、DO 类型、AI 类型、AO 类型。

对于 DI 类型的输入,应该选择 DI 离散量输入;对于 DO 类信号,则选择 DO 离

散量输出；对于 AI 类型的输入，应该选择
AR 输入寄存器；对于 AO 类输出，则选择
HR 保持寄存器。

　　偏置：下位机与力控组态软件按 Modbus
协议进行通信时读、写数据点的 Modbus 地
址，详细可参照表 2 - 13。例如，下位机用
Haiwell 的 S 系列 PLC，欲读取其 AQ0 的输
入信号时，则在偏置项中填入 256；如果要读
取 TCV0 的当前值，则应该在此填入 15 360。

　　数据格式：按所读、写数据类型选择是整
数、浮点数、字符等。

　　按位读/写：对于如西门子类允许按位操
作的 V 存储器，可以选中按位读写。

图 5 - 13　Modbus 组点对话框

　　读/写状态是指下位机的数据类型是只读、读写或只可写。

　　对于来自下位机的工程数据，进行点定义时要选中 PV 参数。

　　历史参数主要用于保存历史数据，方便历史数据曲线的制作与查询。力控的数
据保存分为数据变化保存或定时保存，无论是哪种保存方式，都需要单击历史参数中
的增加按钮来选中保存数据；当然，也可以单击修改或删除已经选择保存的数据。

5.4.2　组态软件与下位机 PLC 通信数据数字 I/O 点组态

　　数字 I/O 点的值为离散量或称开关量，与其对应的就是下位机的开关状态。作
为数字 I/O 点的点名，其命名规则一般按"DI 或 DO＋控制柜端口号＋PLC 下位机
变量名"规则来命名。例如，DIBX001 表示此点是开关量输入信号，信号来自 B 控制
柜的 PLC 的 X001 点，DOCM084 表示此点是输出给 C 控制柜的 PLC 的 M84 点，
DOA100_1 表示是输出到 A 柜的 100.1 输出端口的点。从这里可以看出，数字点的
第四位开始的点名编码按下位机 PLC 内部点的命名可以比较方便编程查找与检查、
界面编辑。

　　数字 I/O 点的报警含义同模拟点。其数据连接如果选择 I/O 设备，则数据类型
要根据下位机的点的性质来选择；如果是下位机的输入点，则在力控的 Modbus 组点
对话框中选择"DI 离散量输入（02 号命令）"；如果是下位机 PLC 的输出点或内部继
电器点等可读写点，则选择"DO 离散量输出（01 号命令）"。点的读/写状态按 PLC
点的性质，输入的点为只可读；输出点为可读可写。其他一些特殊变量根据 PLC 的
要求选择。例如，部分 SM 的值是只读的，而部分则可读可写。点的偏置按 PLC 的
变量的 Modbus 通信地址编写。例如，力控组态软件与海为 PLC 通信的 X001 的偏
置是 01、M84 的偏置是 3156、V100 的偏置是 612。

5.4.3 组态软件与下位机 PLC 通信数据累计点组态

累计点是上位机组态软件中的概念,主要用于统计一些模拟量在一段时间内的累计值,力控组态软件内部定义的默认累计计时最小时间是 1 s,也就是 1 s 对输入的模拟量进行一次累加。

累计点的时间基是对测量值的单位时间进行秒级换算的一个系数。例如,假设测量值的实际意义是流量,单位是"吨/小时",则将单位时间换算为秒是 3 600 s,此处的时间基参数就应设为 3 600。那么在一段时间为 N 秒时间段内的累计值的计算公式就是:累计值=(测量值/时间基)· N。

累计点的数据连接与模拟点的相同。

5.4.4 组态软件与下位机 PLC 通信数据控制点组态

控制点可以理解为力控组态软件的 PID 运算输出点,其点参数的组态与模拟点相同,唯一的区别就是 PID 运算部分与切换;由于其自动、手动不受外部点控制以及无自动与手动的相互跟踪,无法实现无扰切换,不推荐使用力控的控制点。

5.4.5 组态软件与下位机 PLC 通信数据运算点变量组态

运算点用于完成各种运算,含有一个或多个输入,一个结果输出。运算点需要在数据连接中为 P1、P2 指定数据源,这个运算点也是力控的内部点。

5.4.6 组态软件与下位机 PLC 通信数据组合点变量组态

组合点是针对这样一种应用而设计的:在一个回路中,采集到的输入测量值与需要此测量数据的设备分别连接到不同的地方,这就相当于从 A 控制柜的 PLC 读取模拟量直接输出给 B 控制柜或其他控制柜的 PLC 中。这种应用主要是检测元件与被控输出点不在同一个控制柜的情况。所以这个点就有输入与输出两个连接需要编程人员定义,每个点的定义都与模拟点相同。

5.4.7 组态软件与 DDE 服务器通信数据变量组态

力控的组态软件与 DDE 服务器通信数据组态操作类似于与下位机 PLC 的模拟量组态,只是在"数据连接"栏选 I/O 设备,设备栏选 EXCEL(如果是其他 DDE 服务器,则应选相应的文件编辑软件名),在 DDE 数据项中输入与力控进行通信的 EXCEL 点的位置号,例如,R1C2 表示力控的数据点来自 EXCEL 表的第一行第二列的单元,即 sheet1 的 B1 单元。点的类型选"一般点"。

5.4.8 数据点的其他操作

如果要删除一个数据库中的点,则操作步骤是打开数据库组态 Dbmanager 操作界面,选中要删除的点,然后选择数据库组态 Dbmanager 的"点→删除"菜单项来完成。如果要修改已经定义好的数据库点,则可以用双击点名的办法来进入点操作界面进行操作。

力控的数据库点不仅可以一个一个地新建,也可以在专门的表格中进行点表的编辑,编辑好后直接导入数据库中。点表的导入与导出操作在数据库组态 Dbmanager 的"工程→导入点表、导出点表"菜单项中进行。可以通过新建一个简单的数据库变量,然后导出点表的方法来获得专门的点表编辑表。

数据库发生通信故障时我们定义的点应该显示成什么有多种选择,可以选择为显示保持前一值、一 9 999、0、???? 这 4 种显示。这是在数据库组态 Dbmanager 的"工程→数据库参数"菜单项中进行的,具体如图 5 - 14 所示。

图 5 - 14　数据库参数对话框

5.5　动画制作

组态软件的动画制作与动画片中的动画制作类似,也是用一幅图画替代另外一幅图画,从而使我们在不同的时间看到不同的图形。其操作的本质就是将要显示的界面放置到界面图层的最前面,遮盖其后的图形。在力控的组态软件中制作动画,无论是弹出式窗口还是变换的图标,都必须在界面制作过程中预先制作好。

如果要想单击图 5 - 6 中的源水泵图标后显示如图 5 - 15 所示的源水泵操作界面,则需要对源水泵图标制作动画,其操作方法是:在力控组态界面的工程开发界面单击源水泵图标,则弹出如图 5 - 16 所示的动画连接界面,在这里完成相应的设置和编程。例如,在鼠标相关动作栏中选中"窗口显示",在其中选择要弹出显示的界面名称后确认即可。

5.5.1　动画连接

鼠标相关动作包括拖动和触敏动作。图形对象一旦与鼠标相关联,则在被关联的图形对象被鼠标选中或触动时即出现对应的动画、动作或发出动作命令等。

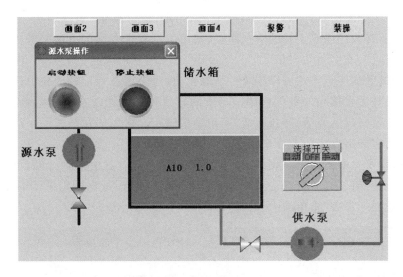

图 5 - 15　源水泵操作界面

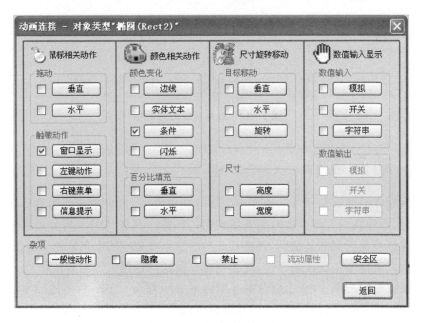

图 5 - 16　动画连接界面

1. 拖动对象

拖动对象是使被拖动对象连接的数值发生变化,同时使图形对象的界面显示位置也发生变化,这相当于模拟操作器的设定值给定器的操作。

2. 触敏动作

① 窗口显示:选中窗口显示,则需要在弹出的对话框中输入希望用鼠标单击图

形对象后弹出界面的名字,这个名字就是界面制作中的某一个界面名字。例如,要使鼠标单击图 5 - 15 的源水泵图标后弹出"源水泵操作"界面,则应选中此项,并在相应弹出的选择界面中选择"源水泵操作"。

② 左键动作:当选中左键动作后,则弹出脚本编辑器。在脚本编辑器中编辑左键动作执行的脚本函数,完成诸如按下按钮即设置某个变量为 1、0 或发个设定宽度的脉冲等动作。

③ 右键菜单需要与自定义菜单中的右键弹出菜单配合使用。

④ 信息提示是使图形对象与鼠标焦点建立连接,当鼠标的箭头(或称为焦点)移动到图形对象上时,则执行本动作,用以显示常量、变量等提示信息。

3. 颜色相关动作

① 边线颜色相关动作的执行条件之一是图形对象在界面制作时必须带有边线(就是边线宽度大于 0),当与边线相关联的点函数(一般选模拟量)值发生变化时,则图形对象的边线颜色随之发生变化。

② 实体文本是指图形对象的颜色随关联点函数(一般选模拟量)值发生变化时,则图形对象的填充颜色随之发生变化。如果选中了实体文本项,则不能再同时选中"条件"或"闪烁"项。

③ 条件选项:当与图形对象相关联的函数值(这里要求是开关量值或称离散函数值)发生变化时,则图形对象的颜色发生变化。

④ 闪烁选项与条件选项类似,就是当与图形对象相关联的函数值发生变化时,则图形对象的颜色发生变化且按一定频率闪烁。

⑤ 百分比填充连接可使具有水平或垂直填充形状的图形对象的颜色填充范围随关联点函数(这个点必须是模拟点)值或表达式的值的变化而变化。这主要用于模拟显示液位、距离类的点函数值的变化。

4. 尺寸旋转移动

① 目标移动是图形对象关联的点函数或表达式的值发生变换时,图形对象将发生水平或垂直方向上的移动。

② 目标旋转的动作与目标移动类似,只是图形对象将随关联变量点或表达式的值的变化发生旋转动作。

③ 尺寸变化与其他尺寸变化类似,只是当选中此选项后图形对象将随关联点函数或表达式值的变化而变大或变小,变化的方向由选项确定是在垂直方向或水平方向变化。

5. 数值输入显示

(1) 数值输入

它分为模拟数值输入、开关量数值输入与字符串变量数字输入。

若选中"模拟"数值输入按钮,则将在运行界面中发生鼠标触敏动作后弹出关联变量的数值输入框;运行操作人员输入数值,作为关联变量的新值。开关量与字符串的含义与模拟量类似,也是发生鼠标触敏动作后允许操作人员输入相应变量的新值,不过这里是开关量或字符串。

例如,对于某个 PID 控制器的目标设定值,我们就可以将这个目标变量关联到数值输入的"模拟"项,进而使工程控制操作人员能够用键盘输入被控对象的目标给定值。

(2)数值输出

数值输出是与数值输入相反的动画连接,当选中数值输出中的任一选项时,则将关联变量的实际值实时显示出来,供工程控制操作人员观察调整。

6. 杂 项

(1)一般性动作

选中一般性动作将弹出脚本编辑器编辑对话框,允许编程组态人员在脚本编辑器中自行定义一般性动作的内容和任务,如打开或关闭某个程序、置某个变量的值等的操作。

(2)隐 藏

选中隐藏项后将在界面运行时,当隐藏项所关联的表达式或点函数的值为真或假时,则显示或隐藏对应的图形。

(3)禁止选项

禁止选项则是使关联此项的图新对象在禁止选项的表达式或点变量的值为真或假时,则禁止运行界面上对图形进行鼠标触敏动作操作,类似的应用就是"禁操"。如在图 5-15 中,如果发生源水泵检修事件而其他设备仍然在运行,我们不希望工程运行操作人员对其进行启动或停止操作,那么就可以在禁操界面设置专门的"禁操"变量来控制"源水泵操作"界面的弹出,从而限制对操作界面的禁止动作。

(4)流动属性

流动属性用于模拟流体在管道内的流动状态,当选中流动属性选项后,则弹出需要关联的变量或表达式对话框,允许编程人员对流动动画进行编辑。

(5)安全区

对于允许从界面输入数值的变量,为防止无权操作人员随意修改输入变量值,在此设置安全区,从而使非授权人员无法修改核心参数值。

5.5.2 精灵的动画连接

精灵图库是三维力控公司为方便用户组态使用而制作的标准图形元件,不仅可以很方便地选择合适的图元来制作用户图形,还自带有定义好的变量输入对话框,使组态人员可以很方便地制作动画,极大地降低组态工作量;其变量关联及图元特性修改与普通绘制的图形类似。

5.5.3　参数报警的动作设置

力控的参数报警有简单报警与高级报警两类,简单报警无法确认,高级报警可以进行报警的确认。工程一般都使用高级报警。

① 简单报警的设置是在进行数据库组态时选中图 5-12 报警参数项并设置好报警参数,如高、低报警值、开关的报警状态等,然后在系统配置栏中的"报警配置"文件夹下的"报警设置"和"报警记录"中进行必要的选择即可生成简单报警。

② 高级报警在报警数据库参数配置上与简单报警相同,也是在数据库中点的组态中选中报警参数项并进行设置;但为了让报警能够得到工程使用人员的检查与确认,需要在进行界面组态时专门制作一个报警界面。编程人员可以自制报警界面,关联报警音效以及报警显示内容,也可以选择力控的报警组件来实现参数异常报警。

使用力控的报警组件来生成报警界面的操作步骤是:打开要安置报警页的窗口,在工具箱的常用组件中单击 报警组件,在界面上双击多功能报警组件,则弹出多功能组件属性设置对话框,如图 5-17 所示。这里可以对报警栏的外观颜色、风格、数据进行选择修改,还可以对记录格式中发生报警的记录显示项目进行调整,如只显示报警的类型、日期、时间、位号、说明、数值、限制、级别、操作员,其余对操作人员不重要的组号等信息可以去除。

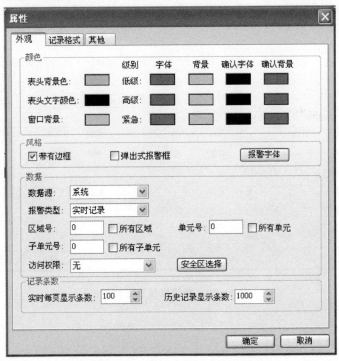

图 5-17　多功能组件属性设置对话框

在多功能报警组件属性的"其他"选项卡中有报警统计和报警声音选择,编程人员可以加入自己的报警声音以及确认后停止播报声音。

力控组态软件除了有简单报警和多功能报警外,还有语音报警、远程报警等多种报警形式。

5.5.4 参数曲线设置

如果要在组态界面显示某些参数的实时运行曲线,则需要在界面上添加力控的曲线控件。具体操作与添加报警控件相同,是在工具箱的常用组件中按工程要求选择 趋势曲线 控件或 X－Y 曲线、温度曲线控件。然后双击界面曲线,打开曲线属性设置对话框,如图 5－18 所示。在曲线对话框中输入画笔名称(也就是运行中显示的曲线颜色名称),再选式样、颜色,在变量设置中选择想要显示的变量点名。单击"增加"按钮即可在曲线中加入参数。如果要在一个曲线界面设置多个参数曲线,再次重复上述操作,直到最后单击"确定"按钮完成曲线参数设置。

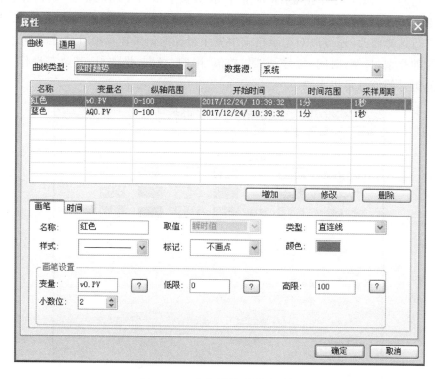

图 5－18 曲线属性设置对话框

5.6 脚本编辑器

进入力控脚本编辑器的方法有两种,一种是单击工程项目树下的动作文件夹,可以显示出能够进入的脚本编辑器菜单；另外一种是选择"特殊功能→动作"菜单项，也可以进入相应的脚本编辑器。

5.6.1　各种脚本动作的含义和区别

　　① 窗口动作脚本编辑器如图 5 - 19 所示，它有 3 方面的动作情况，分别是进入窗口、窗口运行时周期执行和退出（关闭）窗口。

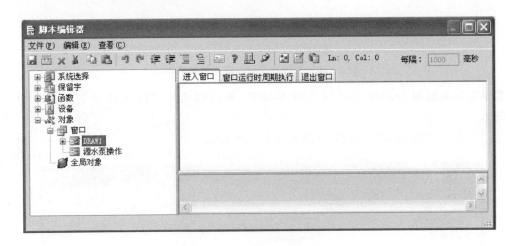

图 5 - 19　窗口动作脚本编辑器

　　进入窗口：当打开和进入窗口界面时，脚本编辑器所编脚本得到执行。窗口运行时周期执行是在窗口界面打开期间按设定的周期反复执行所编辑的脚本。

　　退出窗口是关闭窗口时执行所编辑的脚本动作，在窗口打开瞬间以及打开期间所编脚本是不动作的。

　　这 3 种脚本都是与窗口有关，不是随力控软件运行时总能得到执行的，是局部脚本。

　　② 应用程序动作脚本与窗口动作脚本类似，也分为进入程序、程序运行周期执行和退出程序 3 类。进入程序是指进入力控运行程序时执行所编写的脚本，程序运行周期执行是在力控程序运行时每隔一段时间（默认是 1 000 ms）执行一次，退出程序是在退出力控监控程序时执行一次所编写的脚本程序。

　　③ 数据改变动作脚本编辑界面如图 5 - 20 所示。

　　数据改变动作脚本就是当设定的变量发生变化时，则脚本得到执行，这个变量变化包括发生正向变化和负向变化。例如，在图 5 - 20 中，当 M1 发生一次变化，则 v0.PV 变量就加 10 并将结果再存入 v0.PV 中。如果对于 M1.PV 这个变量变化的动作脚本感觉不满意，需要修改，则需要在图 5 - 20 已定义动作中选中 M1.PV 变量，于是就会显示与此变量相关联的脚本；如果要删除 M1.PV 变量所关联的脚本，则需

图 5 - 20 数据改变动作脚本编辑界面

要单击脚本编辑器快捷工具栏上的 ✖ 按钮,就可以执行删除所选中变量关联的脚本。

④ 键动作脚本编辑器操作界面如图 5 - 21 所示。

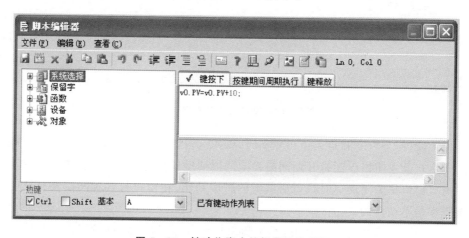

图 5 - 21 键动作脚本编辑器操作界面

键动作是当我们在键动作脚本编辑器操作界面的左下方定义了某个键或组合键动作时将触发键动作脚本的动作执行。

键动作脚本也分 3 类,分别是键按下、按键期间周期执行、键释放。键按下是当所定义的键或组合键在力控程序运行期间按下,所编脚本执行一次。按键期间,周期执行是当力控组态程序工程运行时在定义的键按下后所编辑的脚本周期的执行。键释放的定义、动作与键按下类似,只是在键释放时所编辑的脚步将得到执行。

一个键动作脚本可以编辑 3 种动作脚本,也可以只编辑两个或一个脚本动作。键动作脚本的修改、删除操作与数据变化动作脚本类似。

⑤ 条件动作脚本编辑器操作界面如图 5 - 22 所示。

条件动作脚本是指在自定义条件满足后就执行所编辑的脚本动作,条件动作可

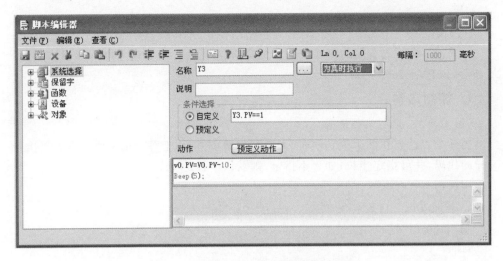

图 5 - 22　条件动作脚本编辑器操作界面

选：为真时执行、为真期间执行、为假执行、为假期间执行。条件动作脚本中的名称栏是脚本的名称，只要不相互重复即可。条件动作脚本可以允许有多个条件引发多个脚本动作。

5.6.2　脚本编辑中常用控制语句与函数

力控的函数的基本编辑规则是：

➤ 每行结束时使用半角封号作为行的结束标志。

➤ 用双斜杠//对函数的详细使用做标注说明。

对于函数语句中使用的复合运算符，其优先级别按下列原则进行：

➤ 第一行操作符为优先级最高，是第一级。第二行为第二级。其余依次类推。

➤ 同一行的操作符具有相等的优先级，操作符由最高优先级向最低优先级次序列出；当操作符优先级相同时运算顺序按表达式从左到右的顺序进行。

常用控制语句符号如下：

（）括号

～ 按位取反，！逻辑非

＊＊乘方

＊ 乘法运算，/除法运算，％取余

＋ 加法运算，－减法运算。这个加减运算既可以表示算术加、减，也可以表示字符串加（－ 没有字符减法）

＞大于，＞＝大于等于，＜小于，＜＝小于等于

＝＝逻辑运算，等于。＜＞逻辑运算，不等于

& 按位与

˄ 异或

｜按位或

＝ 赋值,将等式右侧的值或表达式的运算结果赋值给等式左侧的变量。例如：
A. PV＝B. PV＊2＋1

1. 控制语句

（1）For 块,循环执行语句

当某个表达式在两个值之间时(大于等于最小值,小于等于最大值),则重复执行一样的代码,并可指定步长;如果不指定,则默认步长是 1。

用法：

```
For(表达式) ＝ （值 1) To  （值 2)［Step  （值 3)］
（执行代码）
Next
```

（2）If 块,条件判断决策执行语句

如果符合某个条件(即当条件为 True 时),则执行某些代码;反之,则执行其他代码。

用法：

```
If（符合某些条件）Then(就)
  （执行代码）
Else(反之)
  （执行其他代码)
End if(结束)
```

（3）Switch 块

当指定的表达式的值与某个标签匹配时,即执行相应的一个或多个语句;如没有匹配,则执行默认语句。

用法：

```
Switch(表达式)
    ［case 标签 0：
        ［(执行代码);］]
    ［case 标签 1：
        ［(执行代码);］]
    ...
    ［default ：
        ［(执行代码);］]
EndSwitch
```

（4）While 块,循环执行语句

如果表达式为真(true),则执行循环块内语句;反之,不执行循环块内语句,并退出循环。

用法：

```
While （表达式）do
    （执行代码）；
EndWhile
```

2. 系统函数

① 当前最新报警确认 AlmAck()，确认当前最新报警。

示例：

```
#aaa.AlmAck();// aaa,报警记录对象名称
```

② 当前所有报警确认 AlmAckAll(DataSourceNo，AreaNo)，确认当前所有报警；可由参数指定数据库区域。

DataSourceNo：数据源序号，序号从 0 开始。

AreaNo：指定区域号，－1 表示所有区域。

示例：

```
AlmAckAll(0,-1);//对整个数据库报警进行确认
```

③ 蜂鸣器发出叫声 beep(number)，蜂鸣器鸣叫。

参数 number：任何有效的数值表达式，以指定蜂鸣器响声。

－1,0：为两种标准报警声。1～7：对应乐谱种的中音 1～7。8～14：对应乐谱种的高音 1～7。

示例：

```
beep(-1); //标准报警声
```

④ 关闭所有窗口 CloseAllWindow()

示例：

```
CloseAllWindow();
```

⑤ 关闭窗口 CloseWindow()，关闭当前窗口，一般用于弹出式窗口的关闭。

示例：

```
CloseWindow();
```

⑥ 关闭指定窗口 CloseWindowEx("WindowName")。

参数 WindowName：窗口名称，字符串变量或常量。

示例：

```
CloseWindow("Draw1.drw");//将窗口名称为 Draw1.drw 的窗口关闭
```

⑦ 启动设备通信 DeviceOpen(DeviceName，DeviceAddress，DataSourNo)，将

地址切换到由 DeviceAddress 参数所指定地址上。

参数：

DeviceName:设备名称,类型为字符串常量或变量,该名称由 I/O 设备定义时创建。

DeviceAddress:设备地址,I/O 设备的逻辑地址,类型为字符串常量或变量。如果该项为空串"",则使用上次启动地址;如果没有启动过,则将使用设备定义时指定的默认地址。

DataSourNo:为整型,为数据源序号,−1 表示本地数据源。数据源序号与数据源定义列表中所看到的顺序相同,序号从 0 开始。

示例:

```
DeviceOpen("MyDev1", "", -1);//启动设备 MyDev1
  DeviceOpen("MyDev1", "1". -1); //启动设备 MyDev1,并将地址切换到1
```

备注:该函数用于动态切换 I/O 采集设备(如一个串口接多台设备,但是这些设备不同时工作,或其数据不需要同时观看)或采集包(如该数据包数据变化慢且不经常看的量)。

⑧ 显示窗口 Display(WinName),显示名字为 WinName 的窗口。如果该窗口已经运行,则该窗口将成为当前活动窗口。

示例:

```
Display("Win01");//显示窗口 Win01
```

⑨ 退出应用程序 Exit(code)。

code 取值为 0、1、2、3、4。0 表示退出力控 View 运行环境程序,1 表示力控 View 运行环境窗口最小化,2 表示退出所有 ForceControl 程序,3 表示重新启动计算机系统,4 表示关闭计算机系统。

示例:

```
Exit(0);// 退出力控应用程序
```

⑩ 隐藏图形目标 Hide(),如果目标处于隐藏状态,则将不接收鼠标动作,但可以执行杂项中的一般动作。注意,该函数只对图元对象起作用。

示例:

```
Hide();
```

⑪ 隐藏窗口 HideWindow(WinName),隐藏名字为 WinName 的窗口。可以调用 Display 重新显示窗口。

注意:窗口隐藏时窗口脚本不执行。

示例:

```
HideWindow("Win01"); //隐藏窗口 Win01
```

⑫ 打印窗口 print(WinName)，打印名字为 WinName 的窗口，该函数主要用于打印报表。

示例：

```
Print("Win01");//打印窗口 Win01
```

⑬ 产生随机数 rand(number)，number 为随机数的上界，下界为 0。

例如，V0. PV＝Rand(100)的含义就是将由 Rand(100)函数产生一个 0～100 之间的随机数（不包括 100）赋值给 V0. PV 点。

⑭ 显示图形目标 Show()，如果目标处于隐藏状态，则执行该动作后图元恢复显示。注意，该函数只对图元对象起作用。

示例：

```
Show();
```

3. 数学函数

① 求绝对值 Abs(number)函数，就是将一个数的正负号都去掉后的值。

number：实型参数或任何有效的数值表达式。例如，ABS(－1)和 ABS(1)都返回 1。

② 求反正弦值 arcsin(反正弦)，返回一个实型数。

Arcsin(number)中 number 参数是一个实型数或任何有效的数值表达式。

arcsin 函数的参数值(number)为直角三角形两边的比值并返回以角度为单位的角。这个比值是角的对边长度除以角的斜边长度之商。值的范围在－90°～90°之间。

例如：

```
Arcsin(1) //返回结果为 90
```

③ 求余弦值 Cos(number)，number 是一个实型参数或任何有效的数值表达式，以度为单位。

Cos 函数取一角度为参数值，并返回（直角三角形中）角的临边长度除以斜边长度的比值，结果的取值范围在－1～1 之间。

④ 取整 Int(Number)，通过截去 number 小数点右边部份得到的整数。参数 number 是实型数或任何有效的数值表达式。

例如：

```
Int(6.6)返回 6，而 Int(－6.6)将返回－6
```

⑤ 求最大值 Max(expr1,expr2)，其中，expr1、expr2 代表一个实型参数或一个数字表达式。可以使用 Max 来计算 expr1、expr2 中的最大值。

例如：

```
A = 5;B = 10
C = Max(A,B) //返回结果为 10
```

⑥ 求最小值 Min(expr1,expr2)，其中，expr1、expr2 代表一个实型参数或一个数字表达式。可以使用 Min 来计算 expr1、expr2 中的最小值。

例如：

```
A = 5;B = 10
C = Min(A,B) //返回结果为 5
```

⑦ 求平方根 Sqrt(number)，number 是实型数或任何有效的大于或等于 0 的数值表达式，返回指定参数的平方根（是一个实型数）。

例如：

```
MyVar = Sqrt(100);//返回结果为 10.0
```

4. 其他函数

① 读文件 FileRead(FileName,VarName,Offset,Num)，从指定的文件中读取数据。

FileName：要读取数据的文件名。

VarName：读来的数据存入力控的数据库的起始变量变量名，按照变量名称中的数字顺序依次访问。如变量为 var1，其后变量依次为 var2、var3 等。需要说明的是：这里的变量名中的数字顺序号开头不能带 0，也就是说变量不能是 var01、var0261 等。var10、A0X20 都是可以允许使用的变量名。

Offset：偏置。从该偏置开始读。偏置以 0 为基准。

Num：要读取的数据个数。

例如：

```
FileRead("D:\hao1.txt",var1,0,10);//从 D 盘的文件 hao1.txt 中读取 10 个数据,结果
                                  //放入数据库中以 var1 开始的变量中
```

注意，这种读函数对文件中数据存储格式有要求，不是任何格式都可以被正确读取的。

② 写文件 FileWrite(FileName, VarName,Offset ,Num)，往指定的文件中写数据。

FileName：要写入数据的文件名。

VarName：从该变量开始写，按照变量名称中的数字顺序依次读取后写到 FileName 指定的文件中。如变量为 var1，其后变量依次为 var2、var3 等。

Num：要写的数据个数。

例如：

```
FileWrite("d:\doulunjidizhi.txt",var1, 0,10);//从 var1 开始依次向 d:\doulunjidizhi.
                                              //txt 文件写入 10 个数据
```

③ 读逗号分割文件 FilereadFields(FileName,VarName,Offset,Num),从指定的逗号分割文件中读一条记录数据。

FileName：文件名。

VarName：读来的数据开始存入的变量名，按照变量名称中的数字顺序依次访问。如变量为 var1，其后变量依次为 var2、var3 等。读文件所获数据输入的变量名的要求同 FileRead 函数。

Offset：偏置记录数。从该偏置开始读。偏置以 0 为基准。

Num：要读取的数据个数。

例如：

```
FilereadFields("c:\jihua.csv",var1,0,10);//从 c:\jihua.csv 文件中读取 10 个数据,结
                                          //果放入 var1 开始的变量中
```

④ 写逗号分割文件 FileWriteFields(FileName, VarName,Offset ,Num)，往指定的逗号分割文件中写入数据，每次记录一行。

FileName：要写入的文件名。

VarName：从该变量开始写，按照变量的名称中的数字顺序依次访问。如变量为 var1，其后变量依次为 var2、var3 等。

Offset：指定写此文件的起始位置。

若 Offset 为 1，此函数将写到文件末尾，若 Offset 为 -1，则写到开头，其他的数字表示记录数。

Num：要写的数据个数。

例如：

```
FileWriteFields("c:\jihuazhixing.csv",var1, 0,10);//从 var01 开始依次向文件 c:\ji-
                                                  //huazhixing.csv 写入 10 个数据
```

力控组态软件可以读、写文件以与其他系统进行信息交换。当然，这样读来的点信息是不能有数据连接项，只能是界面点。但写文件则不存在此限制，数据库中的任何点都可以写入文件。文件的读/写也是以脚本的形式编辑实现。

假如将数据库中的模拟点 AI1~AI5 这 5 个连续数据写到以逗号分隔的记事本文件 d:\shiyan.txt，则应该在脚本程序中使用"FileWriteFields("c:\shiyan.txt"，AI1.pv,0,5);"命令。如果要向 Excel 表中写入数据，则应该使用不带逗号分隔的文件写"FileWrite("d:\shiyan.xls",AI0.pv,0,5);"命令。

⑤ 删除文件 FileDelete(FileName)，删除指定的文件。

FileName：文件名。

示例：

FileDelete("D:\hao1.txt ");//删除 D:\hao1.txt 文件

5.6.3　其他与脚本有关的后台组件

时间调度用于定时完成一些指定的脚本动作任务,这个任务可以是每天、每周的某几天或每月的某些天。时间调度的操作是在工程项目下的后台组件中。双击后台组件,在弹出的如图 5 - 23 所示后台组件列表对话框中选择时间调度,在时间调度属性对话框中选"定时完成"的任务是每天、每周或每月,并在时间设定栏单击"增加"按钮;在弹出的时间配置对话框中输入名称(这个名称实际定义为动作开始的时间比较合适,换句话就是,一天的定时动作中可以有多种脚本动作或同一个动作可以多次执行),然后选择动作执行的开始时间是只执行一次还是隔段时间的循环动作。"动作脚本"按钮连接的是自定义脚本编辑器,在自定义脚本编辑器中填入工程需要重复定时动作所执行的脚本。

如果要在一天的不同时段执行不同的任务,在时间调度属性对话框中时间设定栏中单击"增加"按钮即可增加多个不同时间段的不同或相同的动作。

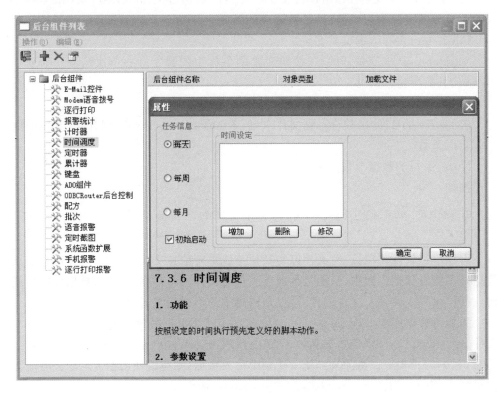

图 5 - 23　后台组件列表对话框

5.7　控制策略

5.7.1　控制策略简介

　　力控的控制策略是实现复杂逻辑控制与运算的主要工具之一,策略相当于计算机语言中的函数,是编译后可以解释执行的功能体。力控的控制策略生成器 StrategyBuilder 是一个既可以运行在 Windows 98/2000/NT 环境,又可以运行于 Windows CE、DOS 等嵌入式环境的控制功能软件模块;它采用功能框图的方式为编程者提供编程界面,并具备与实时数据库、图形界面系统通信的功能。

　　在力控的 StrategyBuilder 中,一个应用程序中可以有很多控制策略,但是有且只能有一个主策略;它相当于 C 语言中的 main 函数,是系统开始执行时的被调用者,执行完一个周期后又重新开始执行。主策略被首先执行,主策略可以调用或间接调用其他策略。策略嵌套最多不应超过 4 级(不包括主策略),即 0～3 级,否则容易造成混乱。在这 4 级中,0 级最高,3 级最低,高级策略可以调用低级策略,而低级策略不可以调用高级策略,除 3 级最多可以有 127 个策略外,其他 3 个级别分别最多可以有 255 个策略。

　　控制策略由一些基本功能块组成,一个功能块代表一种操作、算法或变量,它是策略的基本执行元素,类似一个集成电路块,有若干输入和输出,每个输入和输出引脚都有唯一的名称,不同种类功能块的每个引脚意义、取值范围也不相同。这个类似于 PLC 的功能块图语言,其编程也与之类似。

　　力控的控制策略是在控制策略生成器 StrategyBuilder 中编辑生成的,在控制策略存盘时自动对策略进行编译,同时检查语法错误,编译也可以随时手动进行。如果策略 A 被策略 B 调用,则称 A 是 B 的子策略。零级策略是主策略的子策略,零级策略的子策略是一级策略,依此类推。

5.7.2　编辑控制策略时应遵守的基本准则

➢ 策略只能调用其子策略,不能跨级调用,如不允许主策略调用二级策略。

➢ 一个功能块的输出可以输出到多个基本功能块的输入上,一个功能块的输入只能来自一个输出。

➢ 一个功能块的输出不能输出到另一个块的输出。

5.7.3　使用策略编辑器生成控制策略的基本要点

➢ 根据生产控制要求绘制控制逻辑图和 SAMA 图。

➢ 根据逻辑图创建策略及子策略,建立 I/O 通道与基本功能块的连接。

➢ 利用控制策略编辑器的各种调试工具对编辑的策略首先进行分段离线调试,

再进行总调试,最后进行在线调试。

➤ 如果控制策略在本地运行,则将经过调试的策略投入运行;如果目标设备能够接收力控的控制策略程序,则最好将控制策略下装到目标机中投入运行,这样可以有效降低由于通信引起的动作迟缓问题。

5.7.4 控制策略的具体操作步骤与方法

① 单击导航栏中工程项目中的"工具"文件夹,双击✖控制策略图标,进入控制策略编辑窗口。

② 如果是项目首次进入控制策略编辑界面,则在弹出的策略名称对话框中不要做任何修改,单击"确认"按钮即可进入主策略编辑界面。如果要在主策略的下面建立下级子策略,则应该右击 main 主策略图标,并在弹出的对话框中选择"新建"栏,则弹出主策略的一级子策略命名对话框,子策略命名规则是名字+顺序号,名字按方便编程人员分类记忆为准,顺序号按 1 号开始的连续数字编。在一级子策略下建立二级子策略的操作是用鼠标右击要建二级子策略的一级子策略名图标,然后在弹出的对话框中选择"新建",后续操作与一级子策略相同。

③ 若想在主策略中调用一级子策略,则应单击策略编辑栏工具文件夹下的"程序控制"子文件夹中的" 调用"图标,并在主策略编辑界面的适当位置单击鼠标即可加入调用 CALL 指令;然后修改 CALL 指令的属性对话框中的"调用策略名",从而选择自己需要的二级子策略。

④ 要想在 CALL 指令旁加上方便阅读的注释文字,则应单击策略编辑栏的工具文件夹下的"程序控制"子文件夹中的" 注释"图标,再在 CALL 旁边合适的位置加入自己的注释文字,文字的修改类似 CALL 指令的属性修改。

⑤ 如果要将新添加的策略控制块的输入、输出与其他模块相连,则双击前一个模块的输出端,然后把鼠标移动到要输入信号的模块的输入段并双击之,然后移开鼠标。

⑥ 要删除某个已经添加的模块或连线,则选中要删除的模块或连线并按 Delete 键。

⑦ 力控的控制策略可用的运算模块见策略编辑器的工具栏,每个模块的使用方法可在策略编辑器的帮助文件中找到。基本要求、使用方法与海为 PLC 的相应指令要求类似或相同。

⑧ 力控的策略控制中,PID 运算使用不方便,一般 PID 运算建议用下位机 PLC 中的 PID 指令。

⑨ 力控的控制策略是独立于界面控制的模块,编辑完成后必须要经过编译与运行中重新引导才能起效。

例如,某打包设备使用 M5. PV 点来检测生产线上经过检测点的产品个数,经统计,达到设定值时即启动打包机进行一次打包操作。打包机的启动信号点是 Y3.

PV,用力控的控制策略实现上述功能的控制逻辑如图 5 - 24 所示。

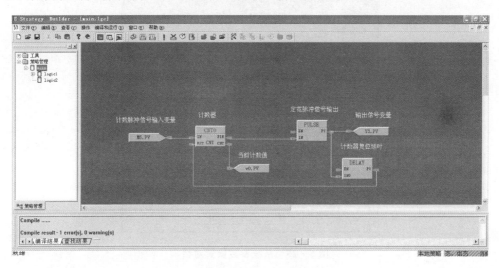

图 5 - 24　控制逻辑图

5.8　安全管理

组态软件的安全管理任务是为工程项目的用户工程师、操作员等进行权限分配和用户名设定,防止无关工程的非授权人员随意修改工程或启动、操作设备,避免意外事故的发生。

1. 工程加密

此项设置是在系统配置项下的"工程加密"中进行,一般只有有加密狗的工程才能操作,且加密的数据将会被写进加密狗中。一旦使用中忘记了加密密码或丢失了加密狗,则用户无法打开工程,故此项功能不推荐编程组态人员使用。

2. 用户权限总体设置

对于工程设备管理维护人员,在进行用户权限设置前首先应在系统配置项下的"开发系统参数"中选中"启用组态时的权限保护",这样才能使具备组态权限的工程人员进行组态和修改工程设置的权限。具体如图 5 - 25 所示。

对于设备控制的运行操作人员,必须在系统配置项下的"运行系统参数"中选中"启用运行时的权限保护"以及系统设置中的相关保护项目,这样才能实现限制操作人员随意切换系统、退出系统等操作。具体如图 5 - 26 所示。

3. 用户名设置

用户名的设置是在系统配置项下"用户配置"文件夹下的用户管理中进行的,具体操作如图 5 - 27 所示。

图 5 - 25　系统参数设置对话框

图 5 - 26　"系统设置"选项卡

一般操作工级、班长级都是设备运行的操作人员,拥有对力控组态软件所控设备的启动、调整控制与操作的权限。工程师级和系统管理员级都是设备维护人员,对于小的控制系统,往往工程师级与系统管理员级权限相同,都拥有组态修改程序权限。对于大的控制系统,由于涉及专业多,一个工程师或系统管理员往往不能掌握整个控制系统和设备的工作原理,所以才会有不同的授权范围。

安全区的设置除在用户管理中要选中外,在进行动画组态时,每个动画都有安全

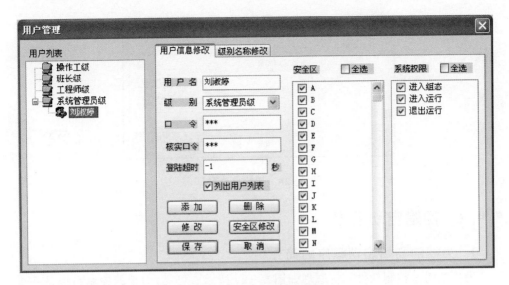

图 5 - 27　用户管理对话框

区,也都需要在其中划定相关安全区,以使具备资质的人员能够进入安全区操作。

例如,要在工程中增加一个系统管理员,操作是:单击系统配置项的用户管理,则进入如图 5 - 23 所示的用户添加操作界面,在用户名中输入用户姓名,在级别中选择系统管理员,在口令区输入密码,在核实口令区输入密码,在安全区、系统权限区选中相应的权限,然后单击"添加"及"保存"按钮,这样就完成了工程项目用户的添加。用户名的修改、删除也在此处进行。

5.9　进程管理

5.9.1　初始启动窗口

任何一个工程的监控操作管理系统都有一个默认的初始进入界面,其他界面的进入都通过这个界面来实现的。所以设计控制系统操作界面时应该有一个能够连接其他界面的总菜单界面或者是称总界面。

力控的初始进入界面的设置在"系统配置"项下的初始启动窗口中进行的。单击初始启动窗口,则进入如图 5 - 28 所示的操作界面。在此操作界面中,单击新增按(A)钮,则弹出工程项目中的全部界面;如果总界面不是由多个界面拼出来的界面,则在初始启动窗口列表中只有一个界面名称。对于拼接总界面,应该将拼接总界面的全部子界面都添加到初始启动窗口列表中。

如果在非拼接主界面中添加了多个初始启动界面名称,则初始窗口列表最后的一个窗口界面将在运行系统启动后显示在最前面。

图 5-28　初始启动窗口

5.9.2　初始启动程序

1. 力控的初始启动程序的简介

力控的组态控制软件结构原理如图 5-29 所示。可见,力控的控制系统是一个多进程管理系统,其主要由四部分组成。一是用户操作界面 View,二是实时数据库,三是 I/O 驱动服务器,四是实现各种复杂数据来源读取与输出的扩展模块。在这 4个部分中,用户操作界面、实时数据库、I/O 驱动服务器是最基本的控制单元,没有这 3 个单元,控制系统将无法运转。第四个扩展模块将使力控的控制系统数据库数据来源更加丰富和多样,从而实现复杂多样的控制要求。换言之,在力控组态软件转运行状态后,View、DB、IoMonitor 程序必须运行,否则控制系统将无法进行运转。如果实时数据库中还使用了其他(如控制策略、OPC 服务器、CommServer 等)服务器的数据或对外提供数据库数据输出服务,那这些服务器的驱动程序也必须在力控的控制系统运行时一起转入运行。

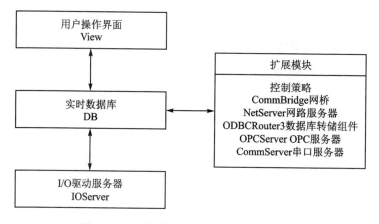

图 5-29　力控的组态控制软件结构原理图

2. 初始启动程序名称含义

① NetServer 网路服务器是网络通信程序（NetClient/NetServer）。网络通信程序采用 TCP/IP 通信协议，可利用 Intranet/Internet 实现不同网络节点上力控之间的数据通信，这也用于管理力控的 C/S、B/S 和双机冗余等网络结构的网络通信，可以实现力控软件的高效率通信。

② DB 实时数据库。

③ IoMonitor I/O 监控器，主要监控力控数据库与 I/O 物理设备的通信状态是否正常。

④ CommBridge 网桥：力控 CommBridge 是配合 I/O 驱动程序使用的一个扩展组件，通过 CommBridge 可使原来仅支持直接串口通信的驱动程序通过 GPRS/CDMA 等移动网络对 I/O 设备进行数据采集；也可以和 PortServer 通信程序配合，从而使力控软件之间通过 GPRS/CDMA 等移动网络进行通信来满足 SCADA 系统的需要。当力控与下位机设备之间采用无线的 GPRS/CDMA 通信时，需要使用 CommBridge 程序登录 DTU。

⑤ PortServer 是力控专有通信协议，只适合力控软件之间通信。

⑥ View 运行环境。

⑦ DataServer 数据转发服务器扩展组件可以将运行力控软件的计算机虚拟成一个"从设备"（Slave 端），其他 SCADA 软件、调度系统可以作为主端（Master 端）从力控系统上采集数据。DataServer 与 PortServer 不同的是，DataServer 可以主动上发数据，且支持国际标准的通信协议，可以和第三方进行标准通信。

⑧ DDEServer 是 DDE 服务器：力控软件提供了一个专门的 DDE 服务器，即 DDEServer。DDEServer 是一个可以独立运行的组件。它可以与力控数据库安装、运行在同一计算机上，也可以单独安装、运行在其他计算机上通过网络与力控数据库通信。

⑨ OPCServer OPC 服务器：OPC 是为了解决应用软件与各种设备驱动程序的通信而产生的一项工业技术规范和标准。它采用客户/服务器体系，基于 Microsoft 的 OLE/COM 技术，为硬件厂商和应用软件开发者提供了一套标准的接口。力控软件提供了一个自有的 OPC 服务器，其他 OPC 客户程序通过力控 OPCServer 可以访问力控实时数据库。与 DDEServer 相似，力控的 OPCServer 是一个可以独立运行的组件，它可以与力控数据库安装、运行在同一计算机上，也可以单独安装、运行在其他计算机上通过网络与力控数据库通信。

⑩ ODBCRouter3 数据库转储组件主要功能是将力控数据库中数据（实时数据、历史数据）转储到关系数据库，或者将关系数据库中的有关实时、历史数据转储到力控数据库中。

⑪ Runlog 控制策略：只有在使用了力控的控制策略后才需要在初始启动设置中选中 Runlog 项，同步启动控制策略。

⑫ httpsvr Web 服务器:力控的 WebServer 是力控软件提供的 Web 服务器,是标准的 Web 服务器,完全符合标准的 HTTP 通信协议。力控 WebServer 不支持任何动态脚本语言。当采用 B/S 网络结构时,Httpsvr(Web 服务器)是网络服务器端的网络发布管理程序。Web 服务器程序可为处在世界各地的远程用户实现在台式机或便携机上用标准浏览器实时监控现场生产过程。

⑬ CommServer 远程通信服务程序(CommServer):该通信程序支持串口、电台、拨号、移动网络等多种通信方式,通过力控在两台计算机之间实现通信,使用 RS232C 接口,可实现一对一(1:1 方式)的通信;如果使用 RS485 总线,还可实现一对多台计算机(1:N 方式)的通信,同时也可以通过电台、MODEM、移动网络的方式进行通信。

⑭ 运行密码:当选择运行密码选项后,在进程管理器中对所启动的程序进行监控查看时,进行了密码保护。

⑮ 外部程序:在力控的初始启动设置中的外部程序是指除力控的组态控制程序以及计算机的操作系统程序以外的第三方程序。

3. 初始启动程序的设置操作

单击系统配置项下的"初始启动程序"栏,则弹出如图 5 - 30 所示的初始启动设置对话框。在这个对话框中,DB 实时数据库、IoMonitor I/O 监控器、View 运行环境三项是必须要选中的初始启动程序,其他扩展组件程序要根据组态软件实际使用的扩展组件情况来确定是否初始随机启动。

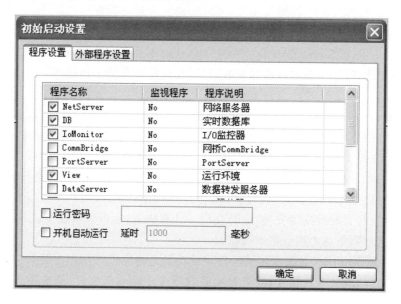

图 5 - 30 初始启动设置对话框

运行密码选项可选或不选,不选易导致非法操作导致的系统运行不正常;选则导致工程使用密码多,易忘记,锁死初始启动项的正常修改。设计人员可根据工程用户要求进行选择。

外部程序设置实际是与力控组态控制软件一同需要启动运行的第三方软件,如果使用了第三方软件提供的数据或服务,则需要在此添加此第三方程序。

本章小结

本章介绍了国产组态软件的工作原理、界面制作、I/O 设备连接、DB 数据库点定义、动画连接、脚本编辑、策略控制等技术。使用力控组态软件进行工程编程时应遵循的操作步骤是制作界面、I/O 设备连接、DB 数据库点定义、动画连接、控制策略引导、安全管理、进程管理、制作控制工程安装包。

力控的组态软件主要由四部分组成,分别是运行界面、I/O 设备驱动、实时数据库、其他扩展组件。运行界面的制作各种版本和厂家的组态软件都差不多,I/O 设备组态各种厂家的组态软件本质区别不大,但操作方法差异大。实时数据库的编辑虽没有强制要求,但从工程角度出发,还是需要先规划,然后按规划定义比较好,这样既方便查找连接的元件,又方便引用和数据库点的扩展,降低名称定义冲突。

脚本在各种组态软件中都用,但每种组态软件都有自己定义的函数需要编程人员学习。这些函数的定义与 C 语言等编程语言有一致、相似的地方,也有不同的地方,应该根据力控实际提供的函数来完成的程序动作编辑。

安全设置、用户名添加和运行安装包制作是组态软件的另外一个重要功能,缺失了这些功能的工程项目是不安全和不稳定的。

思考题

1. 从力控官网下载并安装力控组态软件,制作集水坑排水泵(单台)的水泵、水池排水管(排水至集水坑外高处地面上的明渠中)的生产流程界面,并在同一个界面中绘制排水泵控制箱的外观图。

2. 用力控的组态软件连接下位机 PLC 并建立 I/O 连接,建立实时数据库。

3. 制作如图 2-137 所示的翻车机的操作界面并完成动画制作,下位机使用力控的仿真 PLC 驱动。

4. 制作如图 2-139 所示的给煤机的操作界面并完成动画制作,下位机使用力控的仿真 PLC 驱动。要求给煤机的运行时间由力控按每 8 小时运行 2 次,每次运行 3 小时,设备启动前要响警铃 10 秒钟,给煤机检修要有禁操功能。

5. 对习题 4 的工程设置值班员、维修工程师权限并制作工程运行安装包。

参考文献

[1] 范永胜,徐鹿眉,桂垣,等.可编程控制器应用技术[M].北京.中国电力出版社,2010.

[2] 朱文杰.S7－200 PLC编程及应用[M].北京.中国电力出版社,2012.

[3] 王亚星.怎样读新标准实用电气线路图[M].北京.中国水利水电出版社,2002.

[4] 高春如.发电厂厂用电及工业用电系统继电保护整定计算[M].北京.中国电力出版社,2012.

[5] 厦门海为科技有限公司.HaiwellHappy PLC可编程控制器使用手册V2.0[QS].2017.

[6] 西门子公司.S7－200 SMART系统手册[QS].2016.

[7] 万通科技有限公司.CQ-Q6.0FQ采样机工程用户手册[QS].2016.

[8] 开元机电设备有限公司.5ECYQ汽车采样装置用户手册[QS].2013.

[9] 国家电力公司华东电力设计院,国家经济贸易委员会.DL/T 5153-2002火力发电厂厂用电设计技术规定[S].北京.中国电力出版社,2002.

[10] 中国机械工业联合会.GB 50054-2011低压配电设计规范[S].北京.中华人民共和国住房和城乡建设部.2012.

[11] 中国机械工业联合会.GB 50055-2011通用用电设备配电设计规范[S].北京.中华人民共和国住房和城乡建设部.2012.

[12] 国家电力监管委员会、电力业务资质管理中心编写组.电工进网作业许可考试参考教材:高压类实操部分[M].北京.中国财政经济出版社,2007.